网络空间安全系列规划教材

信息安全管理

汤永利　陈爱国　叶　青　闫玺玺　编著

電子工業出版社

Publishing House of Electronics Industry

北京 · BEIJING

内 容 简 介

本书作为网络空间安全系列教材之一，在广泛吸纳读者意见和建议的基础上，不仅定位于信息安全管理的基本概念、信息安全管理的各项内容和任务的讲解，还适当加入了国内和国际上信息安全技术和管理方面的最新成果，反映出信息安全管理与方法的研究和应用现状。另外，本书力求理论与实际相结合，在部分章节加入实例报告。

本书内容共 8 章。第 1 章是绪论。第 2 章介绍信息安全管理标准与法律法规。第 3 章介绍信息安全管理体系。第 4 章介绍信息安全风险评估。第 5 章介绍信息系统安全测评。第 6 章介绍业务连续性与灾难恢复。第 7 章介绍信息系统安全审计。第 8 章介绍网络及系统安全保障机制。每章后面配有习题以巩固相关知识。

本书可作为高等院校网络空间安全、信息安全专业本科、研究生教材，也可作为相关专业技术人员的参考书目。

未经许可，不得以任何方式复制或抄袭本书之部分或全部内容。
版权所有，侵权必究。

图书在版编目（CIP）数据

信息安全管理 / 汤永利等编著. —北京：电子工业出版社，2017.1

ISBN 978-7-121-30137-7

Ⅰ．①信… Ⅱ．①汤… Ⅲ．①信息系统—安全管理Ⅳ．①TP309

中国版本图书馆 CIP 数据核字（2016）第 248401 号

策划编辑：袁　玺
责任编辑：郝黎明
印　　刷：北京虎彩文化传播有限公司
装　　订：北京虎彩文化传播有限公司
出版发行：电子工业出版社
　　　　　北京市海淀区万寿路 173 信箱　邮编　100036
开　　本：787×1 092　1/16　印张：16.5　字数：494 千字
版　　次：2017 年 1 月第 1 版
印　　次：2025 年 2 月第 12 次印刷
定　　价：42.00 元

凡所购买电子工业出版社图书有缺损问题，请向购买书店调换。若书店售缺，请与本社发行部联系，联系及邮购电话：（010）88254888，88258888。

质量投诉请发邮件至 zlts@phei.com.cn，盗版侵权举报请发邮件至 dbqq@phei.com.cn。

本书咨询联系方式：（010）88254536。

网络空间安全系列规划教材

编委会名单

序

随着经济全球化和信息化的发展，以互联网为平台的信息基础设施，对整个社会的正常运行和发展正起着关键的作用。甚至，像电力、能源、交通等传统基础设施的运行，也逐渐依赖互联网和相关的信息系统才能正常运行。网络信息对社会发展有重要的支撑作用。

网络空间是利用全球互联网和计算系统进行通信、控制和信息共享的动态虚拟空间，包括四个要素，分别是网络平台、用户虚拟角色、资产数据和管理活动，是社会有机运行的神经系统，已经成为继陆、海、空、天之后的第五空间。

网络空间面临的威胁也与日俱增。从国际上看，国家或地区在政治、经济、军事等各领域的冲突都会反映到网络空间中，而由于网络空间边界不明确、资源分配不均衡，导致网络空间的争夺异常复杂。另外，网络犯罪和网络攻击也对个人和企业构成严重威胁。在网络中，个人隐私信息泄露并大范围传播的事件已经屡见不鲜，以非法牟利为目的、利用计算机网络进行的犯罪已经形成了黑色的地下经济产业链。如何充分利用互联网对经济发展的推动作用、保护公民和企业的合法权益，同时又要控制其对经济社会发展带来的负面威胁，需要研究和探索更加科学合理的网络空间安全治理模式。正如习近平总书记所言："没有网络安全，就没有国家安全"。

加强网络空间安全已经成为国家安全战略的重要组成部分。2014 年 2 月，中央网络安全和信息化领导小组成立。2015 年 6 月，国务院学位委员会、教育部决定在"工学"门类下增设"网络空间安全"一级学科，并明确指出需加强"网络空间安全"的学科建设，做好人才培养工作。2016 年 3 月，国务院学位委员会下发通知，明确全国共有 29 所高校获得我国首批网络空间安全一级学科博士学位授权点。6 月，中央网络安全和信息化领导小组办公室、国家发展和改革委员会、教育部、科学技术部、工业和信息化部、人力资源和社会保障部联合发文，《关于加强网络安全学科建设和人才培养的意见》（中网办发文[2016]4 号）指出，网络空间的竞争，归根结底是人才竞争。我国网络空间安全人才还存在数量缺口较大、能力素质不高、结构不尽合理等问题，与维护国家网络安全、建设网络强国的要求不相适应。提出要加快网络安全学科专业和院系建设；创新网络安全人才培养机制；加强网络安全教材建设；强化网络安全师资队伍建设；完善网络安全人才培养配套措施等意见。

网络空间安全主要研究网络空间中的安全威胁和防护问题，即在有敌手的对抗环境下，研究信息在产生、传输、存储、处理、销毁等各个环节中所面临的威胁和防御措施，以及网络和系统本身面临的安全漏洞和防护机制，不仅仅包括传统信息安全所研究的信息的保密性、完整性和可用性，同时还包括构成网络空间基础设施的安全和可信。从宏观层面来看，网络空间安全的研究对象主要包括：全球各类各级信息基础设施的安全威胁；从微观来看，主要对象包括：通信网络、计算机网络及其设备和应用系统中的安全威胁。

数学、信息论、计算复杂性理论等是网络空间安全所依靠的重要理论基础。

网络空间安全的理论体系由三部分组成。一是基础理论体系，主要包括：网络空间理论、密码学、离散结构理论和计算复杂性理论等；其中，信息的机密性、完整性、可控性、可靠性等是核心，对称加密、公钥加密、密码分析、侧信道分析等是重点，在复杂环境中的可证安全、可信可控及定量分析理论是关键。二是技术理论体系，主要包括网络空间安全保障理论体系，从系统和网络角度，研究和设计网络空间的各种安全保护方法和技术。重点包括：芯片安全、操作系统安全、数据库安全、中间件安全、恶意代码等，从预警、保护、检测到恢复响应的安全保障技术理论。从网络安全角度，以通信基础设施、互联网基础设施等为研究对象，聚焦研究通信安全、网络安全、网络对抗等。三是应用理论体系，从应用角度来看，针对各种应用系统，研究在实际环境中面临的各种安全问题，如 Web 安全、内容安全、垃圾信息等，涵盖电子商务、电子政务、物联网、云计算、大数据等诸多应用领域。

网络空间安全有如下五个研究方向。一是网络空间安全基础，包括：网络空间安全数学理论、网络空间安全体系结构、网络空间安全数据分析、网络空间博弈理论、网络空间安全治理与策略、网络空间安全标准与评测等。二是密码学及应用，包括：对称密码设计与分析、公钥密码设计与分析、安全协议设计与分析、侧信道分析与防护、量子密码与新型密码等。三是系统安全，包括：芯片安全、系统软件安全、虚拟化计算平台安全、恶意代码分析与防护等。四是网络安全，包括：通信基础设施及物理环境安全、互联网基础设施安全、网络安全管理、网络安全防护与主动防御（攻防与对抗）、端到端的安全通信等。五是应用安全，包括：关键应用系统安全、社会网络安全（包括内容安全）、隐私保护、工控系统与物联网安全、先进计算安全等。

中国密码学会教育与科普工作委员会与电子工业出版社合作，共同筹划了这套"网络空间安全系列教材"，主要包括《密码学》、《密码学实验教程》、《公钥密码学》、《应用密码学》、《密码学数学基础》、《密码基础算法》、《典型密码算法 FPGA 实现》、《典型密码算法 JAVA 实现》、《公钥密码算法 C 语言实现》、《密码分析学》、《网络空间安全导论》、《信息安全管理》、《信息系统安全》、《网络空间安全技术》、《网络空间安全实验教程》、《网络攻防技术》、《同态密码学》、《对称密码学》等。希望为信息安全、网络空间安全、网络安全与执法、信息对抗技术等本科专业提供教材，也为密码学、网络空间安全、信息安全等专业的研究生和博士生，以及从事该领域的科研人员提供教材和参考书。为我国网络空间安全教材建设、普及密码知识和网络空间安全人才培养，贡献绵薄之力。

2016 年 12 月

前言

随着人们对信息技术依赖程度的不断加深，信息安全受到了社会的普遍关注。通过技术手段针对性地解决信息安全问题是信息安全防范的基本思路。然而，由于信息安全的多层次、多因素和动态性等特点，管理手段的应用在一个完整的信息安全防范方案中必不可少。信息安全管理的模型、流程和方法最近几年有了长足的发展。信息安全管理的相关标准、法规也如雨后春笋般相继被推出。信息安全管理作为战略、信息安全技术作为手段，"三分技术、七分管理"的理念正在为社会各界广泛接受。

网络空间安全系列教材是我们专为信息安全教学和科研推出的一款系列书籍，内容涵盖网络空间安全领域的方方面面。系列教材既可作为高等院校网络空间安全及相关专业研究生和高年级本科生的教材使用，也可以作为相关专业人员全面参考的系列手册。

作为网络空间安全系列教材之一，本书在汇总作者及所在团队多年来信息安全管理相关工作的基础上，还提炼了国内和国际上信息安全管理的最新成果。本书在保证知识点精炼的基础上，全面吸纳了最新国内外信息安全管理相关标准和指南的内容，能够反映出信息安全管理理论与方法的研究和应用现状。本书第 1 章概述了信息安全、信息安全管理的概念，信息安全管理的基本原则，以及国内外的研究发展情况；第 2 章详细介绍了国内外的信息安全管理相关标准与法律法规；第 3 章介绍了信息安全管理体系（ISMS）；第 4 章介绍了信息安全风险评估的原则与方法；第 5 章介绍信息系统安全测评的关键内容；第 6 章介绍了业务连续性与灾难恢复；第 7 章介绍了信息系统安全审计的原则、体系、流程等；第 8 章介绍了网络及系统安全保障机制相关内容。

本书由河南理工大学计算机科学与技术学院牵头，与电子科技大学合作编写。参加本书编写工作的有：汤永利、陈爱国、叶青、闫玺玺。具体编写分工如下：闫玺玺编写第 1～2 章，汤永利编写第 3～4 章，叶青编写第 5 章，陈爱国编写第 6～8 章。高玉龙、张亚萍、赵翠萍等几位研究生参与了本书部分章节的资料收集和整理，诚挚感谢他们对本书所做的贡献。

本书在编写过程中，除引用了作者自身的研究内容和成果外，还大量参考了众多国外优秀论文、书籍以及在互联网上公布的相关资料，我们尽量在书后面的参考文献中列出，但由于互联网上资料数量众多，出处杂乱，可能无法将所有文献一一注明出处。我们对这些资料的作者表示由衷的感谢，同时声明，原文版权属于原作者。

本书作为教材，教师在讲授时可以根据学时做出一些取舍。本书全部讲授建议 36 学时，如有更多学时安排，建议酌情增加信息安全管理实践方面的内容，以深化对全书内容的理解。

信息安全管理是信息安全领域中的新的分支，代表了信息安全发展的一种趋势，本书尝试对此领域的理论和方法做一些归纳，以期有益于读者。

由于作者的水平有限，书中难免有一些缺点和错误，真诚希望读者不吝赐教。

编著者

目 录

第 1 章

绪 论

信息技术创立、应用和普及是 20 世纪技术革新最伟大的创举之一，借此，人类正在进入信息化社会，人们对信息、信息技术的依赖程度越来越高。与此同时，信息安全问题日渐突出，情况也越来越复杂。

信息安全管理是保障信息系统安全的有力手段，是当今世界各国都在努力推广与应用的重点课题。它涉及的内容广泛，包括技术、方法、保障体系等多方面内容。本章主要阐述信息安全的概念、信息安全管理的概念、信息安全管理的指导原则、信息安全管理的意义、信息安全管理的国内外研究发展，并对本书内容安排进行了说明。

1.1 信息安全

1.1.1 信息安全的现状

由于信息具有易传输、易扩散、易破损的特点，信息资产比传统资产更加脆弱，更易受到损害，信息及信息系统需要严格管理和妥善保护。

1988 年 11 月 2 日，康奈尔大学的研究生罗伯特·莫里斯（22 岁）设计了第一个蠕虫程序，设计初始目的是验证网络中自动传播程序的可行性。该程序感染了 6000 台计算机，使互联网不能正常运行，造成的经济损失达 1 亿美元。程序只有 99 行，利用了 UNIX 系统中的缺点，用 Finger 命令查联机用户名单，然后破译用户口令，用 Mail 系统复制、传播本身的源程序，再编译生成代码。莫里斯因此被判 3 年缓刑、罚款 1 万美元、做 400 小时的社区服务。

1998 年 6 月 2 日，首次出现 CIH 的报道。CIH 病毒是由中国台湾大学生陈盈豪编制的，其动机是"为自己设计病毒"。CIH 病毒 1998 年 4 月 26 日发作，可导致主板、硬盘损坏，变种版本极多，危害严重。1999 年 4 月 26 日 CIH 1.2 版本首次大范围爆发全球超过 6000 万台计算机遭到不同程度破坏；2000 年 4 月 26 日 CIH 1.2 版本第二次大范围爆发，全球损失超过 10 亿美元；2001 年 4 月 26 日 CIH 第三次大范围爆发，仅北京就有超过 6000 台计算机遭 CIH 破坏，瑞星修复硬盘数量当天接近 400 块。

2000 年 5 月 4 日，"爱虫（LOVE BUG）"病毒大爆发。主要表现是邮件群发、修改文件、消耗网络资源。"爱虫"大爆发两天之后，全球约有 4500 万台计算机被感染，造成的损失已经达到 26 亿美元。此后几天里，"爱虫"病毒所造成的损失还将以每天 10 亿～15 亿美元的速度增加。

近两年也发生了几起重大的信息安全事件，2014 年 1 月 21 日，中国互联网出现大面积 DNS 解析故障。2014 年 10 月 2 日，摩根大通银行承认 7600 万家庭和 700 万小企业的相关信息被泄露。

身在南欧的黑客取得摩根大通数十个服务器的登入权限，偷走银行客户的姓名、住址、电话号码和电邮地址等个人信息，与这些用户相关的内部银行信息也遭到泄露。受影响者人数占美国人口的1/4。2015年4月，超30省市曝安全管理漏洞，数千万社保用户敏感信息或遭泄露。从补天漏洞响应平台获得的数据显示，目前围绕社保系统、户籍查询系统、疾控中心、医院等大量曝出高危漏洞的省市已经超过30个，仅社保类信息安全漏洞统计就达到5279.4万条，涉及人员数量达数千万，其中包括个人身份证、社保参保信息、财务、薪酬、房屋等敏感信息。

不断发生的信息安全事件，对信息安全提出了严峻的挑战。据统计，全球平均20s就发生一次计算机病毒的入侵；互联网上的防火墙大约25%被攻破；窃取商业信息的事件平均以每月260%的速度增加；约70%的网络主管报告因机密信息泄露而受到损失。国家与国家之间的信息战问题更是关系到国家的根本安全问题。信息安全已成为信息社会重要的研究课题。

1.1.2 信息安全的概念、特点及意义

1. 信息安全的概念

关于信息安全，不同组织有不同的定义，国际标准化组织对信息安全的定义是："在技术上和管理上为数据处理系统建立的安全保护，保护计算机硬件、软件和数据不因偶然和恶意的原因而遭到破坏、更改和泄露"。在我们常见的很多信息安全文献中定义信息安全主要包括3个方面：机密性、完整性、可用性。目前，信息安全的内涵已从传统的机密性、完整性和可用性3个方面扩展到机密性、完整性、可用性、真实性、抗抵赖性、可靠性、可控性等更多领域。各信息安全属性的含义如下。

（1）机密性：信息不泄漏给非授权的用户、实体或者过程的特性。

（2）完整性：数据未经授权不能进行改变的特性，即信息在存储或传输过程中保持不被修改、不被破坏和丢失的特性。

（3）可用性：可被授权实体访问并按需求使用的特性，即当需要时应能存取所需的信息。

（4）真实性：信息所反映内容与客观事实是否一致的特性。

（5）抗抵赖性：证实行为或事件已经发生的特性，以保证事件或行为不能被抵赖。

（6）可靠性：保持持续的预期行为及结果的特性。

（7）可控性：对信息的传播及内容具有控制能力，访问控制即属于可控性。

2. 信息安全的特点

信息安全在技术发展和应用过程中，表现出以下重要特点。

（1）必然性。当今的信息系统日益复杂，其中必然存在系统设计、实现、内部控制等方面的弱点。如果不采取适当的措施应对系统运行环境中的安全威胁，信息资产就可能会遭受巨大的损失甚至威胁到国家安全。所以，信息安全已引起许多国家、特别是发达国家的高度重视，他们在这个领域投入了大量的人力、物力、财力，以期提高本国的信息安全水平。

（2）配角特性。信息安全建设在信息系统建设中角色应该是陪衬，安全不是最终目的，得到安全可靠的应用和服务才是安全建设的最终目的。不能为了安全而安全，安全的应用是先导。

（3）动态性。信息安全威胁会随着技术的发展、周边应用场景的变化等因素而发生变化，新的安全威胁总会不断出现。所以，信息安全建设是一个动态的过程，不能指望一项技术、一款产品或一个方案就能一劳永逸地解决组织的安全问题，信息安全是一个动态、持续的过程，必须能根据风险变化及时调整安全策略。一成不变的静态策略，在信息系统的脆弱性，以及威胁技术发生变化时将变得毫无安全作用，因此安全策略，以及实现安全策略的安全技术和安全服务，应具有"风险监测—实时响应—策略调整—风险降低"的良性循环能力。

3．信息安全的意义

信息时代，信息安全不仅关系信息自身的安全，更是对国家安全具有重大战略价值。

（1）信息安全的政治意义。

首先，在任何国家，信息安全都是国家安全战略的重要组成部分，尤其是信息技术的发展及信息战的广泛应用，信息安全作为夺取战略制高点的关键因素越来越被各国政府重视。

其次，在全球一体化的今天，常规的战争形态已经慢慢退出历史舞台，国与国之间的战争形式表现在更早获取和掌握对方的各方面情报信息，进行多种形式的打击（如网络战、电子战、经济战、舆论战等），这都是为了获取对本国的最大经济利益和政治利益。而在这个过程中，信息安全被赋予了格外的关注。

（2）信息安全的经济意义。

经济安全的实质是一国最为根本的经济利益不受侵害，通常一国的经济安全取决于该国产业的竞争能力。信息或信息化对于我国产业竞争能力的提升具有战略价值。这不仅在于信息产业已成为支柱产业，更在于信息或信息化已经成为产业总体竞争力提升的基础性手段和核心标志。农业竞争力的提升对信息化的依赖突出体现在，包括物质装备、种植技术、经营管理、资源环境、农民素质等的现代化，只有依托信息化才能真正实现。工业或工业企业，要在激烈的战争中立于不败之地，必须从整体上实现信息化。

由于信息技术的开放性与经济主体利益的冲突性并存，现实的信息系统同样存在着安全风险。信息或信息化有可能对我国的经济安全水平造成严重的冲击，蕴藏着巨大的风险。确保信息安全有助于规避经济安全风险或最大限度地减少这类风险。

（3）信息安全与社会稳定的意义。

当前，我国正处在全面建设小康社会、构建社会主义和谐社会的重要阶段。改革开放 30 多年来，我国的综合国力显著增强，经济稳步增长，社会政治稳定，人民安居乐业，为推动科学发展、促进社会和谐营造出良好的社会环境。但也要清醒地看到，天下并不太平，危害社会稳定、国家安全和社会公共秩序的煽动性信息大量存在。

信息的泄露所带来的已不仅仅是经济上的损失，在一些地方，侵害公民个人信息犯罪与绑架、敲诈勒索、暴力追债等黑恶犯罪合流。维护信息安全对于保护公民安全、维护法律尊严和社会稳定，都具有重要意义。

1.1.3　信息安全威胁

信息化进程在加快，信息化的覆盖面在扩大，信息安全问题也就随之日益增多和复杂，其造成的影响和后果也会不断扩大和更趋严重。信息安全面临的威胁主要来自以下 3 个方面。

1．日益严重的计算机病毒

计算机病毒本身是一种程序，通过信息流动感染计算机的操作系统，最终目的是侵入对方的信息系统，窃取相关的信息资料。其主要特征有以下几个。

第一，破坏性强。计算机病毒可以造成操作系统和应用系统的瘫痪并破坏侵入对象的信息资源，因此具有很强的破坏性。通过感染计算机的硬盘，可能造成分区中的某些区域上内容的损坏，使计算机瘫痪，无法正常工作。

第二，传播性强。计算机病毒通过网络和信息手段进行传播，其传播瞬间可达，扩散迅速。

第三，扩散面广。由于信息技术的巨大覆盖性和扩散性，通过网络传播能够在很短的时间内扩散到网络节点的其他计算机，而一旦网络服务器被感染，其扩散面将更加广泛，清除病毒所需的时间将是单机的几十倍以上。

伴随着计算机技术的提高，近年来计算机病毒也越来越强大，蠕虫病毒具有很快的传播速度和很强大的破坏力，木马病毒能够对受感染计算机实施远程控制并盗取重要信息，虽然现有的杀毒软件能够查杀一部分病毒，但是不断产生的新型病毒还是能够绕过很多杀毒软件的查杀，对目标对象实施感染。同时，计算机病毒还成为交易商品可以进行网上买卖且呈现公开化的趋势。可以说，日益严重的计算机病毒已经对网络信息安全造成了巨大的威胁。以"震荡波"病毒为例，"震荡波"（Sasser）病毒利用微软公布的 LSASS 漏洞进行传播，通过 Windows 2000/XP 等操作系统，开启上百个线程去攻击其他网上的用户，造成机器运行缓慢、网络堵塞。由于其隐蔽性，在一周之内就感染了全球 1800 多万台计算机。"震荡波"病毒在全球带来的损失超过 5 亿美元。根据有关统计数据显示，"震荡波"造成 73%的中毒计算机不得不申请专业防毒公司解救，63%的中毒者工作受到严重影响，30%的人至少花费 10 小时去除病毒，同时估计全球范围为处理"震荡波"病毒造成的计算机损害要花 9.97 亿美元。

利用病毒、木马技术传播垃圾邮件和进行网络攻击、破坏的事件呈上升趋势。计算机病毒主要为获取受感染者的密码和账号信息，从中获取利益。计算机病毒的入侵主要为盗取用户敏感信息，特别是涉及账号、密码等重要经济信息成为网络非法入侵的主要目标。

2．人为的因素

相对物理实体和硬件系统及自然灾害而言，精心设计的人为攻击威胁最大。人的因素最为复杂，思想最为活跃，不能用静止的方法和法律、法规加以防护，这是信息安全所面临的最大威胁。

人为因素分为两种情况：第一种为用户自己的无意操作失误而引发的网络安全，如管理员安全管理不当造成安全漏洞，用户安全意识淡薄，将自己的账户随意转借他人或与别人共享等；第二种为人为的恶意破坏，人为恶意攻击可以分为主动攻击和被动攻击。主动攻击的目的在于篡改系统中信息的内容，以各种方式破坏信息的有效性和完整性。被动攻击的目的是在不影响网络正常使用的情况下，进行信息的截获和窃取。总之，不管是主动攻击还是被动攻击，都给信息安全带来巨大损失。攻击者常用的攻击手段有木马、黑客后门、网页脚本、垃圾邮件等。

网络黑客（Hacker）是专业进行网络计算机入侵的人员，通过入侵计算机网络窃取机密数据和盗用特权，或进行文件破坏，或使系统功能得不到充分发挥直至瘫痪。从世界范围看，黑客的攻击手段在不断地更新，几乎每天都有不同系统安全问题出现。黑客就是利用网络安全的漏洞，尝试侵入其聚焦目标的。随着计算机和网络技术的普及，世界范围内的黑客数量日益庞大，黑客的对象也越来越趋向难度更高的政府、情报部门、大型企业、银行等网站。同时，黑客之间也出现了协同作战的现象，黑客群体呈现集团化、组织化、政治化，甚至国家行为化的趋势。黑客攻击往往呈现较高的智能性和很强的隐蔽性等特点。从智能性上看，黑客普遍具有相当高水平的计算机操作技术，能够绕过所侵入系统的防火墙和拦截软件；从隐蔽性上看，黑客利用计算机作为窃取信息的载体，并以计算机作为入侵的目标，通过编辑程序达到入侵目的，而非直接入侵所要侵入的地点。黑客的行为虽然一般比较隐蔽，但造成的危害一般比较巨大。从我国的实际情况来看，除传统领域的信息安全受到危害外，更为隐蔽和难以追查的信息安全非法手段是通过一些非政府组织、极端宗教组织等进行的信息安全违法行为，这些行为往往具有手段隐蔽、技术手段高等特点，因此在追查方面也更加具有难度，同时在破坏程度上也更加严重。

3．信息安全管理自身的不足

面对复杂、严峻的信息安全管理形势，根据信息安全风险的来源和层次，有针对性地采取技术、管理和法律等措施，谋求构建立体的、全面的信息安全管理体系，已逐渐成为共识。与反恐、环保、粮食安全等安全问题一样，信息安全也呈现出全球性、突发性、扩散性等特点。信息及网络技术的全球性、互联性、信息资源和数据共享性等，又使其本身极易受到攻击，攻击的不可预测性、危害的连锁扩散性大大增强了信息安全问题造成的危害。信息安全管理已经被越来越多的国家所重视。

与发达国家相比，我国的信息安全管理研究起步比较晚，基础性研究较为薄弱。研究的核心仅仅停留在信息安全法规的出台、信息安全风险评估标准的制定及一些信息安全管理的实施细则，应用性研究、前沿性研究不强。这些研究没有从根本上改变我们管理底子薄、漏洞多的现状。

1.2　信息安全管理

1.2.1　信息安全管理的概念

信息是一个组织的血液，它的存在方式各异。可以是打印、手写，也可以是电子、演示和口述的。当今商业竞争日趋激烈，来源于不同渠道的威胁，威胁到信息的安全性。这些威胁可能来自内部，也可能来自外部，可能是意外的，还可能是恶意的。随着信息存储、发送新技术的广泛使用，信息安全面临的威胁也越来越严重了。

信息安全的建设过程是一个系统工程，它需要对信息系统的各个环节进行统一的综合考虑、规划和架构，并需要兼顾组织内外不断发生的变化，任何环节上的安全缺陷都会对系统构成威胁。这点可以借用管理学上的木桶原理加以说明。木桶原理是指：一个木桶由许多木板组成，如果木板的长短不一，那么木桶的最大容量取决于最短的那块木板。这个原理可适用信息安全。一个组织的信息安全水平将由与信息安全有关的所有环节中最薄弱的环节决定。信息从产生到销毁，其生命周期过程中包括了产生、收集、加工、交换、存储、检索、存档、销毁等多个事件，表现形式和载体会发生各种变化，这些环节中的任何一个环节都可能影响整体信息安全水平。要实现信息安全目标，一个组织必须使构成安全防范体系的这只"木桶"的所有木板都要达到一定的长度。

由于信息安全是一个多层面、多因素、综合和动态的过程，如果组织凭着一时的需要，想当然制定一些控制措施和引入某些技术产品，都难免存在挂一漏万、顾此失彼的问题，使得信息安全这只"木桶"出现若干"短板"，从而无法提高安全水平。正确的做法是遵循国内外相关信息安全标准和最佳实践的过程，考虑到组织信息安全各个层面的实际需求，在风险分析的基础上引入恰当的控制，建立合理的安全管理体系，从而保证组织赖以生存的信息资产的机密性、完整性和可用性；另一方面，这个安全体系还应当随着组织环境的变化、业务发展和信息技术提高而不断改进，不能一劳永逸，一成不变。因此，实现信息安全是一个需要完整体系来保证的持续过程。这就是组织需要信息安全管理的基本出发点。

所谓管理，是指管理主体组织并利用其各个要素（人、财、物、信息和时空），借助管理手段，完成该组织目标的过程。

（1）管理主体是一个组织，这个组织可能是国家，可以是一个单位；也可能是一个正式组织或非正式组织。

（2）管理主体包含 5 个方面的要素：人（决策者、执行者、监督者）、财（资金）、物（土地、生产设备及工具、物料等）、信息（管理机制、技术与方法、管理用的各种信息等）、时空（时点和持续时间、地理位置及空间范围）。

（3）管理的手段包括 5 个方面：强制（战争、政权、暴力、抢夺等）、交换（双方意愿交换）、惩罚（包括物质性的和非物质性；包括强制、法律、行政、经济等方式）、激励、沟通与说服。

（4）管理的过程包括 7 个环节：管理规则的确定（组织运行规则，如章程及制度等）、管理资源的配置（人员配置及职责划分与确定、设备及工具、空间等资源配置与分配）、目标的设立与分解（如计划）、组织与实施、过程控制（检查、监督与协调）、效果评价、总结与处理（奖惩）。

信息安全管理是组织为实现信息安全目标而进行的管理活动，是组织完整的管理体系中的一个重要组成部分，是为了保护信息资产的安全，指导和控制组织的关于信息安全风险的互相协调的活动。

信息安全管理在对组织内部和外部信息的有效管理基础上，为企业、单位和组织提供决策支持的工作。

在当今全球一体化的商业环境中，信息的重要性被广泛接受，信息系统在商业和政府组织中得到了真正的广泛的应用。许多组织对其信息系统不断增长的依赖性，加上在信息系统上运作业务的风险、收益和机会，使得信息安全管理成为企业管理越来越关键的一部分。管理高层需要确保信息技术适应企业战略，企业战略也恰当利用信息技术的优势。

1.2.2　信息安全管理的基本内容

信息系统的安全管理涉及与信息系统有关的安全管理及信息系统管理的安全两个方面。这两方面的管理又分为技术性管理和法律性管理两类。其中技术性管理以 OSI 安全机制和安全服务的管理及对物理环境的技术监控为主，法律性管理以法律法规遵从性管理为主。信息安全管理本身虽并不完成正常的业务应用通信，却是支持与控制这些通信的安全所必需的。

由信息系统的行政管理部门依照法律并结合本单位安全实际需要而强加给信息系统的安全策略可以是各种各样的，信息安全管理活动必须支持这些策略。受同一个机构管理并执行同一个安全策略的多个实体构成的集合有时称为"安全域"。安全域及其相互作用是一个值得进一步研究的重要领域。

信息系统管理的安全包括信息系统所有管理服务协议的安全及信息系统管理信息的通信安全，它们是信息系统安全的重要部分。这一类安全管理将借助对信息系统安全服务与机制做适当的选取，以确保信息系统管理协议与信息获得足够的保护。

在信息安全管理的技术性管理中，为了强化安全策略的协调性和安全组件之间的互操作性，设计了一个极为重要的基本概念，即用于存储和交换开放系统所需的与安全有关的全部信息的安全管理信息库（SMIB）。SMIB 是一个分布式信息库。在实际中，SMIB 的某些部分可以与 MIB 结合成一体，也可以分开。SMIB 有多种实现办法，如数据表、文件及嵌入到实开放系统软件或硬件中的数据或规则。

安全管理协议及传送这些管理信息的通信信道，可能遭受攻击。所以应特别对安全管理协议及其协议数据加以保护，其保护的强度通常不低于为业务应用通信提供的安全保护的强度。

安全管理可以使用 SMIB 信息在不同系统的行政管理机构之间交换与安全有关的信息。在某些情况下，与安全有关的信息可经由非自动信息通信通道传递，局部系统的管理者也可采用非标准化方法来修改 SMIB。在另外一些情况下，可能希望通过自动信息通信通道在两个安全管理机构之间传递信息。在获得安全管理者授权后，该安全管理将使用这些通信信息来修改 SMIB。修改 SMIB，必须先得到安全管理者的授权。

1.3　信息安全管理的指导原则

1.3.1　策略原则

信息安全管理的基本原则如下。

1. 以安全保发展，在发展中求安全

信息安全的目的是通过保护信息系统内有价值的资产，如数据、硬件、软件和环境等以实现信息系统的健康、有序和稳定运行，促进社会、经济、政治和文化的发展。没有安全保证的信息化，以及牺牲信息化发展来换取安全，是两种必须摒弃的错误做法。科学的安全发展观是在安全意识上全面提高对信息安全保障认识的同时，采用渐进的适度安全策略来保证和推进信息化的发展，并通

过信息化的发展为信息安全保障体系的逐步完善提供充足的人力、财力和物力支持。

2．受保护资源的价值与保护成本平衡

信息安全的成本和效益比应该在货币和非货币两个层面上进行评估，以保证将成本控制在预期的范围内。

3．明确国家、企业和个人对信息安全的职责和可确认性

应该明确表述与信息系统相关的所有者、管理者、经营者、供应商及使用者应该承担的安全职责和可确认性。

4．信息安全需要积极防御和综合防范

信息安全需要综合治理的方法，坚持保护与监管相结合、技术措施与管理并重的方针，综合治理方法将延伸到信息系统的整个生命期。

5．定期评估信息系统的残留风险

信息系统及其运行环境是动态变化的，一劳永逸的信息系统安全解决方案是不存在的。因此必须定期评估信息系统的残留风险，并以此调整安全策略。

6．综合考虑社会因素对信息安全的制约

信息安全受到很多社会因素的制约，如国家法律、社会文化和社会影响等。安全措施的选择和实现还应该综合考虑法律框架下信息系统所有者与使用者、所有者和社会各方面之间的利益平衡。

7．信息安全管理体现以人为本

信息安全管理要体现人性化、社会公平和交换平等的价值观念。

1.3.2　工程原则

为了指导信息安全工程的组织和实施，信息安全工程应遵循 6 类基本原则，即基本保证、适度安全、实用和标准化、保护层次化和系统化、降低安全度和安全设计结构化。这些原则简单明了，可应用于信息系统的安全规划、设计、开发、运行、维护管理和报废处理等多个环节。

1．基本保证

（1）信息系统安全设计前应制定符合本系统实际的安全目标和策略。
（2）将安全作为整个系统设计不可分割的部分。
（3）识别信息及信息系统资产，以此作为风险分析和安全需求分析的对象。
（4）划分安全域。
（5）确保开发者受过软件安全开发的良好训练。
（6）确保信息系统用户的职业道德和安全意识的持续培训。

2．适度安全

（1）通过对抗、规避、降低和转移风险等方式将风险降低到可接受的水平，不追求绝对的或过度安全的目标。
（2）安全的标志之一是系统可控。
（3）在减小风险、增加成本开销和降低某些操作有效性之间进行折中，避免盲目地追求绝对安全目标。
（4）采用剪裁方式选择系统安全措施，以满足组织的安全目标。
（5）保护信源到信宿全程的机密性、完整性和可用性。
（6）在必要时自主开发非卖品以满足某些特殊的安全需求，将残留风险保持在可接受水平。
（7）预测并对抗、规避、降低和转移各种可能的风险。

3．实用和标准化

（1）尽可能采用开放的标准化技术或协议，增强可移植性和互操作性。

（2）使用便于交流的公告语言进行安全需求的开发。

（3）设计的新技术安全机制或措施，要确保系统平稳过渡，并保证局部采用的新技术不会引起系统的全局性调整，或引发新的脆弱点。

（4）尽量简化操作，以减少操作带来新的风险。

4．保护层次化和系统

（1）识别并预测普遍性故障和脆弱性。

（2）实现分层的安全保护（确保没有遗留的脆弱点）。

（3）设计和运行的信息系统对入侵和攻击应具有必要的检测、响应和恢复能力。

（4）提供对信息系统各个组成部分的体系性保障，使信息系统面对预期的威胁具有持续阻止、对抗和恢复能力。

（5）容忍可以接受的风险，拒绝绝对安全的策略。

（6）将公共可访问资源与关键业务资源进行物理/逻辑隔离。

（7）采用物理或逻辑方法将信息系统的局域网络与公共基础设施相隔离。

（8）设计并实现审计机制，以检测非授权和越权使用系统资源，并支持事故调查和责任确认。

（9）开发意外事故处置或灾难恢复规程，并组织学习和演练。

5．降低复杂度

（1）安全机制或措施力求简单实用。

（2）尽量减少可信系统的要素。

（3）实现访问的最小特权控制。

（4）消除不必要的安全机制或安全服务冗余。

（5）"开机—处理—关机"全程安全控制。

6．安全设计机构化

（1）通过对物理/逻辑的安全措施进行合理组合实现系统安全设计的优化。

（2）所配置的安全措施或安全服务可作用于多个域。

（3）对用户或进程使用鉴别技术，以确保在域内和跨域间的访问权控制。

（4）对实体进行标识以确保责任的可追究性。

1.4　信息安全管理的意义

信息安全管理通过维护信息的机密性、完整性和可用性等，来管理和保护信息资产的一项体制，是对信息安全保障进行指导、规范和管理的一系列活动和过程。在当今全球一体化的商业环境中，信息的重要性被广泛接受，信息系统在商业和政府组织中得到了真正的广泛的应用。许多组织对其信息系统不断增长的依赖性，加上在信息系统上运作业务的风险、收益和机会，使得信息安全管理成为企业管理越来越关键的一部分。管理高层需要确保信息技术适应企业战略，企业战略也恰当利用信息技术的优势。

但现实世界的任何系统都是一串复杂的环节，安全措施必须渗透到系统的所有地方，其中一些甚至连系统的设计者、实现者和使用者都不知道。因此，不安全因素总是存在。没有一个系统是完美的，没有一项技术是灵丹妙药。

目前业界普遍认为，信息安全是政府和企业必须携手面对的问题。政府和企业管理层有责任确保为所有使用者提供一个安全的信息系统环境，而且，政府部门和企业在认识到安全的信息系统好处的同时，应该自我保护以避免使用信息系统时的固有风险。

中国工程院院长徐匡迪曾指出："没有安全的工程就是豆腐渣工程"。今年我国接连不断地出现程度不同的信息安全事件，这些事件不仅仅是简单的信息系统瘫痪的问题，其直接后果是导致巨大的经济损失，还造成了不良的社会影响。如果说经济损失还能弥补，那么由于信息网络的脆弱性而引起的公众对网络社会的诚信危机则不是短时期内可能恢复的。

我国政府主管部门及各行各业已经认识到了信息安全的重要性。政府部门开始出台一系列相关策略，直接牵引、推进信息安全的应用和发展。由政府主导的各大信息系统工程和信息化程度要求非常高的相关行业，也开始出台对信息安全技术产品的应用标准和规范。国务院信息化工作小组颁布的《关于我国电子政务建设指导意见》也强调指出了电子政务建设中信息系统安全的重要性；中国人民银行正在加紧制定网上银行系统安全性评估指引，并明确提出对信息安全的投资要达到 IT 总投资的 10%以上，而在其他一些关键行业，信息安全的投资甚至已经超过了总 IT 预算的 30%～50%。

我们回头来看，政府和各行各业对信息安全的重要性有了认识，相关的标准规范正在形成，投资力度在加大，安全技术、产品、市场在发展，多数企业机构正在制定符合不同业务信息系统和网络安全等级需要的综合性安全策略和计划。那么，我们为什么依然没有安全感呢？到底需要什么样的方法或机制来管理或治理信息安全呢？经过近一年对国内外信息安全和最佳实务的研究，我们认为关键是要建立一套能够涵盖组织信息安全的制度安排机制，它包括治理机制和治理结构，这种制度安排通过建立和维护一个框架来保证信息安全战略和组织的业务目标精确校准，并且和相关的法律和规范一致。所以有效的信息安全管理是非常必要的。

1.5　信息安全管理的国内外研究发展

1.5.1　国内信息安全管理现状

1．我国已初步建成了国家信息安全组织保障体系

国务院信息办专门成立了网络与信息安全领导小组，各省、市、自治州也设立了相应的管理机构。2003 年 7 月，国务院信息化领导小组通过了《关于加强信息安全保障工作的意见》，同年 9 月，中央办公厅、国务院办公厅转发了《国家信息化领导小组关于加强信息安全保障工作的意见》，把信息安全提到了促进经济发展、维护社会稳定、保障国家安全、加强精神文明建设的高度，并提出了"积极防御，综合防范"的信息安全管理方针。

2003 年 7 月成立了国家计算机网络应急技术处理协调中心，专门负责收集、汇总、核实、发布权威性的应急处理信息。2001 年 5 月成立了中国信息安全产品测评认证中心和代表国家开展信息安全测评认证工作的职能机构，还建立了依据国家有关产品质量认证和信息安全管理的法律法规管理和运行国家信息安全测评认证体系。

2．制定和引进了一批重要的信息安全管理标准

为了更好地推进我国信息安全管理工作，公安部主持制定、国家质量技术监督局发布了中华人民共和国国家标准 GB 17895—1999《计算机信息系统安全保护等级划分准则》《信息系统安全等级保护基本要求》等技术标准和 GB/T 20269—2006《信息安全技术　信息系统安全管理要求》、GB/T 20282—2006《信息安全技术　信息系统安全工程管理要求》《信息系统安全等级保护基本要求》等管理规范，并引进了国际上著名的 ISO/IEC 17799:2000《信息技术—信息安全管理实施规则》、BS 7799—2:2000《信息安全管理体系实施规范》等信息安全管理标准。

3．制定了一系列必需的信息安全管理的法律法规

从 20 世纪 90 年代初起，为配合信息安全管理的需要，国家相关部门、行业和地方政府相继制定了《中华人民共和国计算机信息网络国际联网管理暂行规定》《商用密码管理条例》《互联网信息服务管理办法》《计算机信息网络国际联网安全保护管理办法》《中华人民共和国电子签名法》等有关信息安全管理的法律法规文件。

4．信息安全风险评估工作已经得到重视和开展

风险评估成为信息安全管理的核心工作之一。2003 年 7 月，国务院信息化工作办公室（以下简称国信办）信息安全风险评估课题组就启动了信息安全风险评估相关标准的编制工作，国家铁路系统和北京移动通信公司作为先行者已经完成了信息安全风险评估试点工作，国家其他关键行业或系统（如电力、电信、银行等）也将陆续开展这方面的工作。

1.5.2 我国信息安全管理存在的问题

随着信息技术在国民生活与经济中的地位越来越重要，我国信息安全管理得到了人们的重视，相继出台了一系列的法律法规，但信息安全管理仍存在着许多的问题。

（1）信息安全管理现状比较混乱，缺乏一个国家层面上的整体策略，实际管理力度不够，政策执行和监督力度也不够。

（2）具有我国特点的、动态的和涵盖组织机构、文件、控制措施、操作过程和程序及相关资源等要素的信息安全管理体系还未建立起来。

（3）具有我国特点的信息安全风险评估标准体系还有待完善，信息安全的需求难以确定，缺乏系统、全面的信息安全风险评估和评价体系，以及全面、完善的信息安全保障体系。

（4）信息安全意识缺乏，普遍存在重产品、轻服务，重技术、轻管理的思想。

（5）专项经费投入不足，管理人才极度缺乏，基础理论研究和关键技术薄弱，严重依靠国外。

（6）技术创新不够，信息安全管理产品水平和质量不高。

（7）缺乏权威、统一、专门的组织、规划、管理和实施协调的立法管理机构，致使我国现有的一些信息安全管理方面的法律法规层次不高，真正的法律少，行政规章多，结构不合理，不成体系；执法主体不明确，多头管理，政出多门、各行其是，规则冲突，缺乏可操作性，执行难度较大，有法难依；数量上不够，内容上不完善，制定周期太长，时间上滞后，往往无法可依；监督力度不够，有法不依、执法不严；缺乏专门的信息安全基本大法，如信息安全法和电子商务法等；缺乏民事法方面的立法，如互联网隐私法、互联网名誉权、网络版权保护法等；公民的法律意识较差，执法队伍薄弱，人才匮乏。

（8）我国自己制定的信息安全管理标准太少，大多沿用国际标准。在标准的实施过程中，缺乏必要的国家监督管理机制和法律保护，致使有标准企业或用户可以不执行，而执行过程中出现的问题得不到及时、妥善解决。

1.5.3 国外信息安全管理现状

信息化发展比较好的发达国家，特别是美国，非常重视国家信息安全的管理工作。美、俄、日等国家都已经或正在制定自己的信息安全发展战略和发展计划，确保信息安全沿着正确的方向发展。美国信息安全管理的最高权力机构是美国国土安全局，分担信息安全管理和执行的机构有美国国家安全局、美国联邦调查局、美国国防部等，主要是根据相应的方针和政策结合自己部门的情况实施信息安全保障工作。2000 年年初，美国出台了计算机空间安全计划，旨在加强关键基础设施、计算机系统网络免受威胁的防御能力。2000 年 7 月，日本信息技术战略本部及信息安全会议拟定了信息安全指导方针。2000 年 9 月俄罗斯批准了《国家信息安全构想》，明确了保护信息安全的措施。

美、俄、日均以法律的形式规定和规范信息安全工作，对有效实施安全措施提供了有力保证。2000 年 10 月，美国的电子签名法案正式生效。2000 年 10 月美参议院通过了《互联网网络完备性及关键设备保护法案》。日本于 2000 年 6 月公布了旨在对付黑客的《信息网络安全可靠性基准》的补充修改方案。2000 年 9 月，俄罗斯实施了关于网络信息安全的法律。

国际信息安全管理已步入标准化与系统化管理时代。在 20 世纪 90 年代之前，信息安全主要依

靠安全技术手段与不成体系的管理规章来实现。随着 20 世纪 80 年代 ISO 9000 质量管理体系标准的出现及随后在全世界的推广应用，系统管理的思想在其他领域也被借鉴与采用，信息安全管理也同样在 20 世纪 90 年代步入了标准化与系统化的管理时代。1995 年英国率先推出了 BS 7799 信息安全管理标准，该标准于 2000 年被国际标准化组织认可为国际标准 ISO/IEC 17799。现在该标准已引起许多国家与地区的重视，在一些国家已经被推广与应用。组织贯彻实施该标准可以对信息安全风险进行安全系统的管理，从而实现组织信息安全。其他国家及组织也提出了很多与信息安全管理相关的标准。

1.6　本书内容安排

第 1 章为绪论。主要阐述信息安全管理的概念、信息安全管理的指导原则、信息安全管理的意义、信息安全管理的国内外研究发展等。

第 2 章为信息安全管理标准与法律法规。分别介绍信息安全风险评估标准、我国信息系统等级保护标准、信息安全管理体系标准、ISO/IEC 27000 系列标准、信息安全法律法规等。

第 3 章为信息安全管理体系。主要介绍 ISMS 实施方法与模型、ISMS 实施过程，ISMS、等级保护、风险评估三者关系，以及国外的 ISMS 实践等内容。

第 4 章为信息安全风险评估。信息安全风险评估是信息安全管理的基本手段，也是信息安全管理的核心内容。本章对信息安全风险评估的概念、策略、流程，以及方法进行详细阐述，并通过一简单案例说明风险评估过程。

第 5 章为信息系统安全测评。主要介绍信息系统安全测评原则、要求及测评的流程，另外还介绍了信息系统安全管理测评，以及信息安全等级保护与等级测评。最后给出一个等级测评的实例。

第 6 章为业务连续性与灾难恢复。首先介绍业务连续性的概念、业务连续性管理体系，以及业务连续性管理中的部分重要环节；接着引出业务连续中的重要内容——灾难恢复和数据备份，并结合国家标准 GB/T 20988—2007《信息安全技术信息系统灾难恢复规范》介绍了灾难恢复的核心内容。

第 7 章为信息系统安全审计。介绍了信息系统安全审计的基本概念、关键技术和相关标准，另外还介绍了将信息安全审计用于计算机犯罪追踪取证的计算机取证。

第 8 章为网络及系统安全保障机制。概要介绍了身份认证技术、网络边界及通信安全技术、网络入侵检测技术、计算机环境安全技术、虚拟化安全防护技术。

本章小结

本章主要介绍信息安全、信息安全管理的概念，并给出信息安全管理的指导原则，以及信息安全管理的意义。并详细介绍了信息安全管理的国内外研究发展现状。最后给出全书的章节安排。

信息安全管理是保障信息系统安全的有力手段，是当今世界各国都在努力推广与应用的重点课题。我国在信息安全管理方面还不成熟，尚存在诸多问题，有待进一步加强。

习题

1．目前，信息安全的内涵已从传统领域扩展到哪些领域？
2．信息安全在技术发展和应用过程中，表现出哪些重要特点？
3．简述信息系统的安全管理涉及信息系统的两个方面。
4．什么是信息安全管理？
5．国内信息安全管理现状是什么？

第 2 章
信息安全管理标准与法律法规

信息安全法律法规是信息安全保障体系的基础，也是信息安全管理相关实施的保证；信息安全标准是规范和协调信息安全管理和技术互通和一致的重要手段。本章分别介绍信息安全风险评估标准、我国信息系统等级保护标准、信息安全管理体系标准、ISO/IEC 27000 系列标准、信息安全法律法规等。

2.1 信息安全风险评估标准

2.1.1 风险评估技术标准

信息安全评估是指评估机构依据信息安全评估标准，采用一定的方法（方案）对信息安全产品或系统的安全性进行评价。当前的信息安全风险评估技术标准，主要是指 ISO 15408《信息技术安全性评估通用准则》系列，即通常所说的 CC 标准，它经历了近 20 年的发展，现已成为实施各类信息系统评估与测评中选择安全技术要求的基础标准。

1. 国外的技术标准

（1）美国国防部的 TCSEC。

1967 年美国国防部（DoD）成立了一个研究组，针对计算机使用环境中的安全策略进行研究。1969 年，C.Weisman 发表了有关 Adept-50 的安全控制研究成果。同年，B.W.Lampson 通过形式化表示方法运用主体、客体和访问矩阵的思想第一次对访问控制问题进行抽象；1970 年，W.H.Ware 推出的研究报告对多渠道访问的资源共享的计算机系统引起的安全问题进行了研究；1972 年，J.P.Anderson 提出了引用监控机、引用验证机制和安全核等根本思想，揭示安全规则的严格模型化的重要性，并提出了独立的安全评价方法问题。之后，D.E.Bell 和 L.J.LaPadula 提出了著名 Bell & LaPadula 模型，该模型在 MULTICS 系统中得到了成功实现，至今仍是实施保密性强制访问控制的基础。

在以上成果的基础上，DOD 1983 年首次公布了《可信计算机系统评估准则》（TCSEC）以用于对操作系统的评估，这是 IT 历史上的第一个安全评估标准，1985 年公布了第二版。TCSEC 所列举的安全评估准则主要针对美国政府的安全要求，着重点是基于大型计算机系统的机密文档处理方面的安全要求。后来，DoD 又发布了可信数据库解释（TDI）、可信网络解释（TNI）等一系列与 TCSEC 相关的说明和指南，由于这些文档发行时封面均为不同的颜色，因此又被称为"彩虹计划"。

（2）欧共体委员会的 ITSEC。

随着 TCSEC 的广泛应用，欧洲、北美、亚洲的一些国家，在 20 世纪 90 年代初相继提出了各自的信息安全评估标准。1988 年德国信息安全局推出了计算机安全评价标准。1989 年英国的贸易工业部和国防部联合开发了计算机安全评价标准。1990 年，欧共体委员会（CEC）首度公布了由英国、德国、法国和荷兰提出的《信息技术安全性评估准则》（ITSEC）安全评估标准，其目的是成为国家认证机构进行认证活动的基准，还有更重要的一点就是国家之间评估结果的互认。

（3）加拿大系统安全中心的 CTCPEC。

1992 年 4 月，加拿大发布《加拿大可信计算机产品评估准则》（CTCPEC）的草案，它是在 TCSEC 和 ITSEC 基础上的进一步发展，而且它实现结构化安全功能的方法也影响了后来的国际标准。

（4）日本电子工业发展协会的 JCSEC-FR。

1992 年 8 月，日本电子工业发展协会（JEIDA）公布了《日本计算机安全评估准则—功能要求》（JCSEC-FR）。该文件与 ITSEC 的功能部分结合得非常紧密，描述也较为详细。

（5）美国 NIST 的 FC-ITS。

为了尽快达到满足非军事领域需要的目标，尤其是商业 IT 应用需要的目的，美国开发出 TCSEC 的替代标准，最初的文件就是由国家标准技术研究所（NIST）发布的《多用户操作系统的最小安全需求》（MSFR）。1992 年 12 月，美国 NIST 和国家安全局（NSA）联合发布一个 TCSEC 的替代标准《信息技术安全联邦准则》（FC-ITS）的草案 1.0。但因其有很多缺陷，最终也未能取代 TCSEC。

（6）通用准则 CC（ISO/IEC 15408—1999）。

1996 年，六国七方（英国、加拿大、法国、德国、荷兰、NSA 和 NIST）公布了《信息技术安全性评估通用准则》（Common Criterion，CC），该标准是北美和欧盟联合开发的统一国际互认的安全标准，是在欧美各国自行推出的评估标准及具体实践的基础上，通过相互间的总结和互补发展起来的。1998 年，六国七方又公布了 CC 的 2.0 版。1999 年 12 月国际标准化组织（ISO）采纳 CC 作为国际标准 ISO 15408 发布，因此，ISO/IEC 15408 实际上就是 CC 标准在国际标准化组织里的称呼。

CC 的 3 个部分相互依存，缺一不可。这三部分的有机结合具体体现在保护轮廓（PP）和安全目标（ST）中，PP 和 ST 的概念和原理由第一部分介绍，PP 和 ST 中的安全功能要求和安全保证要求在第二、第三部分选取，而这些安全要求的完备性和一致性，则由第二、第三两部分来保证。

2．我国的风险评估技术标准

（1）GB 17859—1999《计算机信息系统安全保护等级划分准则》。

为提高我国计算机信息系统安全保护水平，1999 年 9 月由公安部主持制定、国家质量技术监督局发布了国家标准 GB 17859—1999《计算机信息安全保护等级划分准则》，它是建立信息系统安全等级保护、实施安全等级管理的重要基础性标准。该标准的制定参照了美国的 TCSEC 及 TNI，有 3 个主要目的：一是为计算机信息系统安全法规的制定和执法部门的监督检查提供依据；二是为安全产品的研制提供技术支持；三是为安全系统的建设和管理提供技术指导。

（2）GB/T 18336—2001《信息技术安全性评估准则》。

我国自 1996 年 CC 1.0 版发布后，相关标准制定部门就一直进行跟踪研究，密切关注着它的发展情况，并尝试将 CC 标准与信息安全实践相结合。2001 年 3 月，我国国家质量技术监督局正式颁布了等同采用 CC 的国家标准 GB/T 18336—2001《信息技术安全性评估准则》。

2.1.2　风险评估管理标准

1．ISO/IEC 17799《信息技术　信息安全管理实用规则》

BS7799 标准最初是由英国贸工部（DTI）立项的，是业界、政府和商业机构共同倡导的，旨在开发一套可供开发、实施和测量有效安全管理惯例并提供贸易伙伴间信任的通用框架。

英国标准协会（BSI）1995 年制定了 BS 7799-1：信息安全管理事务准则，并提交国际标准组织。2000 年 10 月，ISO 在日本东京通过 BS 7799-1，并于 2000 年 12 月正式发布，成为 ISO/IEC 17799 标准的 2000 年版。2005 年，ISO 又在 17799:2000 的基础上，通过了 ISO 17799:2005《信息安全管理实施指南》，主要提供给负责信息安全系统开发的人员参考使用。

我国在 ISO/IEC 17799:2000 的基础上，于 2005 年颁布了国家标准 GB/T 19716—2005《信息技术 信息安全管理实用规则》（修改采用 ISO/IEC 17799:2000）。

2. ISO/IEC 27001《信息安全管理体系 要求》

1998 年，BSI 公布 BS 7799-2：信息安全管理规范，按照安全、法律和业务要求，规定了要实施的控制措施，并成为内部审核和信息安全管理认证的依据；1999 年发布修订版的 BS 7799-2，标准内容和修订版的 BS 7799-1:1999 中的控制措施配套使用；2002 年推出了新版本的 BS 7799-2:2002；2004 年 ISO 启动了以 BS 7799-2:2002 为基础的 ISMS 国际标准的制定工作，最终于 2005 年发布 ISO/IEC 27001:2005，它是建立 ISMS 的一套规范，其中详细说明了建立、实施和维护信息安全管理体系的要求，可用来指导相关人员去应用 ISO 17799，其最终目的在于建立适合组织需要的 ISMS。ISO/IEC 27001 针对的是组织的整体安全管理，除制定 ISMS 管理手册外，还通过策略文件、程序文件、作业指导书、记录文件的四级文件的方式来实施。

2.1.3 标准间的比较分析

1. 技术标准的比较分析

最初的 TCSEC 是针对孤立计算机系统提出的，起初为军用标准，只应用在对操作系统的评估上。欧洲的 ITSEC 与 TCSEC 一样，均是不涉及开放系统的安全标准，仅针对产品的安全保证要求来划分等级并进行评测，且均为静态模型，仅能反映静态的安全状况，但适用于军队、政府与商用。CTCPEC 虽在二者的基础上有一定发展，但也是静态模型。FC 对 TCSEC 做了补充和修改，对保护轮廓（PP）和安全目标（ST）做了定义，明确了由用户提供出其系统安全保护要求的详细轮廓，由产品厂商定义产品的安全功能、安全目标等，但因其本身的缺陷一直没有正式投入使用。

TCSEC 对安全的最初定义仅有机密性一点；ITSEC 首次将安全定义为保密性、完整性与可用性，并将信息系统的功能要求与保证要求分离开来，其目标在于对产品和系统两者的评估，这些均代表了标准的发展方向；CTCPEC 在上述基础上又提出了可控性。

CC 虽源于 TCSEC，但 CC 全面考虑了与信息技术安全性有关的各种因素，定义了作为评估信息技术产品和系统安全性的基础准则，并以安全功能要求和安全保证要求的形式提出了这些因素。CC 不仅考虑信息的保密性、完整性和可用性要求，同时也考虑了信息的可控性、可用性及责任可追查性。其适用范围也包括军队、政府及商业等部门。

CC 与早期的评估标准相比，主要具有四大特征：①CC 符合 PDR（Protection，Detection，Response，保护、检测、响应）模型；②CC 评估准则是面向整个信息产品生存期的；③CC 评估准则不仅考虑了保密性，而且考虑了完整性和可用性多方面的安全特性；④CC 评估准则有与之配套的安全评估方法 CEM（Common Evaluation Methodology，通用评估方法）。

但是，CC 没有包括对物理安全、行政管理措施、密码机制等重要方面的评估，仍然未能完全体现动态的安全技术要求。

2. 技术标准与管理标准之间的比较分析

CC 是一个技术标准，旨在支持对产品和系统中 IT 安全特征的规范性与技术性的评估。通常，对产品的评估是作为信息系统开发和生产周期的一部分的。CC 标准还可用于描述组织对产品安全性的技术要求。换句话说，信息系统风险评估实践中对安全技术要求的选择，一般都来自于 CC 标准，从而满足信息产品或系统测评等的需要。

与技术标准 CC 相比，ISO 17799 是一个管理标准，它处理的是与已安装的 IT 系统相关的非技术问题，这些问题与诸如安全方针、组织及人员、物理环境、通信与访问控制、信息系统开发、业务连续性等安全管理内容相关。也就是说，一般从 ISO 17799 标准中选择安全管理要求，对信息系统实施风险评估。

而 ISO 27001《信息安全管理体系 要求》，是结合 ISO 17799 的安全管理要求，规定建立 ISMS 时的 PDCA 过程模型，有利于组织对信息系统的安全管理；而它本身和 CC 没有直接的关系。

在信息系统风险评估实践中，通常将 CC 的安全技术要求和 ISO 17799 的安全管理要求结合起来，对信息安全产品或系统实施风险评估或系统测评。典型的例子如北京市地方标准 DB11/T 171—2002《党政机关信息系统安全测评规范》，其体系结构按照 GB 17859—1999《计算机信息系统安全保护等级划分准则》的等级划分要求，将党政机关的信息系统划分为 5 个安全类别，分别与 GB 17859 的 5 个等级相对应；对每一安全类别，选择 CC 的技术要求和 ISO 17799 的管理要求，从而形成对党政机关信息系统全面的测评规范要求。

3．评估标准之间的对应关系

简单地比较 CC、TCSEC、ITSEC 标准之间的对应关系，如表 2-1 所示。

表 2-1   几个标准之间的比较

CC 标准	TCSEC 标准	ITSEC 标准
—	D	E0
EAL1	—	—
EAL2	C1	E1
EAL3	C2	E2
EAL4	B1	E3
EAL5	B2	E4
EAL6	B3	E5
EAL7	A1	E6

2.2   我国信息系统等级保护标准

2.2.1   概述

信息系统的等级保护是从整体上、根本上解决国家信息安全的基本制度。作为信息安全等级保护的主管部门，应当在国家信息等级保护制度实施的准备阶段和实施阶段注意协调推进信息安全等级保护制度基本框架的建设。

1．国家有关信息系统安全的等级保护的法律与法规

（1）《中华人民共和国计算机信息系统安全保护条例》（国务院总理〔1994〕第 147 号令）。

确立信息安全等级保护为法定制度，规定涉及国计民生的重要信息系统是国家保护的重点，公安部是国家信息安全保护工作的主管部门，公安机关对信息安全保护行使两项职权，即监督、检查、指导，查处违法犯罪。

（2）《国家信息化领导小组关于加强信息安全保障工作的意见》（中办发〔2003〕第 27 号文件）。

明确规定实行信息安全等级保护是国家信息安全基本国策，保护重点概括为国家基础信息网络和重要信息系统。

（3）《关于信息安全等级保护工作的实施意见》（公通字〔2004〕第 66 号文件）。

对第 27 号文件中关于信息安全等级保护国策的贯彻落实问题做了比较详尽的规定。

（4）《国家信息安全等级保护管理办法》及其配套管理规范性文件。

就信息安全等级保护工作必须依法行政问题做出具体规范。

2．国家有关信息系统安全的等级保护的标准

（1）GB/T 17859—1999《计算机信息系统安全保护等级划分准则》。

（2）GB/T 20271—2006《信息安全技术 信息系统通用安全技术要求》。

（3）GB/T 22240—2008《信息安全技术 信息系统安全等级保护定级指南》。

（4）GB/T 22239—2008《信息安全技术 信息系统安全等级保护基本要求》。

（5）GB/T 20269—2006《信息安全技术 信息系统安全管理要求》。

2.2.2　计算机信息系统安全保护等级划分准则

由公安部提出并组织制定的强制性国家标准《计算机信息系统安全保护等级划分准则》已于1999年9月13日经国家质量技术监督局发布，并于2000年1月1日起实施。

《计算机信息系统安全保护等级划分准则》是针对当前我国计算机信息系统安全保护工作的现状和水平充分借鉴国外评价计算机系统和安全产品的先进经验而制定的，该准则为安全产品的研制提供了技术支持，也为安全系统的建设和管理提供了技术指导。该标准以信息安全访问控制为基础，规定了信息系统整体安全保护策略，原则上划分了5个保护等级。

第一级：用户自主保护级（对应C1级）。

第二级：系统审计保护级（对应C2级）。

第三级：安全标记保护级（对应B1级）。

第四级：结构化保护级（对应B2级）。

第五级：访问验证保护级（对应B3级）。

本标准适用计算机信息系统安全保护技术能力等级的划分。计算机信息系统安全保护能力随着安全保护等级的增高，逐渐增强。

2.2.3　信息系统安全管理要求

信息安全等级保护从与信息系统安全相关的物理层面、网络层面、系统层面、应用层面和管理层面对信息和信息系统实施分等级安全保护。管理层面贯穿于其他层面之中，是其他层面实施分等级安全保护的保证。《信息安全技术 信息系统安全管理要求》对信息和信息系统的安全保护提出了分等级安全管理的要求，阐述了安全管理要素及其强度，并将管理要求落实到信息安全等级保护所规定的5个等级上，有利于对安全管理的实施、评估和检查。

本标准以安全管理要素作为描述安全管理要求的基本组件。安全管理要素是指为实现信息系统安全等级保护所规定的安全要求，从管理角度应采取的主要控制方法和措施。根据《计算机信息系统安全保护等级划分准则》对安全保护等级的划分，不同的安全保护等级会有不同的安全管理要求，可以体现在管理要素的增加和管理强度的增强两方面。对于每个管理要素，根据特定情况分别列出不同的管理强度，最多分为5级，最少可不分级。在具体描述中，除特别声明之外，一般高级别管理强度的描述都是在对低级别描述基础之上进行的。

2.2.4　信息系统通用安全技术要求

《信息安全技术信息系统通用安全技术要求》主要从信息系统安全保护等级划分的角度，说明为实现《计算机信息系统安全保护等级划分准则》中每一个安全保护等级的安全功能要求应采取的安全技术措施，以及各安全保护等级的安全功能在具体实现上的差异。

本标准大量采用了GB/T 18336—2001《信息技术 安全技术 信息技术安全性评估准则》的安

全功能要求和安全保证要求的技术内容，并按《计算机信息系统安全保护等级划分准则》的 5 个等级，对其进行了相应的等级划分。

本标准首先对信息安全等级保护所涉及的安全功能要求和安全保证技术要求做了比较全面的描述，然后按《计算机信息系统安全保护等级划分准则》的 5 个安全保护等级，对每一个安全保护等级的安全功能技术要求和安全保证技术要求做了详细描述。

《信息安全技术　信息系统通用安全技术要求》适用于按等级化要求进行的安全信息系统的设计和实现，对按等级化要求进行的信息系统安全的测试和管理可参照使用。

2.2.5　信息系统安全保护定级指南

信息系统定级是等级保护工作的首要环节，是开展信息系统安全建设整改、等级测评、监督检查等后续工作的重要基础。《信息系统安全等级保护定级指南》（以下简称《定级指南》）从信息系统所承载的业务在国家安全、经济建设、社会生活中的重要作用和业务对信息系统的依赖程度这两方面，提出确定信息系统安全保护等级的方法。

根据等级保护相关管理文件，信息系统的安全保护等级分为以下 5 级。

（1）第一级，信息系统受到破坏后，会对公民、法人和其他组织的合法权益造成损害，但不损害国家安全、社会秩序和公共利益。

（2）第二级，信息系统受到破坏后，会对公民、法人和其他组织的合法权益产生严重损害，或者对社会秩序和公共利益造成损害，但不损害国家安全。

（3）第三级，信息系统受到破坏后，会对社会秩序和公共利益造成严重损害，或者对国家安全造成损害。

（4）第四级，信息系统受到破坏后，会对社会秩序和公共利益造成特别严重的损害，或者对国家安全造成严重损害。

（5）第五级，信息系统受到破坏后，会对国家安全造成特别严重的损害。

关于信息系统安全保护定级的流程及方法请参阅 5.5.1。

2.3　信息安全管理体系标准

2.3.1　概述

信息安全管理体系（Information Security Management System，ISMS）正如其名称所表述的含义，就是关于信息安全的管理体系。其定义如 ISO/IEC 27001:2005《信息安全管理体系　要求》是整个管理体系的一部分。它是基于业务风险方法，来建立、实施、运行、监视、评审、保持和改进信息安全的。

管理体系包括组织结构、方针策略、规划活动、职责、实践、程序、过程和资源。

ISMS 的概念已经跳出了传统的"为了安全信息而信息安全"的理解，它强调的是基于业务风险方法来组织信息安全活动，其本身只是整个管理体系的一部分。这就要求我们站在全局的观点来看待信息安全问题。

2.3.2　ISMS 标准的发展经历

ISMS 的概念最初来源于 ISO/IEC 17799 的前身 BS 7799，其广泛地被接受也是伴随着其作为国际标准发布和普及的。

ISO/IEC JTC1/SC27/WG1（国际标准化组织/国际电工委员会信息技术委员会/安全技术分委员

会/第一工作组）是制定和修订 ISMS 标准的国际组织，到目前，该组织已经正式发布的 ISMS 标准主要包括两个：ISO/IEC 27001:2005《信息安全管理体系 要求》与 ISO/IEC 17799:2005《信息安全管理实用规则》。图 2-1 是这两个标准的发展历程。

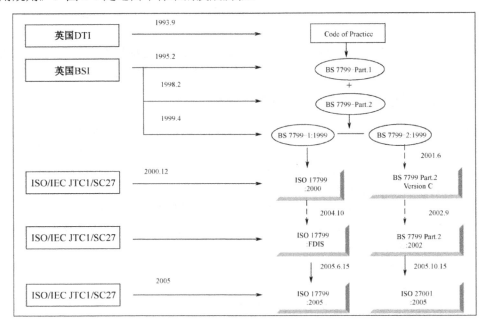

图 2-1　标准的发展历程

2.3.3　ISMS 国际标准化组织

ISO/IEC JTC1/SC27 成立后设有 3 个工作组。

① WG1：需求、安全服务及指南工作组。

② WG2：安全技术与机制工作组。

③ WG3：信息系统、部件和产品相关的安全评估准则工作组。

在 2006 年 5 月 8～17 日西班牙马德里举行的 SC27 第 32 届工作组会议和第 18 届全体会议上，通过了 2005 年 11 月在马来西亚会议上提出的调整 SC27 组织结构的提案，将原来的 3 个工作组调整为现在 5 个工作组。

① WG1：ISMS 标准工作组。

② WG2：安全技术与机制工作组。

③ WG3：信息系统、部件和产品相关的安全评估准则工作组。

④ WG4：安全控制与服务工作组。

⑤ WG5：身份管理与隐私保护技术工作组。

SC27 组织机构的这次调整，专门将 WG1 作为 ISMS 标准的工作组，负责开发 ISMS 相关的标准与指南，充分体现了 ISMS 的发展在全球范围内受到高度重视。

2.3.4　ISMS 标准的类型

根据 ISO GUIDE 72:2001《管理体系标准合理性和制定导则》和 ISO/IEC 的相关导则，ISO/IEC JTC1/SC27/WG1 将 ISMS 标准分为 4 类。

（1）A 类——词汇标准：主要提供标准族中所有标准所涉及的基础信息，包括通用术语、基本原则等内容。ISO/IEC 27000 同 ISO 9000《质量管理体系 基础和术语》类似，属于此类标准。

（2）B 类——要求标准：主要提供管理体系的相关规范，它能够使一个组织证明其满足内部和外部要求的能力。ISO/IEC 27001 同 ISO 9001《质量管理体系 要求》、ISO 14001《环境管理体系 规范及使用指南》、OHSAS 18001《职业健康安全管理体系 规范》等标准一样，属于此类标准。

（3）C 类——指南标准：此类标准目的是为一个组织实施要求标准提供相关的指南，ISO/IEC 17799、ISO/IEC 27003 等同 ISO 9004《质量管理体系 业绩改进指南》、ISO 14004《环境管理体系 原则、体系和支持技术通用指南》、OHSMS 18002《职业健康安全管理体系 指南》等标准一样，属于此类标准。

（4）D 类——相关标准：此类标准严格说不是管理体系标准族中的标准，它们主要提供关于特定方面或相关支持技术的进一步的指导，此类标准一般独立开发，与要求类标准和指南类标准无明显的关联。ISO/IEC 27006 同 ISO 19011《质量和环境管理体系审核指南》等标准一样属于此类。

2.3.5　ISMS 认证

关于 ISMS 认证的标准 ISO/IEC 27001 目前是唯一的。我们讨论的 ISMS 不仅仅包括体系本身，而且包括 ISMS 的认证。

在 ISO/IEC 27001:2005 标准出现之前，组织只能按照 BSI 的 BS 7799-2:2002 标准进行认证。现在，组织可以获得全球认可的 ISO/IEC 27001:2005 标准的认证。这标志着 ISMS 的发展和认证已向前迈进了一大步：从英国认证认可迈进国际认证认可。ISMS 的发展和认证进入一个重要的里程碑。这个新 ISMS 标准正成为最新的全球信息安全武器。

ISO/IEC 27001:2005 标准是设计用于认证目的的。它可帮助组织建立和维护 ISMS。标准的 4～8 章定义了一组 ISMS 要求。如果组织认为其 ISMS 满足该标准 4～8 章的所有要求，那么该组织就可以向 ISMS 认证机构申请 ISMS 认证。如果认证机构对组织的 ISMS 进行审核（初审）后，认为符合 ISO/IEC 27001:2005 的要求，那么它就会颁发 ISMS 证书，声明该组织的 ISMS 符合 ISO/IEC 27001:2005 标准的要求。

然而，ISO/IEC 27001:2005 标准与 ISO 9001:2002 标准（质量管理体系标准）不同。ISO/IEC 27001:2005 标准的要求十分"严格"。该标准 4～8 章有许多信息安全管理要求。这些要求是"强制性要求"。只要有任何一条要求得不到满足，就不能声称该组织的 ISMS 符合 ISO/IEC 27001:2005 标准的要求。相比之下，ISO 9001:2002 标准的第 7 章的某些要求（或条款），只要合理，可允许其质量管理体系（QMS）做适当删减。因此，不管是第一方审核、第二方审核，还是第三方审核，评估组织的 ISMS 对 ISO/IEC 27001:2005 标准的符合性是十分严格的。

ISMS 的认证在某种程度上来说是 ISMS 不可或缺的一部分，是 ISMS 应用活动的自然延伸和结果。R. Von Solms 在《Information Security Management: Why Standards Are Important》这篇文章中曾经用一个很生动的例子来说明认证的重要性：任何在公路上行驶的汽车都需要有合法的证明来表明其安全手段等是具备的，驾驶员也需要驾照来证明他们学习了运用这些技术安全措施的手段来安全地运行汽车，此外，第三方机构，即交通主管部门，要持续地保证汽车功能的正常和驾驶员遵守公路的相关规定。

2.3.6　我国的信息安全标准化技术委员会

信息安全标准化是一项涉及面广、组织协调任务重的工作，需要各界的支持和协作。为了加强信息安全标准化工作的组织协调力度，国家标准化管理委员会批准成立全国信息安全标准化技术委员会（简称信息安全标委会，委员会编号为 TC260，网址为：http://www.tc260.org.cn/）。

信息安全标委员的成立标志着我国信息安全标准化工作，步入了"归口管理、协调发展"的新时期，是我国在信息安全的专业领域内，从事信息安全标准化工作的技术工作组织。信息安全标委员的工作任务是向国家标准化管理委员会提出本专业标准化工作的方针、政策和技术措施的建议。信息安全标委员将协调各有关部门，本着公开、公正、协商的原则组织提出一套系统、全面、分布合理的信息安全标准体系，以信息安全标准体系为工作依据，有步骤、有计划地进行信息安全标准的制定工作。信息安全标委员的标准研究工作采用工作组的方式进行，工作组由国内信息安全技术领域的有关部门、研究机构、企业事业及高等院校等代表组成。目前，信息安全标委员设置有如下工作组。

（1）信息安全标准体系与协调工作组（WG1）。

（2）内容安全分级及标识工作组（WG2）。

（3）通信安全工作组（WG3）。

（4）PKI/PMI 工作组（WG4）。

（5）信息安全评估工作组（WG5）。

（6）应急处理工作组（WG6）。

（7）信息安全管理工作组（WG7）。

（8）电子证据及处理工作组（WG8）。

（9）身份标识与鉴别协议工作组（WG9）。

（10）操作系统与数据库安全工作组（WG10）。

2.3.7　美国的 ISMS 标准

1．美国国家标准（ANSI）

ANSI 通过其 X3、X9、X12 等机构制定了很多有关数据加密、银行业务安全和 EDI 安全等方面的标准。这些标准中，许多经国际标准化组织反复讨论后成为国际标准。

ANSI 中的技术委员会 NCITS（即 X3）负责信息技术，也是 JTC1 的秘书处，其分技术委员会 T4 负责 IT 安全技术，对口 JTC1 的 SC27。NCITS 从 20 世纪 80 年代初开始研制数据加密标准，但到目前为止，只制定了 3 个通用的国家标准。

ANSI 负责金融安全的小组有 X9 和 X12。X9 制定金融业务标准，X12 制定商业交易标准。已制定金融交易卡、密码服务消息，以及实现商业交易安全等方面的安全标准十多个。

2．美国联邦信息处理安全标准（FIPS）

美国联邦政府非常重视自动信息处理的安全，早在 20 世纪 70 年代初就开始了信息技术安全标准化工作，1974 年就已发布标准。1987 年的"计算机安全法案"明确规定了政府的机密数据、发展经济有效的安全保密标准和指南。

联邦信息处理标准（FIPS）由国家标准技术研究所（NIST）颁发。FIPS 由 NIST 在广泛搜集政府各部门及私人部门的意见的基础上写成。正式发布之前，将 FIPS 分送给每个政府机构，并在"联邦注册"上刊印出版。经再次征求意见之后，NIST 局长把标准连同 NIST 的建议一起呈送美国商业部，由商业部部长签字同意或反对这个标准。FIPS 安全标准的一个著名实例就是数据加密标准（DES）。

从 20 世纪 70 年代公布的数据加密标准（DES）开始，NIST 制定了一系列有关信息安全方面的联邦信息处理标准（FIPS），截至 2003 年 12 月，该机构已制定了 33 项信息安全相关的 FIPS 和 66 项信息安全相关的专题出版物（SP 800 和 SP 500）。

3．美国国防部的信息安全指令和标准（DoDDI）

美国国防部十分重视信息的安全问题，美国国防部发布了一些有关信息安全和自动信息系统安全的指令、指示和标准，并且加强信息安全的管理，特别是 DoD 5200.28-STD《可信计算机系统评估准则》，受到各方面广泛的关注。

4．美国电气电工工程师协会（IEEE）

IEEE 在信息安全标准化方面的贡献，主要是提出 LAN/WAN 安全方面的标准（SILS）和公钥密码标准（P1363）。从 1990 年 IEEE 成立 802.11 "无线局域网工作组"以来，相继成立的 802.15 "无线个人网络工作组"、802.16 "无线宽带网络工作组"和 802.20 "移动宽带无线接入工作组"等在无线通信安全方面也做了大量的贡献，如正在研制的 IEEE 802.11i。

除上述国外主要标准化组织外，CEN/ISSS、ETSI、3GPP、3GPP2、OASIS 等区域性标准组织、专业协会或社会团体也制定了一些安全标准，虽然它们不是国际标准，但由于其制定与使用的开放性，部分标准已成为信息产业界广泛接受和采纳的事实标准。

2.4　ISO/IEC 27000 系列标准

根据国际标准化组织的最新计划，该系列标准的序号已经预留到 27019，其中将 27000～27009 留给 ISMS 基本标准，27010～27019 预留给 ISMS 标准族的解释性指南与文档。可见 ISMS 标准将来会是一个庞大的家族。

2005 年 4 月，国际上正式通过了 ISMS 系列标准的开发计划，即 ISO/IEC 27000。ISO/IEC 27000 系列标准是目前国际标准化组织、大部分欧洲国家，以及日、韩、新等亚洲国家在信息安全管理标准领域的重点研究对象。在我国，也有许多信息安全部门和企业、安全管理和服务咨询企业、管理体系认证机构等在密切关注该系列标准的进展。

ISO/IEC 27000 系列共包括 10 个标准，此标准在国际上也处于研究与制定过程中。截至 2008 年 4 月 10 日，ISO/IEC JTC1/SC27/WG1 正在制定以下 7 个标准包括。

（1）ISO/IEC 27000《信息安全管理体系　基础和术语》。

（2）ISO/IEC 27001《信息安全管理体系　要求》。

（3）ISO/IEC 27002《信息安全管理实用规则》。

（4）ISO/IEC 27003《信息安全管理体系实施指南》。

（5）ISO/IEC 27004《信息安全管理测量》。

（6）ISO/IEC 27005《信息安全风险管理》。

（7）ISO/IEC 27006《信息安全体系认证机构的认可要求》。

2.4.1　ISO/IEC 27000

ISO/IEC 27000《信息安全管理体系　基础和术语》，属于 A 类标准。ISO/IEC 27000 提供了 ISMS 标准族中所涉及的通用术语及基本原则，是 ISMS 标准族中最基础的标准之一。ISMS 标准族中的每个标准都有"术语和定义"部分，但不同标准的术语间往往缺乏协调性，而 ISO/IEC 27000 则主要用于实现这种协调。

ISO/IEC 27000 目前处于工作组草案阶段。

ISO/IEC 27000 主要以 ISO/IEC 13335-1:2004《信息和通信技术安全管理　第 1 部分：信息和通信技术安全管理的概念和模型》为基础进行研究；该标准将规定 27000 系列标准所共用的基本原则、概念和词汇。

2.4.2　ISO/IEC 27001

ISO/IEC 27001《信息安全管理体系　要求》于 2005 年 10 月 15 日正式发布。它同 ISO 9001 的性质一样，是 ISMS 的要求标准，内容共分 8 章和 3 个附录，其中附录 A 中的内容主要来自 ISO/IEC 17799。

ISO/IEC 27001 适用于所有类型的组织（如企事业单位、政府机关等）。它从组织的整体业务风险的角度，为建立、实施、运行、监视、评审、保持和改进文件化的 ISMS 规定了要求，并提供了方法。它还规定了为适应不同组织或其部门的需要而定制的安全控制措施的实施要求。ISO/IEC 27001 是组织建立和实施 ISMS 的依据，也是 ISMS 认证机构实施审核的依据。

2.4.3　ISO/IEC 27002

ISO/IEC 27002《信息安全实用规则》即 BS 7799-1 的 ISO 版本，也是 ISO 17799:2005 的更新版本，已于 2007 年正式发布。

ISO/IEC 17799 于 2000 年 12 月 1 日正式发布，2005 年 6 月 15 日发布修订版即 ISO/IEC 17799:2005，原来版本同时废止。ISO/IEC 17799 的 2005 年版本比 2000 年版本在结构和内容上都有较大的变化。

ISO/IEC 17799:2005 从 11 个方面，提出了 39 个控制目标和 133 个控制措施，这些控制目标和控制措施是信息安全管理的最佳实践。从 ISO/IEC 17799 的应用上看，它既专用，又通用。说它专用，是因为它作为 ISMS 标准族的一个成员，是配合 ISO/IEC 27001 使用的；说它通用，是因为 ISO/IEC 17799 中提出的信息安全控制目标和控制措施是从信息安全工作实践中总结出来的，不管组织是否建立和实施 ISMS，均可从中选择适合自己使用的控制措施来实现组织的信息安全目标。

在诸多信息安全管理体系标准中，ISO/IEC 17799 和 ISO/IEC 27001 是 ISMS 标准簇中的核心标准，这两个标准之间联系非常紧密，有如下的特点。

（1）ISO/IEC 17799 从 11 个方面提出了 39 个信息控制目标和 133 项控制措施，全面地覆盖了信息安全实践中所涉及的保护域，从最基本的安全方针到具体的技术细节。组织可以按照标准的条目来对照"在实践中漏掉了哪些方面"。

（2）ISO/IEC 27001 对 ISMS 的审核给出了一系列的要求，其附录 A 是 ISO/IEC 17799 第 5～15 章的最佳实践的陈述。如果组织通过 ISO/IEC 27001 的符合性审核，就是解决了"向合作伙伴证明组织信息安全"的问题。虽然类似于 ISO/IEC 17799 关于最佳实践和实用规则的标准很多，但是专门关于 ISMS 要求的标准，ISO/IEC 27001 目前是国际上唯一的。ISO/IEC 27001 的出现，使不同组织之间的信息安全有了可比较性。

（3）在多数情况下，组织的内部员工可能是信息系统的最大威胁。两个标准中虽然没有明确提出培育信息安全文化的问题，但是在信息安全意识的培训与组织信息安全计划的结合、人力资源安全等方面都有规定。

（4）持续改进是 ISMS 的基本原则之一。ISO/IEC 27001 中对有效性的测量和被测量的控制措施的有效性的改进等提出了明确的要求。

根据第 18 届 SC27 全体会议决议，2007 年 4 月已将 ISO/IEC 17799 的标准序号更改为 ISO/IEC 27002。

2.4.4　ISO/IEC 27003

ISO/IEC 27003《信息安全管理体系实施指南》属于 C 类标准。ISO/IEC 27003 为建立、实施、监视、评审、保持和改进符合 ISO/IEC 27001 的 ISMS 提供了实施指南和进一步的信息，使用者主要为组织内负责实施 ISMS 的人员。

ISO/IEC 27003 目前处于工作组草案阶段。提供了 27001 具体实施的指南，包括 PDCA 过程的详细指导和帮助。

2.4.5　ISO/IEC 27004

ISO/IEC 27004《信息安全管理测量》属于 C 类标准。主要为组织测量信息安全控制措施和 ISMS 过程的有效性提供指南。目前该标准已经处于（委员会草案）阶段，预计将于 2008 年完成。

ISO/IEC 27004 主要测量组织信息安全管理体系实施的有效性、过程的有效性和控制措施的有效性。

2.4.6　ISO/IEC 27005

ISO/IEC 27005《信息安全风险管理》属于 C 类标准。它给出了信息安全风险管理的指南，包括风险管理的原则、风险评估方法、风险处理和风险接受、风险的监视和评审等，以及给出了如何满足 ISMS 要求的更进一步的信息。目前该标准处于最终委员会草案阶段。

ISO/IEC 27005 主要以 ISO/IEC 13335-2《信息技术信息和通信技术安全管理　第 2 部分：信息安全风险管理》为基础进行制定。描述了信息安全风险管理的一般过程及每个过程的详细内容，包括风险分析、风险评价、风险处理、监视和评审风险、保持和改进风险等内容。

2.4.7　ISO/IEC 27006

ISO/IEC 27006《信息安全管理体系认证机构的认可要求》属于 D 类标准。该标准主要对从事 ISMS 认证的机构提出要求和规范，或者说具备怎样的条件就可以从事 ISMS 认证业务。目前该标准处于最终国际标准版草案阶段。

2.5　信息安全法律法规

2.5.1　我国信息安全法律法规体系

随着经济全球化和信息化的快速发展，信息安全威胁日益严峻。恶性病毒的危害、黑客攻击的日益猖獗、垃圾邮件的不断侵扰及不良信息内容的肆意传播，使得全球信息安全形势愈发严峻。美国、俄罗斯、日本和韩国等国家均把信息安全摆到与国家安全同等高度进行了相应的机构整合，制定了指导整个国家信息安全发展的战略和规划。我国政府对信息安全工作也给予了高度重视，进一步明确了国家信息安全领导体制，组织研究国家信息安全发展战略，实行积极防御、综合防范的方针，全面、系统地规划我国的信息安全保障体系建设。

在我国信息安全保障体系的建设中，法律环境的建设是必不可少的一环，也可以说是至关重要的一环，信息安全的基本原则和基本制度、信息安全保障体系的建设、信息安全相关行为的规范、信息安全中各方权利义务的明确、违反信息安全行为的处罚等，都是通过相关法律法规予以明确的。有了一个完善的信息安全法律体系，有了相应的严格司法、执法的保障环境，有了广大机关、企事业单位及个人对法律规定的遵守及应尽义务的履行，才可能创造信息安全的环境，保障国家、经济建设和信息化事业的安全。经过十多年的发展，目前我国现行法律法规及规章中，与信息安全有关的已有近百部，它们涉及网络与信息系统安全、信息内容安全、信息安全系统与产品、保密及密码管理、计算机病毒与危害性程序防治、金融等特定领域的信息安全、信息安全犯罪制裁等多个领域，在文件形式上，有法律、有关法律问题的决定、司法解释及相关文件、行政法规、法规性文件、部门规章及相关文件、地方性法规与地方政府规章及相关文件多个层次，初步形成了我国信息安全的法律法规体系。

1. 我国信息安全法律法规体系的组成

按照法律位阶列举如下。

（1）法律类。

① 《中华人民共和国刑法》（1997 年 3 月 14 日全国人民代表大会修订，1997 年 10 月 1 日起施行）。

② 《全国人大常委会关于维护互联网安全的决定》（2000 年 12 月 28 日第九届全国人民代表大会常务委员会第十九次会议通过）。

③ 《中华人民共和国电子签名法》（2004 年 8 月 28 日第十届全国人民代表大会常务委员会第十一次会议通过，2005 年 4 月 1 日起施行）。

（2）行政法规类。

① 《计算机软件保护条例》（2001 年 10 月 1 日国务院发布并实施）。

② 《中华人民共和国计算机信息系统安全保护条例》（1994 年 2 月 18 日国务院发布并施行）。

③ 《中华人民共和国计算机信息网络国际联网管理暂行规定》（1996 年 2 月 1 日国务院发布并施行，根据 1997 年 5 月 20 日《国务院关于<中华人民共和国计算机信息网络国际联网管理暂行规定>的决定》修正公布）。

④ 《中华人民共和国电信条例》（2000 年 9 月 25 日国务院发布并施行）。

⑤ 《互联网信息服务管理办法》（2000 年 9 月 20 日国务院发布并施行）。

⑥ 《信息网络传播权保护条例》（2006 年 7 月 1 日国务院发布并施行）。

（3）司法解释类。

《关于审理扰乱电信市场管理秩序案件具体应用法律若干问题的解释》（2000 年 5 月 12 日最高人民法院发布，2000 年 5 月 24 日起施行）。

（4）行政规章类。

① 《计算机信息网络国际联网出入口信道管理办法》[1996 年 4 月 9 日原邮电部（现为工业和信息化部）发布并施行]。

② 《计算机信息网络国际联网安全保护管理条例》（1997 年 12 月 11 日由国务院批准，1997 年 12 月 30 日由公安部发布并施行）。

③ 《中华人民共和国计算机信息网络国际联网管理暂行规定实施办法》（1998 年 2 月 13 日国务院信息化工作领导小组发布并施行）。

④ 《计算机信息系统国际联网保密管理暂行规定》（1998 年 2 月 26 日国家保密局发布并实行）。

⑤ 《计算机信息系统国际联网保密管理规定》（国家保密局发布，2000 年 1 月 1 日起施行）。

⑥ 《计算机病毒防治管理办法》（2000 年 4 月 26 日公安部发布并施行）。

⑦ 《互联网电子公告服务管理规定》[2000 年 11 月 7 日原信息产业部（现为工业和信息化部）发布并施行]。

⑧ 《互联网站从事登载新闻业务管理暂行规定》（2000 年 11 月 7 日国务院新闻办公室、信息产业部发布并施行）。

（5）其他。

《关于对<中华人民共和国计算机信息系统安全保护条例>中涉及的"有害数据"问题的批复》（1996 年 5 月 9 日公安部发布）。

2．我国信息安全法律法规体系的主要特点

（1）信息安全法律法规体系初步形成。

目前我国现行法律法规及规章中，与信息安全直接相关的是 65 部，它们涉及网络与信息系统安全、信息内容安全、信息安全系统与产品、保密及密码管理、计算机病毒与危害性程序防治、金融等特定领域的信息安全、信息安全犯罪制裁等多个领域，在文件形式上，有法律、有关法律问题的决定、司法解释及相关文件、行政法规、法规性文件、部门规章及相关文件、地方性法规与地方政府规章及相关文件多个层次。

其中，全面规范信息安全的法律法规有 18 部，包括 1994 年的《中华人民共和国计算机信息系统安全保护条例》等法规，也包括 2003 年的《广东省计算机信息系统安全保护管理规定》，1998 年的《重庆市计算机信息系统安全保护条例》等地方法规；侧重于互联网安全的有 7 部，包括 2000 年《全国人民代表大会常务委员会关于维护互联网安全的决定》等法律层面的文件，也包括 1997 年的《计算机信息网络国际联网安全保护管理办法》等部门规章；侧重于信息安全系统与产品的有 3 部，包括 1997 年的《计算机信息系统安全专用产品检测和销售许可证管理办法》等部门规章；侧重于保密的有 10 部，既包括 1989 年的《中华人民共和国保守国家秘密法》等法律，也包括 1998 年的《计算机信息系统保密管理暂行规定》、2000 年的《计算机信息系统国际联网保密管理规定》、1997 年的《农业部计算机信息网络系统安全保密管理暂行规定》等部门规章；侧重于密码管理及应用的有 5 部，包括 1999 年的《商用密码管理条例》等法规，也包括 2005 年的《电子认证服务管理办法》《电子认证服务密码管理办法》等部门规章，还包括 2002 年的《上海市数字认证管理办法》、2001 年的《海南省数字证书认证管理试行办法》等地方法规或规章；侧重于计算机病毒与危害性程序防治的有 9 部，包括 2000 年的《计算机病毒防治管理办法》等部门规章，也包括 1994 年的《北京市计算机信息系统病毒预防和控制管理办法》、2002 年的《天津市预防和控制计算机病毒办法》等地方法规或规章；侧重于特定领域信息安全的有 9 部，包括 1998 年的《金融机构计算机信息安全保护工作暂行规定》、2003 年的《铁路计算机信息系统安全保护办法》、2005 年的《证券期货业信息安全保障管理暂行办法》等部门规章，也包括 2003 年的《广东省电子政务信息安全管理暂行办法》等地方法规或规章；侧重于信息安全监管的有 3 部，包括 2004 年的《上海市信息系统安全测评管理办法》等地方法规或规章；侧重于信息安全犯罪处罚的主要是我国刑法第 285 条、第 286 条、第 287 条等相关规定。

总体来看，这些信息安全法律法规或多或少所体现的我国信息安全的基本原则可以简单归纳为国家安全、单位安全和个人安全相结合的原则，等级保护的原则，保障信息权利的原则，救济原则，依法监管的原则，技术中立原则，权利与义务统一的原则；而基本制度可以简单归纳为统一领导与分工负责制度，等级保护制度，技术检测与风险评估制度，安全产品认证制度，生产销售许可制度，信息安全通报制度，备份制度等。

（2）与信息安全相关的司法和行政管理体系迅速完善。

有了《中华人民共和国刑法》第 217、第 218、第 285、第 286、第 287、第 288 条，《全国人民代表大会常务委员会关于维护互联网安全的决定》，《中华人民共和国计算机信息系统安全保护条例》，《电信条例》，《互联网信息服务管理办法》等法律依据，有了《最高人民法院最高人民检察院关于办理利用互联网、移动通讯端、声讯台制作、复制、出版、贩卖、传播、淫秽电子信息刑事案件具体应用法律若干问题的解释》等司法解释，一些危害信息安全的案例迅速得到裁判，如广州市中级人民法院裁判的吕薛文破坏计算机信息系统案、乌鲁木齐市中级人民法院裁判的何朴利用其担任银行计算机操作员的职务便利贪污巨额公款案等，震慑了违法犯罪分子，维护了计算机信息网络的正常秩序。经过多年的工作，在我国信息安全行政管理方面，信息安全保障体系建设也已初见成效，与信息安全法律法规体系相配套的标准体系建设、应急处理体系建设、等级保护体系建设、电子认证体系建设、安全测评体系建设、计算机病毒疫情调查和控制体系建设，以及违法和不良信息举报制度建设等都得到较快的发展，为电子政务、电子商务及信息化做出了贡献。

（3）目前法律规定中法律少而规章等偏多，缺乏信息安全的基本法。

虽然可以说目前我国信息安全的法律体系已初步形成，但还很不成熟，在这一体系中，部门规章、地方法规及规章等占了绝大多数，而法律、法规只占到 65 部中的 8 部，为 12%。部门规章、地方法规及规章等效力层级较低，适用范围有限，相互之间可能产生冲突，也不能作为法院裁判的依据，直接影响了这些措施的效果。并且十分关键的是，目前我们还没有一部信息安全的基本法，对于信息安全的基本法，我们理解为一部确立信息安全的基本原则、基本制度及一些核心内容的法律，而我们前面提到的很多规定都应是从这部法律的基本框架中延伸出来的，只有有了这部法律，我们的信息安全法律体系才能说是有了主干。国外类似的法律如美国2002年的《联邦信息安全管理法》、1987年的《计算机安全法案》，俄罗斯1995年的《联邦信息、信息化和信息保护法》等。

（4）相关法律规定篇幅偏小，行为规范较简单。

我国现有信息安全相关法律规定普遍存在的问题是篇幅较小，规定得比较笼统，如《全国人民代表大会常务委员会关于维护互联网安全的决定》共7条，《中华人民共和国计算机信息系统安全保护条例》共31条，《中华人民共和国计算机信息网络国际联网管理暂行规定》共17条，《计算机信息网络国际联网安全保护管理办法》（公安部）共25条，《互联网信息服务管理办法》共27条，《计算机信息系统安全专用产品检测和销售许可证管理办法》（公安部）共26条，《商用密码管理条例》共27条，《计算机信息系统国际联网保密管理规定》（国家保密局）共20条，《计算机病毒防治管理办法》（公安部）为22条。

此外，总体来看，目前这些法律法规主要存在3个有待完善的地方：第一，这些法律法规主要内容集中在对物理环境的要求、行政管理的要求等方面，对于涉及信息安全的行为规范一般都规定得比较简单，在具体执行上指引性还不是很强；第二，目前这些法律法规普遍在处罚措施方面规定得不够具体，导致在信息安全领域实施处罚时法律依据的不足；第三，在一些特定的信息化应用领域，如电子商务、电子政务、网上支付等，相应的信息安全规范相对欠缺，有待于进一步发展。

（5）与信息安全相关的其他法律有待完善。

在建立健全信息安全法律体系的同时，与信息安全相关的其他法律法规的出台和完善也非常必要，如电信法、个人数据保护法等，这些法律法规与信息安全法律体系一起构成我国信息安全大的法律环境并且互为支撑、缺一不可。

2.5.2　信息安全法律法规的法律地位

信息安全的法律保护不是靠一部法律所能实现的，而是要靠涉及信息安全技术各分支的信息安全法律法规体系来实现的。因此，信息安全法律在我国法律体系中具有特殊地位，兼具有安全法、网络法的双重地位，必须与网络技术和网络立法同步建设，因此，具有优先发展的地位。

1．信息安全立法的必要性和紧迫性

（1）没有信息安全就没有完全意义上的国家安全。

（2）国家对信息资源的支配和控制能力，将决定国家的主权和命运。

（3）对信息的强有力的控制是打赢未来信息战的保证。

（4）信息安全保障能力是21世纪综合国力、经济竞争力和生成发展能力的重要组成部分。

2．信息安全法律规范的作用

（1）指引作用：是指法律作为一种行为规范，为人们提供了某种行为模式，指引人们可以这样行为、必须这样行为或不得这样行为。

（2）评价作用：是指法律具有判断、衡量他人行为是否合法或违法，以及违法性质和程度的作用。

（3）预测作用：是指当事人可以根据法律预先估计到他们相互将如何行为，以及某行为在法律上的后果。

（4）教育作用：是指通过法律的实施对一般人今后的行为所产生的影响。

（5）强制作用：是指法律对违法行为具有制裁、惩罚的作用。

2.5.3　信息安全法律法规的基本原则

1．谁主管谁负责的原则

例如，《互联网上网服务营业场所管理条例》第 4 条规定如下。

县级以上人民政府文化行政部门负责互联网上网服务营业场所经营单位的设立审批，并负责对依法设立的互联网上网服务营业场所经营单位经营活动的监督管理。

公安机关负责对互联网上网服务营业场所经营单位的信息网络安全、治安及消防安全的监督管理。

工商行政管理部门负责对互联网上网服务营业场所经营单位登记注册和营业执照的管理，并依法查处无照经营活动。

电信管理等其他有关部门在各自职责范围内，依照本条例和有关法律、行政法规的规定，对互联网上网服务营业场所经营单位分别实施有关监督管理。

2．突出重点的原则

例如，《中华人民共和国计算机信息系统安全保护条例》第 4 条规定：计算机信息系统的安全保护工作，重点维护国家事务、经济建设、尖端科学技术等重要领域的计算机信息系统的安全。

3．预防为主的原则

例如，对病毒的预防，对非法入侵的防范（使用防火墙）等。

4．安全审计的原则

例如，在《计算机信息系统安全保护等级划分准则》的第 4.4.6 款中，有关审计的说明如下。

计算机信息系统可信计算基能维护受保护的客体的访问审计跟踪记录，并能阻止非授权的用户对它访问或破坏。

计算机信息系统可信计算基能记录下述事件：使用身份鉴别机制；将客体引入用户地址空间（如打开文件、程序初始化）；删除客体；由操作员、系统管理员或（和）系统安全管理员实施的动作，以及其他与系统安全有关的事件。

对于每一事件，其审计记录包括事件的日期和时间、用户、事件类型、事件是否成功。对于身份鉴别事件，审计记录包含请求的来源（如终端标识符）；对于客体引入用户地址空间的事件及客体删除事件，审计记录包含客体及客体的安全级别。此外，计算机信息系统可信计算基具有审计更改可读输出记号的能力。

对不能由计算机信息系统可信计算基独立分辨的审计事件，审计机制提供审计记录接口，可由授权主体调用。这些审计记录区别于计算机信息系统可信计算基独立分辨的审计记录。

5．风险管理的原则

事物的运动发展过程中都存在风险，它是一种潜在的危险或损害。风险具有客观可能性、偶然性（风险损害的发生有不确定性）、可测性（有规律，风险发生可以用概率加以测度）和可规避性（加强认识，积极防范，可降低风险损害发生的概率）。

信息安全工作的风险主要来自信息系统中存在的脆弱点（漏洞和缺陷），这种脆弱点可能存在于计算机系统和网络中或者管理过程中。脆弱点可以利用它的技术难度和级别来表征。脆弱点也很容易受到威胁或攻击。

解决问题的最好办法是进行风险管理。风险管理又名危机管理，是指如何在一个肯定有风险的环境里把风险减至最低的管理过程。

对于信息系统的安全，风险管理主要要做的是以下事项。

（1）主动寻找系统的脆弱点，识别出威胁，采取有效的防范措施，化解风险于萌芽状态。

（2）当威胁出现后或攻击成功时，对系统所遭受的损失及时进行评估，制定防范措施，避免风险的再次出现。

（3）研究制定风险应变策略，从容应对各种可能的风险的发生。

2.5.4　信息系统安全相关法律法规

1. 国外信息安全法律法规

目前，世界上已有 30 多个国家先后从不同侧面制定了有关计算机及网络犯罪的法律法规，主要用来保证和保护互联网和各种网络系统、网站、信息的保密和信息安全运行，惩治利用互联网进行犯罪的行为。这些法律法规为预防、打击计算机及网络犯罪提供了必要的法律依据和法律保证。瑞典于 1973 年颁布了涉及计算机犯罪问题的《数据法》，这是世界上第一部保护计算机数据的法律。以下分别介绍美国、欧洲和日本等的信息安全法律法规情况。

1）美国信息安全法律法规

美国作为当今世界信息大国，不仅信息技术具有国际领先水平，有关信息安全的立法活动也进行得较早。因此，与其他国家相比，美国是信息安全方面的法案最多而且较为完善的国家。美国的国家信息安全机关除人们所熟知的国家安全局（NSA）、中央情报局（CIA）、联邦调查局（FBI）外，还有 1996 年成立的总统关键设施保护委员会，1998 年成立的国家设施保护中心，以及国家计算机安全中心、设施威胁评估中心。美国信息安全法律制度调整的对象涉及的范围比较广泛，大致可以分为 3 个方面：一是政府的信息安全；二是商业组织的信息安全；三是个人隐私信息的安全。下文将从以上 3 个方面分别对美国的信息安全法律法规进行简单的介绍。

（1）政府信息安全法律。

《信息自由法》：该法制定于 1966 年，主要是保障公民的个人自由。其利用"例外"的立法方式，将需要保护的信息加以列举。其列举了 9 种不能公开的信息。《信息自由法》是美国最重要的信息法律，构成了其他信息安全保护法律的基础。与此相类似的还有《阳光政府法》，又叫《联邦公开会议法》，该法影响着约 50 个联邦部门、委员会和机构，要求它们公开所有会议的情况和记录档案。

《爱国者法》：这是"9·11"事件以后美国为保障国家安全颁布的最为重要的一部法律，也是目前争议最大的一部法律。该法原名为《2001 年为团结和强化美国而提供有效措施抗击恐怖主义法案》，是联邦法。它的目的主要是从法律上授予美国国内执法机构和国际情报机构非常广泛的权力和相应的设施以防止、侦破和打击恐怖主义活动，使美国人民能够生活在安全的环境中。该法共分 10 个章节，范围广泛，内容复杂，同时，还对美国现有的十几部法律做出了修改。

《联邦信息安全管理法案》：该法将"信息安全"定义为"保护信息和信息系统以避免未授权的访问、使用、泄漏、破坏、修改或者销毁，以确保信息的完整性、保密性和可用性"。同时，对"国家安全系统"的概念进行了界定。该法还授权各管理部门行使国家信息安全管理职责，如授权国家标准与技术局（NIST）为联邦政府使用的系统制定安全标准与指南；授权管理与预算办公室（OMB）主任对安全政策、原则、标准、指南等的制定、执行（包括遵守）情况进行监督。该法是美国政府在"9·11"事件后为加强国家安全颁布的另一部非常重要的法律。

《美国企业改革法案》：该法又名《公众公司会计改革与投资者保护法》（简称《萨班斯-奥克斯利法》）。法案要求某些公司为保证其内部金融控制的准确性，证券交易委员会（SEC）有权制定标准并执行这些规则，并与其他对金融组织拥有管辖权的机构共同负责对金融组织计算机系统上的有关个人金融信息隐私的规则的执行。SEC 还负责大量私营部门公司内部金融控制（包括关联公司计算机系统的内部金融控制）认证规则的执行。该法是在包括安然、世界通信等一系列公司财务丑闻爆发之后由国会订立的，主要目的是加强对上市公司内部金融信息的监管，以维护金融市场的秩序和安全。

（2）商业组织信息安全法律。

美国是一个高度发达的工商业社会，市场化程度非常高，甚至军工生产都由私营企业来承担。随着网络在工商业中的广泛应用，信息安全问题显得越来越重要和突出。例如，黑客攻击了纽约证券交易所的网络，或有人窃取了花旗银行的所有客户账号与密码等，这样的损害和损失将是十分严重的。要解决这样的问题，要靠技术、管理，更要靠法律的约束。对商业组织信息特别是商业秘密的保护主要是依据各州的法律，主要是普通法。

① 商业秘密的保护。

商业秘密是一种信息或过程，它能使商业组织与没有掌握这种信息或过程的竞争者相比更具有竞争优势。在美国，保护商业秘密的法律有普通法、成文法，另外还有相关方签订劳动合同或保密协议的方式。

根据《侵权法重述》第 757 节，"某人未经授权泄露或使用他人的商业秘密，在下列条件下要承担法律责任：①用不适当方式泄露秘密；②泄露或使用的是违背告诉者与之的保密信用关系的"。工业间谍进入竞争者的计算机盗取商业机密的行为，也属于商业秘密盗窃。

直到最近，实质上所有涉及商业秘密的法律都是普通法。但由于普通法具有复杂性和不可预测性，1985 年美国制定了《保护商业秘密统一示范法》，供各州选择适用。法案的部分条款已在 20 多个州适用。

《商业秘密法案》规定未经授权泄露商业秘密的行为为犯罪。

② 版权作品的保护。

《数字千年版权法》涉及网上作品的临时复制（Temporary Copies）、网络上文件的传输（Digital Transmissions）、数字出版发行（Digital Publication）、作品合理使用范围的重新定义、数据库的保护等，规定未经允许在网上下载音乐、电影、游戏、软件等为非法，要承担相应的民事或刑事责任。在刑事责任方面：根据该法第 1204 条的规定，对初犯者，惩罚为高达 50 万美元的罚款和 5 年监禁。对再犯者，罚款可达 100 万美元和 10 年监禁。在民事责任方面：恢复原状；没收违法利润；法定赔偿金最高可达 2500 美元（每次违法行为）。任意赔偿金可包括最近 3 年来受损害方可以证明的利益损失的 3 倍、受害方申请禁令和聘请律师的费用等。

（3）个人隐私信息安全法律。

美国公众对个人隐私的保护非常重视，但美国的法律体系明确承认隐私权，是在 19 世纪末。此前，主要依据宪法第一修正案、第三修正案、第四修正案、第五修正案中的原则来保护个人隐私，同时普通法中也有一些间接的保护隐私的例子。公认的对隐私权真正确立是始于 1890 年学者 Samul Warren 和 Louis Brandeis 在《哈佛法律评论》上发表的一篇文章《论隐私权》。到今天，隐私权已成为一项可以抗辩的法律主张。作为一项法律权利，隐私权在美国整个法律体系的权利序列中，处于较高的阶位。假如政府或个人的行为对大众有利却侵犯了隐私权，则这些行为仍然是违法的。

对个人隐私保护的联邦成文法非常多。主要列举如下。

① 1980 年《隐私保护法》，确立了执法机构使用报纸和其他媒体拥有的记录和其他信息的标准。

② 1986 年《电子通信隐私法》，该法是对 1969 年《综合犯罪控制和街道安全法》的修订，目的在于根据计算机和数字技术所导致的电子通信的变化而更新联邦的信息保护法。

③ 1996 年《电讯法》，规定电信经营者有保守客户财产信息秘密的义务。该法是为了适应信息化的发展而对 20 世纪 30 年代的原有法律进行全面修订而制定的全新法律，它综合了以往分别进行管理的广播、电视、通信和计算机等内容，部分内容体现了试图查禁色情贩子肆无忌惮地在网际空间促销淫秽资讯的活动，保护儿童和少年的身心健康。

④ 1999 年《儿童网上隐私保护法》，该法是第一个保护由网络和互联网的在线服务所处理的个人信息的联邦法律。没有父母的同意，联邦法律和法规限制搜集和使用儿童的个人信息。

欧洲各国在关于信息安全方面的法律体系与美国的法律体系不同，如英国不存在类似美国的州政府和联邦政府的法律，所有法律都适用于整个国家；而苏格兰的法律在许多方面不同，但在计算机滥用和相关方面的法律是相同的。下面以英国、法国和德国为例介绍欧洲信息安全法律法规的现状。

2）英国信息安全法律法规

英国于 1996 年 9 月 23 日由互联网络服务提供商协会（ISPA）执委会、伦敦互联网络交换中心、互联网络安全基金会等部门提出并实施 3R 规则，分别代表"分级认定、检举揭发和承担责任"。

该规则是针对英国境内互联网络中的非法资料特别是色情淫秽内容而提出的行业性倡议。规则提及的一系列管理措施由互联网络服务提供商协会（ISPA）、伦敦互联网络交换中心（LINX）和互联网络安全基金会共同制定，并经英国贸工部牵头协调，与各互联网络服务提供商、首都警署、内政部等部门充分协商后，作为行业性的倡议而公布。该规则为英国网络行业的管理迈出了坚实而具体的一步，为行业管理的进一步发展打下基础。

有关计算机犯罪的立法，英国经历了一个发展过程。

（1）1981 年，通过修订《伪造文书及货币法》，扩大"伪造文件"的概念，将伪造电磁记录纳入"伪造文书罪"的范围。

（2）1984 年，在《治安与犯罪证据法》中规定："警察可根据计算机中的情报作为证据"，从而明确了电子记录在刑事诉讼中的证据效力。

（3）1985 年，通过修订《著作权法》，将复制计算机程序的行为视为犯罪行为，给予相应之刑罚处罚。

（4）1990 年，制定《计算机滥用法》（以下简称《滥用法》）。在《滥用法》里，重点规定了以下 3 种计算机犯罪：①非法侵入计算机罪；②有其他犯罪企图的非法侵入计算机罪；③非法修改计算机程序或数据罪。

3）法国信息安全法律法规

在法国，1992 年通过、1994 年生效的新刑法典设专章"侵犯资料自动处理系统罪"，对计算机犯罪做了规定。根据该章的规定，共有以下 3 种计算机罪。

（1）侵入资料自动处理系统罪。

刑法典第 323-1 条规定："采用欺诈手段，进入或不肯退出某一资料数据自动处理系统之全部或一部的，处 1 年监禁并科 10 万法郎罚金。如造成系统内储存之数据资料被删除或被更改，或者导致该系统运行受到损坏，处 2 年监禁并科 20 万法郎罚金。"

（2）妨害资料自动处理系统运作罪。

刑法典第 323-2 条规定："妨碍或扰乱数据资料自动处理系统之运作的，处 3 年监禁并科 30 万法郎罚金。"

（3）非法输入、取消、变更资料罪。

刑法典第 323-3 条规定："采取不正当手段，将数据资料输入某一自动处理系统，或者取消或变更该系统储存之资料的，处 3 年监禁并科 30 万法郎罚金。"

此外，该章还规定：法人亦可构成上述犯罪，并处罚金；对自然人和法人，还可判处"禁止从事在活动中或活动时实行了犯罪的那种职业性或社会性活动"等资格刑；未遂也要处罚。

互联网络上所遇到的众多问题有一个新的特点，那就是互联网络是一个国际化的网络，一个国家的法律却难以规范所有的网上行为。然而互联网络的成员所面对的又并非一个法律的真空，他们要应付繁多的被要求协调执行的规则，这些规则本来是针对一些公司和协会的，后来也适用于一些未经接受充分法律培训的个人。为此，互联网络的成员认为必须通过发表《互联网络宪章》，来阐明、确定并公布他们彼此之间为对法国社会负责所应遵守的规则。互联网络的成员设立了互联网络理事会，这是法国唯一一个负责自我调节和协调的独立机构。本宪章及互联网络理事会提出的意见和建议具有为司法当局提供参考的价值。而且互联网络的成员通过本宪章表明了他们对维护互联网络开辟的新的表现自由的空间的强烈要求。他们同时表示，行使这种自由应严格尊重个人，尤其是儿童。

4）德国信息安全法律法规

信息网络发展迅速的德国当然也拥有比较健全的信息安全法案。1997 年 8 月 1 日，德国《多媒体法》正式颁布实施。这部法律标志着人类对网络这一高科技领域的法治正式起步，因而受到多国政府和立法者的普遍重视。该法也是世界上第一部规范互联网行为的法律，共 11 条，通过修正以前的有关法律规定，使现行法律适用网络的虚拟空间。

《多媒体法》的全称为《信息与通信服务确立基本规范的联邦法》，简称《信息与通信服务法》。该法律的优点在于：立法者既考虑到了要通过立法防止滥用新的信息与服务手段危害青少年身心健康的行为，同时又考虑到了要确保公民能够一如既往地行使广泛自由和通信自由的权利。本法案的推行目的是为电子信息和通信服务的各种利用可能性规定统一的经济框架条件。

该法案适用于一切私人利用信号、图像、声音等数据而提供的通过电信传输的电子信息和通信服务（电信服务）。而本法不适用于以下情况。

（1）电信服务部门和根据 1996 年 7 月 25 日施行的电信法第 3 条由电信部门提供的业务。

（2）按照国家广播协定第 2 条规定的无线电广播（不涉及新闻法的有关规定）。

同时该法还明确提出了现在比较著名的法律"数字签名法"，它为数字签名提供框架条件，这些条件下，数字签名被认为是可靠的，并且能可靠地认出假的数字签名或者能识别出伪造的数字签名。而且其他未被本法条例规定是不能采用的数字签名方法是允许使用的。

5）日本信息安全法律法规

在亚洲国家中，日本的网络发展相对更为迅速，据 Ipso Insight 公司的市场调查显示，2004～2005 年期间日本仍然保持着全球互联网普及率第一的位置。根据日本总务省的统计，2005 年 3 月末日本互联网用户数为 7948 万，互联网家庭普及率达 87%。面对如此高普及率的互联网发展，近年来日本政府对有关互联网信息安全管理及法律制度的研究兵出多路，除内阁外，总务省、经济产业省、警察厅及法务省、国家公安委员会等也均有相应举措，除此之外，其他各相关省厅则依其主管事务，配合各相关法律制度的推动或研究。

日本政府按照各机构各负其责的原则，根据各相关省厅（部委）的职能、职责，采取联合管理互联网的方式。凡涉及网络犯罪问题均由警察厅负责立法起草工作和执法；涉及商务领域的问题由经济产业省负责立法起草工作和执法；只有涉及网络服务与内容提供等问题才由总务省负责立法起草工作和执法。即在互联网管理工作中，政府各部门有着较为明确的责任划分，其依据是现行的政府职能。因此，总务省、经济产业省和警察厅 3 个机构是互联网主要管理部门，承担着与互联网管理相关的立法起草工作和执法任务，其他各相关省厅根据各自的事务职责协同推进互联网的管理工作。

自互联网在日本快速发展以来，日本政府在互联网信息安全管理方面的做法发生了很大变化。20 世纪 90 年代实行"重行业自律，轻政府管理"的管理机制，但到 2000 年后政府认识到互联网管理的重要性，注重互联网信息安全立法工作，出台了一批有关互联网信息安全的新法律法规。在立法模式上既在原有法律条文中修改、增加互联网管理的内容，也根据互联网业务特点制定出新的法律法规。除此之外，日本互联网相关的行业组织也制定了一些行业自律条文，特别是在技术层面提供了不少互联网管理的新技术手段，对著作权等的管理也拟定了一些行规，这些都对互联网管理法律制度的建立起到了一定作用。但面对互联网引发的诸多严重问题，行业自律的效力显得较弱，其覆盖面也有限，最终还要依靠法律层面的规定起决定性的作用。

日本是信息通信发达国家，其电子信息和通信服务已渗透到所有经济和生活领域。日本政府在意识到互联网的重要性及其存在的问题之后，积极地关注互联网的发展并修改、制定了一系列有关法律。与信息安全相关的法律如表 2-2 所示。

表 2-2　日本信息安全相关法律

序　号	法 律 名 称	说　　　明	管 制 机 构
1	《刑法》	1987 年增加互联网相关内容	法务省、警察厅
2	《禁止非法链接法》	1999 年法律第 128 号，针对盗用他人密码等非法链接行为	总务省、经济产业省、警察厅
3	《电子签名法》	2000 年法律第 102 号，规范了新生的电子签名事务	总务省、法务省、经济产业省
4	《特定电子商务法》	2000 年法律第 126 号，针对电子商务业务	经济产业省
5	《电子合同法》	2001 年法律第 95 号，根据《民法》制定的消费者执行电子合同的法律规定	经济产业省
6	《网络服务商责任法》	2001 年法律第 137 号，明确业务提供商责任	总务省
7	《反垃圾邮件法》	2002 年法律第 26 号，针对垃圾邮件的规定	总务省
8	《色情网站管制法》	2003 年法律第 83 号，禁止 18 岁以下青少年卖淫行为的管制	警察厅
9	《个人信息保护法》	2003 年法律第 119 号，个人信息的有用性和保护个人的权利、利益	内阁官方、总务省
10	《促进内容创作、保护及应用法》	2004 年法律第 81 号，促进内容的创作、保护和应用	内阁官方

2．国内信息安全法律法规

（1）《中华人民共和国刑法》。

《中华人民共和国刑法》的任务，是用刑罚同一切犯罪行为作斗争，以保卫国家安全，保卫人民民主专政的政权和社会主义制度，保护国有财产和劳动群众集体所有的财产，保护公民私人所有的财产，保护公民的人身权利、民主权利和其他权利，维护社会秩序、经济秩序，保障社会主义建设事业的顺利进行。它是为了惩罚犯罪，保护人民，根据宪法，结合我国同犯罪作斗争的具体经验及实际情况而制定。在 1997 年刑法重新修订时，为了加强对计算机犯罪的打击力度，加进了部分关于计算机犯罪的条款。现在刑法中涉及信息安全的部分分别有第 217、第 218、第 285～288 条。

第 217 条规定以赢利为目的，有下列侵犯著作权情形之一，违法所得数额较大或者有其他严重情节的，处 3 年以下有期徒刑或者拘役，并处或者单处罚金；违法所得数额巨大或者有其他特别严重情节的，处 3 年以上 7 年以下有期徒刑，并处罚金；未经著作权人许可，复制发行其文字作品、音乐、电影、电视、录像作品、计算机软件及其他作品的；出版他人享有专有出版权的图书的；未经录音录像制作者许可，复制发行其制作的录音录像的；制作、出售假冒他人署名的美术作品的。

第 218 条规定以赢利为目的，销售明知是本法第 217 条规定的侵权复制品，违法所得数额巨大的，处 3 年以下有期徒刑或者拘役，并处或者单处罚金。

第 285 条规定违反国家规定，侵入国家事务、国防建设、尖端科学技术领域的计算机信息系统的，处 3 年以下有期徒刑或者拘役。

第 286 条规定违反国家规定，对计算机信息系统功能进行删除、修改、增加、干扰，造成计算机信息系统不能正常运行，后果严重的，处 5 年以下有期徒刑或者拘役；后果特别严重的，处 5 年以上有期徒刑。违反国家规定，对计算机信息系统中存储、处理或者传输的数据和应用程序进行删除、修改、增加的操作，后果严重的，依照前款的规定处罚。故意制作、传播计算机病毒等破坏性程序，影响计算机系统正常运行，后果严重的，依照第一款的规定处罚。

第 287 条规定利用计算机实施金融诈骗、盗窃、贪污、挪用公款、窃取国家秘密或者其他犯罪的，依照本法有关规定定罪处罚。

第 288 条规定违反国家规定，擅自设置、使用无线电台（站），或者擅自占用频率，经责令停止使用后拒不停止使用，干扰无线电通信正常进行，造成严重后果的，处 3 年以下有期徒刑、拘役或者管制，并处或者单处罚金。

（2）《全国人大常务委员会关于维护互联网安全的决定》。

《全国人大常务委员会关于维护互联网安全的决定》于 2000 年 12 月 28 日第九届全国人民代表大会常务委员会第十九次会议通过。它是为了兴利除弊，促进我国互联网的健康发展，维护国家安全和社会公共利益，保护个人、法人和其他组织的合法权益而做的决定，它从 4 个角度界定了犯罪行为。

一、为了保障互联网的运行安全，对有下列行为之一，构成犯罪的，依照刑法有关规定追究刑事责任：

（一）侵入国家事务、国防建设、尖端科学技术领域的计算机信息系统；

（二）故意制作、传播计算机病毒等破坏性程序，攻击计算机系统及通信网络，致使计算机系统及通信网络遭受损害；

（三）违反国家规定，擅自中断计算机网络或者通信服务，造成计算机网络或者通信系统不能正常运行。

二、为了维护国家安全和社会稳定，对有下列行为之一，构成犯罪的，依照刑法有关规定追究刑事责任：

（一）利用互联网造谣、诽谤或者发表、传播其他有害信息，煽动颠覆国家政权、推翻社会主义制度，或者煽动分裂国家、破坏国家统一；

（二）通过互联网窃取、泄露国家秘密、情报或者军事秘密；

（三）利用互联网煽动民族仇恨、民族歧视，破坏民族团结；

（四）利用互联网组织邪教组织、联络邪教组织成员，破坏国家法律、行政法规实施。

三、为了维护社会主义市场经济秩序和社会管理秩序，对有下列行为之一，构成犯罪的，依照刑法有关规定追究刑事责任：

（一）利用互联网销售伪劣产品或者对商品、服务做虚假宣传；

（二）利用互联网损害他人商业信誉和商品声誉；

（三）利用互联网侵犯他人知识产权；

（四）利用互联网编造并传播影响证券、期货交易或者其他扰乱金融秩序的虚假信息；

（五）在互联网上建立淫秽网站、网页，提供淫秽站点链接服务，或者传播淫秽书刊、影片、音像、图片。

四、为了保护个人、法人和其他组织的人身、财产等合法权利，对有下列行为之一，构成犯罪的，依照刑法有关规定追究刑事责任：

（一）利用互联网侮辱他人或者捏造事实诽谤他人；

（二）非法截获、篡改、删除他人电子邮件或者其他数据资料，侵犯公民通信自由和通信秘密；

（三）利用互联网进行盗窃、诈骗、敲诈勒索。

同时其中还补充说明了利用互联网实施本决定第一条、第二条、第三条、第四条所列行为以外的其他行为，构成犯罪的，依照刑法有关规定追究刑事责任。利用互联网实施违法行为，违反社会治安管理，尚不构成犯罪的，由公安机关依照《治安管理处罚条例》予以处罚；违反其他法律、行政法规，尚不构成犯罪的，由有关行政管理部门依法给予行政处罚；对直接负责的主管人员和其他直接责任人员，依法给予行政处分或者纪律处分。利用互联网侵犯他人合法权益，构成民事侵权的，依法承担民事责任。

（3）《中华人民共和国电子签名法》。

《中华人民共和国电子签名法》由中华人民共和国第十届全国人民代表大会常务委员会第十一次会议于 2004 年 8 月 28 日通过，自 2005 年 4 月 1 日起施行，其配套部门规章《电子认证服务管理办法》同时实施。《中华人民共和国电子签名法》被喻为"我国首部真正意义的信息化法律"，也是我国首部真正意义上的电子商务立法。它是为了规范电子签名行为，确立电子签名的法律效力，维护有关各方的合法权益而制定的。

《中华人民共和国电子签名法》规定，民事活动中的合同或者其他文件、单证等文书，当事人可以约定使用或者不使用电子签名、数据电文。当事人约定使用电子签名、数据电文的文书，不得仅因为其采用电子签名、数据电文的形式而否定其法律效力。

根据我国电子商务发展的实际需要，借鉴联合国及有关国家和地区有关电子签名立法的做法，我国电子签名立法的重点为：确立电子签名的法律效力；规范电子签名的行为；明确认证机构的法律地位及认证程序；规定电子签名的安全保障措施。

法律规定，电子签名必须同时符合"电子签名制作数据用于电子签名时，属于电子签名人专有"、"签署时电子签名制作数据仅由电子签名人控制"、"签署后对电子签名的任何改动能够被发现"、"签署后对数据电文内容和形式的任何改动能够被发现"等几种条件，才能被视为可靠的电子签名。法律还规定，当事人也可以选择使用符合其约定的可靠条件的电子签名。

为保护电子签名人的合法权益，法律规定，伪造、冒用、盗用他人的电子签名，构成犯罪的，依法追究刑事责任；给他人造成损失的，依法承担相应的民事责任。

《中华人民共和国电子签名法》赋予电子签章与数据电文以法律效力，将在很大程度上消除网络信用危机。可以设想这样一种情景：一个完全数字化的环境，所有的交流都由数字间的传输来完成，人们用微型计算机处理以前必须存在于实体介质上的工作，并用网络来传递这些信息。从一定意义上说，《中华人民共和国电子签名法》拉开了信息数字化时代的立法序幕，并将大大促进和规范我国电子交易的发展。

（4）《中华人民共和国计算机信息系统安全保护条例》。

1994 年 2 月 18 日国务院 147 号令发布了《中华人民共和国计算机信息系统安全保护条例》，该条例是为了保护计算机信息系统的安全，促进计算机的应用和发展，保障社会主义现代化建设的顺利进行而制定的，它规定了计算机信息系统的范围：由计算机及其相关的和配套的设备、设施（含网络）构成的，按照一定的应用目标和规则对信息进行采集、加工、存储、传输、检索等处理的人机系统。其安全保护应达到的标准：应当保障计算机及其相关的和配套的设备、设施（含网络）的安全，运行环境的安全，保障信息的安全，保障计算机功能的正常发挥，以维护计算机信息系统的安全运行。

该条例中指出计算机信息系统的安全保护工作是重点维护国家事务、经济建设、尖端科学技术等重要领域的计算机信息系统的安全。该条例还指出了计算机信息系统安全保护工作由公安部主管，中华人民共和国境内的计算机信息系统，均受限于此条例，在保护条例的第二章中制定了安全保护制度，第三章中制定了安全监督制度，并于第四章规定了相应的法律责任。

（5）《信息网络传播权保护条例》。

《信息网络传播权保护条例》是为保护著作权人、表演者、录音录像制作者(以下统称权利人)

的信息网络传播权，鼓励有益于社会主义精神文明、物质文明建设的作品的创作和传播，根据《中华人民共和国著作权法》（以下简称《著作权法》）而制定的，它于 2006 年 5 月 10 日国务院第 135 次常务会议通过，自 2006 年 7 月 1 日起施行。

《信息网络传播保护条例》主要就如何实现权利人、网络服务提供者、作品使用者的利益平衡，正确地处理三者之间的关系而展开，对权利保护、权利限制及网络服务提供者责任免除等做了规定。

根据信息网络传播权的特点，《信息网络保护条例》主要从以下方面对权利人权益规定了保护措施。一是保护信息网络传播权。除法律、行政法规另有规定的外，通过信息网络向公众提供权利人作品，应当取得权利人许可，并支付报酬。二是保护为保护权利人信息网络传播权采取的技术措施。《信息网络传播保护条例》不仅禁止故意避开或者破坏技术措施的行为，还禁止制造、进口或者向公众提供主要用于避开、破坏技术措施的装置、部件，或者为他人避开或者破坏技术措施提供技术服务的行为。三是保护用来说明作品权利归属或者使用条件的权利管理电子信息。《信息网络传播保护条例》不仅禁止故意删除或者改变权利管理电子信息的行为，而且禁止提供明知或者应知未经权利人许可被删除或者改变权利管理电子信息的作品。四是建立处理侵权纠纷的"通知与删除"简便程序。

《信息网络传播保护条例》以《著作权法》的有关规定为基础，在不低于相关国际公约最低要求的前提下，对信息网络传播权做了合理限制。一是合理使用。《信息网络传播保护条例》结合网络环境的特点，将《著作权法》规定的合理使用情形合理延伸到网络环境，规定包括以课堂教学、国家机关执行公务等为目的在内通过信息网络提供权利人作品，可以不经权利人许可、不向其支付报酬。此外，考虑到我国图书馆、档案馆等机构已购置了一批数字作品，对一些损毁、丢失或者存储格式已过时的作品进行了合法数字化。为了借助信息网络发挥这些数字作品的作用，《信息网络传播保护条例》还规定，图书馆、档案馆等机构可以通过信息网络向馆舍内服务对象提供这些作品。二是法定许可。为了发展社会公益事业，《信息网络传播保护条例》结合我国实际，规定了两种法定许可。其一为发展教育设定的法定许可。为通过信息网络实施九年制义务教育或者国家教育规划，可以使用权利人作品的片段或者短小的文字作品、音乐作品或者单幅的美术作品、摄影作品制作课件，由法定教育机构通过信息网络向注册学生提供，但应当支付报酬。其二为扶助贫困设定的法定许可。为扶助贫困，通过信息网络向农村地区的公众免费提供中国公民、法人或者其他组织已经发表的与扶助贫困有关的作品和适应基本文化需求的作品，网络服务提供者可以通过公告的方式征询权利人的意见，并支付报酬，但不得直接或者间接获取经济利益。《信息网络传播保护条例》关于信息网络传播权限制的规定完全符合互联网公约的有关要求。

网络服务提供者作为作品传播的中间环节，也负有相应的法律责任，网络服务提供者包括网络信息服务提供者和网络接入服务提供者，是权利人和作品使用者之间的桥梁。为了促进网络产业发展，有必要降低网络服务提供者通过信息网络提供作品的成本和风险。而且，网络服务提供者对服务对象提供侵权作品的行为，往往不具有主观过错。为此，《信息网络传播保护条例》借鉴一些国家的有效做法，对网络服务提供者提供服务规定了 4 种免除赔偿责任的情形：一是网络服务提供者提供自动接入服务、自动传输服务的，只要按照服务对象的指令提供服务，不对传输的作品进行修改，不向规定对象以外的人传输作品，不承担赔偿责任；二是网络服务提供者为了提高网络传输效率自动存储信息向服务对象提供的，只要不改变存储的作品、不影响提供该作品网站对使用该作品的监控，并根据该网站对作品的处置而做相应的处置，不承担赔偿责任；三是网络服务提供者向服务对象提供信息存储空间服务的，只要标明是提供服务、不改变存储的作品、不明知或者应知存储的作品侵权、没有从侵权行为中直接获得利益、接到权利人通知书后立即删除侵权作品，不承担赔偿责任；四是网络服务提供者提供搜索、链接服务的，在接到权利人通知书后立即断开与侵权作品的链接，不承担赔偿责任。但是，如果明知或者应知作品侵权仍链接的，则应承担共同侵权责任。

2.5.5　互联网安全管理相关法律法规

1.　计算机信息网络国际网管理暂行规定实施办法

《中华人民共和国计算机信息网络国际联网管理暂行规定实施办法》（以下简称《实施办法》）于 1997 年 12 月 8 日由国务院信息化工作领导小组颁布，共 25 条。

1997 年 5 月 20 日由国务院颁布了《中华人民共和国计算机信息网络国际联网管理暂行规定》（以下简称《暂定规定》）。《实施办法》就是《暂定规定》的实施办法。

（1）制定《实施办法》的目的和意义。

制定《实施办法》的目的是：加强对计算机信息网络国际联网的管理，保障国际计算机信息交流的健康发展。（第一条）

其意义在于：《实施办法》对我国互联网的规划、建设，以及运营管理等方面进行了规范，明确了与互联网相关的管理机构，以及互联网建设与运营管理中需要解决的具体问题，为我国互联网的健康发展奠定了基础。

（2）国际联网的相关定义。

① 国际联网，是指中华人民共和国境内的计算机互联网络、专业计算机信息网络、企业计算机信息网络，以及其他通过专线进行国际联网的计算机信息网络同外国的计算机信息网络相连接。

② 接入网络，是指通过接入互联网络进行国际联网的计算机信息网络；接入网络可以是多级连接的网络。

③ 国际出入口信道，是指国际联网所使用的物理信道。

④ 用户，是指通过接入网络进行国际联网的个人、法人和其他组织；个人用户是指具有联网账号的个人。

⑤ 专业计算机信息网络，是指为行业服务的专用计算机信息网络。

⑥ 企业计算机信息网络，是指企业内部自用的计算机信息网络。

（3）《实施办法》的主要内容。

① 明确了互联网的宏观管理主体与政策。

第四条　国家对国际联网的建设布局、资源利用进行统筹规划。国际联网采用国家统一制定的技术标准、安全标准、资费政策，以利于提高服务质量和水平。国际联网实行分级管理，即对互联单位、接入单位、用户实行逐级管理，对国际出入口信道统一管理。国家鼓励在国际联网服务中公平、有序地竞争，提倡资源共享，促进健康发展。

第五条　国务院信息化工作领导小组办公室负责组织、协调有关部门制定国际联网的安全、经营、资费、服务等规定和标准的工作，并对执行情况进行检查监督。

② 明确了域名管理机构。

第六条　中国互联网络信息中心（CNNIC）提供互联网络地址、域名、网络资源目录管理和有关的信息服务。

③ 对国际出入口信道进行了明确规定。

第七条　我国境内的计算机信息网络直接进行国际联网，必须使用邮电部国家公用电信网提供的国际出入口信道。任何单位和个人不得自行建立或者使用其他信道进行国际联网。

④ 明确了现有互联网的管理单位。

第八条　已经建立的中国公用计算机互联网、中国金桥信息网、中国教育和科研计算机网、中国科学技术网 4 个互联网络，分别由邮电部（现为中国电信和中国网通）、电子工业部（现为中国吉通公司）、国家教育委员会（现为教育部）和中国科学院管理。中国公用计算机互联网、中国金桥信息网为经营性互联网络；中国教育和科研计算机网、中国科学技术网为公益性互联网络。经营性互联网络应当享受同等的资费政策和技术支撑条件。公益性互联网络是指为社会提供公益服务的，不以盈利为目的的互联网络。公益性互联网络所使用信道的资费应当享受优惠政策。

⑤ 明确了新建互联网的审批程序。

第九条　新建互联网络，必须经部（委）级行政主管部门批准后，向国务院信息化工作领导小组提交互联单位申请书和互联网络可行性报告，由国务院信息化工作领导小组审议提出意见并报国务院批准。

互联网络可行性报告的主要内容应当包括网络服务性质和范围、网络技术方案、经济分析、管理办法和安全措施等。

⑥ 明确了互联网的经营及使用应履行的手续和程序。

第十条　接入网络必须通过互联网络进行国际联网，不得以其他方式进行国际联网。接入单位必须具备《暂行规定》第九条规定的条件，并向互联单位主管部门或者主管单位提交接入单位申请书和接入网络可行性报告。互联单位主管部门或者主管单位应当在收到接入单位申请书后 20 个工作日内，将审批意见以书面形式通知申请单位。接入网络可行性报告的主要内容应当包括网络服务性质和范围、网络技术方案、经济分析、管理制度和安全措施等。

第十一条　对从事国际联网经营活动的接入单位（以下简称经营性接入单位）实行国际联网经营许可证（以下简称经营许可证）制度。经营许可证的格式由国务院信息化工作领导小组统一制定。经营许可证由经营性互联单位主管部门颁发，报国务院信息化工作领导小组办公室备案。互联单位主管部门对经营性接入单位实行年检制度。跨省（区）、市经营的接入单位应当向经营性互联单位主管部门申请领取国际联网经营许可证。在本省（区）、市内经营的接入单位应当向经营性互联单位主管部门或者经其授权的省级主管部门申请领取国际联网经营许可证。经营性接入单位凭经营许可证到国家工商行政管理机关办理登记注册手续，向提供电信服务的企业办理所需通信线路手续。提供电信服务的企业应当在 30 个工作日内为接入单位提供通信线路和相关服务。

第十二条　个人、法人和其他组织用户使用的计算机或者计算机信息网络必须通过接入网络进行国际联网，不得以其他方式进行国际联网。

第十三条　用户向接入单位申请国际联网时，应当提供有效身份证明或者其他证明文件，并填写用户登记表。接入单位应当在收到用户申请后 5 个工作日内，以书面形式答复用户。

第十四条　邮电部根据《暂行规定》和本办法制定国际联网出入口信道管理办法，报国务院信息化工作领导小组备案。各互联单位主管部门或者主管单位根据《暂行规定》和本办法制定互联网络管理办法，报国务院信息化工作领导小组备案。

第十五条　接入单位申请书、用户登记表的格式由互联单位主管部门按照本办法的要求统一制定。

第十六条　国际出入口信道提供单位有责任向互联单位提供所需的国际出入口信道和公平、优质、安全的服务，并定期收取信道使用费。互联单位开通或扩充国际出入口信道，应当到国际出入口信道提供单位办理有关信道开通或扩充手续，并报国务院信息化工作领导小组办公室备案。国际出入口信道提供单位在接到互联单位的申请后，应当在 100 个工作日内为互联单位开通所需的国际出入口信道。国际出入口信道提供单位与互联单位应当签订相应的协议，严格履行各自的责任和义务。

⑦ 明确了互联网的经营者及使用者应履行的义务和责任。

第十七条　国际出入口信道提供单位、互联单位和接入单位必须建立网络管理中心，健全管理制度，做好网络信息安全管理工作。

互联单位应当与接入单位签订协议，加强对本网络和接入网络的管理；负责接入单位有关国际联网的技术培训和管理教育工作；为接入单位提供公平、优质、安全的服务；按照国家有关规定向接入单位收取联网接入费用。

接入单位应当服从互联单位和上级接入单位的管理；与下级接入单位签订协议，与用户签订用户守则，加强对下级接入单位和用户的管理；负责下级接入单位和用户的管理教育、技术咨询和培训工作；为下级接入单位和用户提供公平、优质、安全的服务；按照国家有关规定向下级接入单位和用户收取费用。

第十八条　用户应当服从接入单位的管理，遵守用户守则；不得擅自进入未经许可的计算机系统，篡改他人信息；不得在网络上散发恶意信息，冒用他人名义发出信息，侵犯他人隐私；不得制造、传播计算机病毒及从事其他侵犯网络和他人合法权益的活动。

用户有权获得接入单位提供的各项服务；有义务交纳费用。

第十九条　国际出入口信道提供单位、互联单位和接入单位应当保存与其服务相关的所有信息资料；在国务院信息化工作领导小组办公室和有关主管部门进行检查时，应当及时提供有关信息资料。

国际出入口信道提供单位、互联单位每年 2 月份向国务院信息化工作领导小组办公室提交上一年度有关网络运行、业务发展、组织管理的报告。

第二十条　互联单位、接入单位和用户应当遵守国家有关法律、行政法规，严格执行国家安全保密制度；不得利用国际联网从事危害国家安全、泄露国家秘密等违法犯罪活动，不得制作、查阅、复制和传播妨碍社会治安和淫秽色情等有害信息；发现有害信息应当及时向有关主管部门报告，并采取有效措施，不得使其扩散。

第二十一条　进行国际联网的专业计算机信息网络不得经营国际互联网络业务。企业计算机信息网络和其他通过专线进行国际联网的计算机信息网络，只限于内部使用。负责专业计算机信息网络、企业计算机信息网络和其他通过专线进行国际联网的计算机信息网络运行的单位，应当参照本办法建立网络管理中心，健全管理制度，做好网络信息安全管理工作。

⑧ 明确了相关违法责任。

第二十二条　违反本办法第七条和第十条第一款规定的，由公安机关责令停止联网，可以并处15000 元以下罚款；有违法所得的，没收违法所得。

违反本办法第十一条规定的，未领取国际联网经营许可证从事国际联网经营活动的，由公安机关给予警告，限期办理经营许可证；在限期内不办理经营许可证的，责令停止联网；有违法所得的，没收违法所得。

违反本办法第十二条规定的，对个人由公安机关处 5000 元以下的罚款；对法人和其他组织用户由公安机关给予警告，可以并处 15000 元以下的罚款。违反本办法第十八条第一款规定的，由公安机关根据有关法规予以处罚。

违反本办法第二十一条第一款规定的，由公安机关给予警告，可以并处 15000 元以下的罚款；有违法所得的，没收违法所得。违反本办法第二十一条第二款规定的，由公安机关给予警告，可以并处 15000 元以下的罚款；有违法所得的，没收违法所得。

第二十三条　违反《暂行规定》及本办法，同时触犯其他有关法律、行政法规的，依照有关法律、行政法规的规定予以处罚；构成犯罪的，依法追究刑事责任。

2．关于维护互联网安全的决定

2000 年 12 月 28 日，第九届全国人民代表大会常务委员会第十九次会议通过《全国人民代表大会常务委员会关于维护互联网安全的决定》（以下简称《决定》）。《决定》共 7 条。

（1）《决定》的目的。

我国的互联网，在国家大力倡导和积极推动下，在经济建设和各项事业中得到日益广泛的应用，使人们的生产、工作、学习和生活方式已经开始并将继续发生深刻的变化，对于加快我国国民经济、科学技术的发展和社会服务信息化进程具有重要作用。同时，如何保障互联网的运行安全和信息安全问题已经引起全社会的普遍关注。所以，《决定》的目的是兴利除弊，促进我国互联网的健康发展，维护国家安全和社会公共利益，保护个人、法人和其他组织的合法权益。

（2）界定违法犯罪行为。

《决定》的第一至第四条分别从以下 4 个方面界定了基于互联网的违法犯罪行为。

一、为了保障互联网的运行安全，对有下列行为之一，构成犯罪的，依照刑法有关规定追究刑事责任：

（一）侵入国家事务、国防建设、尖端科学技术领域的计算机信息系统；

（二）故意制作、传播计算机病毒等破坏性程序，攻击计算机系统及通信网络，致使计算机系统及通信网络遭受损害；

（三）违反国家规定，擅自中断计算机网络或者通信服务，造成计算机网络或者通信系统不能正常运行。

二、为了维护国家安全和社会稳定，对有下列行为之一，构成犯罪的，依照刑法有关规定追究刑事责任：

（一）利用互联网造谣、诽谤或者发表、传播其他有害信息，煽动颠覆国家政权、推翻社会主义制度，或者煽动分裂国家、破坏国家统一；

（二）通过互联网窃取、泄露国家秘密、情报或者军事秘密；

（三）利用互联网煽动民族仇恨、民族歧视，破坏民族团结；

（四）利用互联网组织邪教组织、联络邪教组织成员，破坏国家法律、行政法规实施。

三、为了维护社会主义市场经济秩序和社会管理秩序，对有下列行为之一，构成犯罪的，依照刑法有关规定追究刑事责任：

（一）利用互联网销售伪劣产品或者对商品、服务做虚假宣传；

（二）利用互联网损坏他人商业信誉和商品声誉；

（三）利用互联网侵犯他人知识产权；

（四）利用互联网编造并传播影响证券、期货交易或者其他扰乱金融秩序的虚假信息；

（五）在互联网上建立淫秽网站、网页，提供淫秽站点链接服务；或者传播淫秽书刊、影片、音像、图片。

四、为了保护个人、法人和其他组织的人身、财产等合法权利，对有下列行为之一，构成犯罪的，依照刑法有关规定追究刑事责任：

（一）利用互联网侮辱他人或者捏造事实诽谤他人；

（二）非法截获、篡改、删除他人电子邮件或者其他数据资料，侵犯公民通信自由和通信秘密；

（三）利用互联网进行盗窃、诈骗、敲诈勒索。

（3）行动指南。

《决定》的第五至第七条明确提出针对利用互联网违法犯罪的行动指南。

① 利用互联网实施本决定第一条、第二条、第三条、第四条所列行为以外的其他行为，构成犯罪的，依照刑法有关规定追究刑事责任。

② 利用互联网实施违法行为，违反社会治安管理，尚不构成犯罪的，由公安机关依照《治安管理处罚法》予以处罚；违反其他法律、行政法规，尚不构成犯罪的，由有关行政管理部门依法给予行政处罚；对直接负责的主管人员和其他直接责任人员，依法给予行政处分或者纪律处分。利用互联网侵犯他人合法权益，构成民事侵权的，依法承担民事责任。

③ 各级人民政府及有关部门要采取积极措施，在促进互联网的应用和网络技术的普及过程中，重视和支持对网络安全技术的研究和开发，增强网络的安全防护能力。有关主管部门要加强对互联

网的运行安全和信息安全的宣传教育，依法实施有效的监督管理，防范和制止利用互联网进行的各种违法活动，为互联网的健康发展创造良好的社会环境。从事互联网业务的单位要依法开展活动，发现互联网上出现违法犯罪行为和有害信息时，要采取措施，停止传输有害信息，并及时向有关机关报告。任何单位和个人在利用互联网时，都要遵纪守法，抵制各种违法犯罪行为和有害信息。人民法院、人民检察院、公安机关、国家安全机关要各司其职，密切配合，依法严厉打击利用互联网实施的各种犯罪活动。要动员全社会的力量，依靠全社会的共同努力，保障互联网的运行安全与信息安全，促进社会主义精神文明和物质文明建设。

3．互联网上网服务营业场所管理条例

《互联网上网服务营业场所管理条例》于 2002 年 9 月 29 日由国务院颁布，共 5 章 37 条。本条例自 2002 年 11 月 15 日施行。2001 年 4 月 3 日由信息产业部、公安部、文化部、国家工商行政管理局发布的《互联网上网服务营业场所管理办法》同时废止。

（1）制定条例的目的。

制定本条例的目的是加强对互联网上网服务营业场所的管理，规范经营者的经营行为，维护公众和经营者的合法权益，保障互联网上网服务经营活动健康发展，促进社会主义精神文明建设。（第一条）

（2）条例的使用范围。

在中华人民共和国境内开办、经营、使用互联网上网服务营业场所，以及对其实施监督管理，使用本条例。本条例所称互联网上网服务营业场所，是指通过计算机等装置向公众提供互联网上网服务的网吧、计算机休闲室等营业性场所。学校、图书馆等单位内部附设的为特定对象获取资料、信息提供上网服务的场所，应当遵守有关法律、法规，不适用本条例。（第二条）

（3）管理职权。

本条例第四条明确规定了相关职能部门对互联网上网服务营业场所的管理职权。

① 县级以上人民政府文化行政部门负责互联网上网服务营业场所经营单位的设立审批，并负责对依法设立的互联网上网服务营业场所经营单位经营活动的监督管理。

② 公安机关负责对互联网上网服务营业场所经营单位的信息网络安全、治安及消防安全的监督管理。

③ 工商行政管理部门负责对互联网上网服务营业场所经营单位登记注册和营业执照的管理，并依法查处无照经营活动。

④ 电信管理等其他有关部门在各自职责范围内，依照本条例和有关法律、行政法规的规定，对互联网上网服务营业场所经营单位分别实施有关监督管理。

（4）开办条件和程序。

① 申请开办互联网上网服务营业场所的条件。

第八条 设立互联网上网服务营业场所经营单位，应当采用企业的组织形式，并具备下列条件：

（一）有企业的名称、住所、组织机构和章程；

（二）有与其经营活动相适应的资金；

（三）有与其经营活动相适应并符合国家规定的消防安全条件的营业场所；

（四）有健全、完善的信息网络安全管理制度和安全技术措施；

（五）有固定的网络地址和与其经营活动相适应的计算机等装置及附属设备；

（六）有与其经营活动相适应并取得从业资格的安全管理人员、经营管理人员、专业技术人员；

（七）法律、行政法规和国务院有关部门规定的其他条件。

互联网上网服务营业场所的最低营业面积、计算机等装置及附属设备数量、单机面积的标准，由国务院文化行政部门规定。

审批设立互联网上网服务营业场所经营单位，除依照本条第一款、第二款规定的条件外，还应当符合国务院文化行政部门和省、自治区、直辖市人民政府文化行政部门规定的互联网上网服务营业场所经营单位的总量和布局要求。

根据文化部 2002 年 5 月 10 日《关于加强网络文化市场管理的通知》，直辖市、省会城市和计划单列市的每一场所的计算机设备总数不得少于 60 台，且每台占地面积不得少于 $2m^2$；直辖市、省会城市和计划单列市以下的地区，每一场所的计算机设备总数不得少于 30 台，且每台占地面积不得少于 $2m^2$。西部地区可以参照以上标准，适当下调计算机设备总数，但每台占地面积标准不变。

第九条　中学、小学校园周围 200m 范围内和居民住宅楼（院）内不得设立互联网上网服务营业场所。

② 申请开办互联网上网服务营业场所的程序。

第十条　设立互联网上网服务营业场所经营单位，应当向县级以上地方人民政府文化行政部门提出申请，并提交下列文件：

（一）名称预先核准通知书和章程；

（二）法定代表人或者主要负责人的身份证明材料；

（三）资金信用证明；

（四）营业场所产权证明或者租赁意向书；

（五）依法需要提交的其他文件。

第十一条　文化行政部门应当自收到设立申请之日起 20 个工作日内做出决定；经审查，符合条件的，发给同意筹建的批准文件。

申请人完成筹建后，持同意筹建的批准文件到同级公安机关申请信息网络安全和消防安全审核。公安机关应当自收到申请之日起 20 个工作日内做出决定；经实地检查并审核合格的，发给批准文件。

申请人持公安机关批准文件向文化行政部门申请最终审核。文化行政部门应当自收到申请之日起 15 个工作日内依据本条例第八条的规定做出决定；经实地检查并审核合格的，发给《网络文化经营许可证》。

对申请人的申请，文化行政部门经审查不符合条件的，或者公安机关经审核不合格的，应当分别向申请人书面说明理由。

申请人持《网络文化经营许可证》到工商行政管理部门申请登记注册，依法领取营业执照后，方可开业。

第十二条　互联网上网服务营业场所经营单位不得涂改、出租、出借或者以其他方式转让《网络文化经营许可证》。

第十三条　互联网上网服务营业场所经营单位变更营业场所地址或者对营业场所进行改建、扩建，变更计算机数量或者其他重要事项的，应当经原审核机关同意。

互联网上网服务营业场所经营单位变更名称、住所、法定代表人或者主要负责人、注册资本、网络地址或者终止经营活动的，应当依法到工商行政管理部门办理变更登记或者注销登记，并到文化行政部门、公安机关办理有关手续或者备案。

（5）对经营过程的规范。

第十四条　互联网上网服务营业场所经营单位和上网消费者不得利用互联网上网服务营业场所制作、下载、复制、查阅、发布、传播或者以其他方式使用含有下列内容的信息：

（一）反对宪法确定的基本原则的；

（二）危害国家统一、主权和领土完整的；

（三）泄露国家秘密，危害国家安全或者损害国家荣誉和利益的；

（四）煽动民族仇恨、民族歧视，破坏民族团结，或者侵害民族风俗、习惯的；

（五）破坏国家宗教政策，宣扬邪教、迷信的；

（六）散布谣言，扰乱社会秩序，破坏社会稳定的；

（七）宣传淫秽、赌博、暴力或者教唆犯罪的；

（八）侮辱或者诽谤他人，侵害他人合法权益的；

（九）危害社会公德或者民族优秀文化传统的；

（十）含有法律、行政法规禁止的其他内容的。

第十五条　互联网上网服务营业场所经营单位和上网消费者不得进行下列危害信息网络安全的活动：

（一）故意制作或者传播计算机病毒及其他破坏性程序的；

（二）非法侵入计算机信息系统或者破坏计算机信息系统功能、数据和应用程序的；

（三）进行法律、行政法规禁止的其他活动的。

第十六条　互联网上网服务营业场所经营单位应当通过依法取得经营许可证的互联网接入服务提供者接入互联网，不得采取其他方式接入互联网。

互联网上网服务营业场所经营单位提供上网消费者使用的计算机必须通过局域网的方式接入互联网，不得直接接入互联网。

第十七条　互联网上网服务营业场所经营单位不得经营非网络游戏。

第十八条　互联网上网服务营业场所经营单位和上网消费者不得利用网络游戏或者其他方式进行赌博或者变相赌博活动。

第十九条　互联网上网服务营业场所经营单位应当实施经营管理技术措施，建立场内巡查制度，发现上网消费者有本条例第十四条、第十五条、第十八条所列行为或者有其他违法行为的，应当立即予以制止并向文化行政部门、公安机关举报。

第二十条　互联网上网服务营业场所经营单位应当在营业场所的显著位置悬挂《网络文化经营许可证》和营业执照。

第二十一条　互联网上网服务营业场所经营单位不得接纳未成年人进入营业场所。

互联网上网服务营业场所经营单位应当在营业场所入口处的显著位置悬挂未成年人禁入标志。

第二十二条　互联网上网服务营业场所每日营业时间限于 8 时至 24 时。

第二十三条　互联网上网服务营业场所经营单位应当对上网消费者的身份证等有效证件进行核对、登记，并记录有关上网信息。登记内容和记录备份保存时间不得少于 60 日，并在文化行政部门、公安机关依法查询时予以提供。登记内容和记录备份在保存期内不得修改或者删除。

第二十四条　互联网上网服务营业场所经营单位应当依法履行信息网络安全、治安和消防安全职责，并遵守下列规定：

（一）禁止明火照明和吸烟并悬挂禁止吸烟标志；

（二）禁止带入和存放易燃、易爆物品；

（三）不得安装固定的封闭门窗栅栏；

（四）营业期间禁止封堵或者锁闭门窗、安全疏散通道和安全出口；

（五）不得擅自停止实施安全技术措施。

（6）处罚条款。

第二十五条　文化行政部门、公安机关、工商行政管理部门或者其他有关部门及其工作人员，利用职务上的便利收受他人财物或者其他好处，违法批准不符合法定设立条件的互联网上网服务营业场所经营单位，或者不依法履行监督职责，或者发现违法行为不予依法查处，触犯刑律的，对直接负责的主管人员和其他直接责任人员依照刑法关于受贿罪、滥用职权罪、玩忽职守罪或者其他罪的规定，依法追究刑事责任；尚不够刑事处罚的，依法给予降级、撤职或者开除的行政处分。

　　第二十六条　文化行政部门、公安机关、工商行政管理部门或者其他有关部门的工作人员，从事或者变相从事互联网上网服务经营活动的，参与或者变相参与互联网上网服务营业场所经营单位的经营活动的，依法给予降级、撤职或者开除的行政处分。

　　文化行政部门、公安机关、工商行政管理部门或者其他有关部门有前款所列行为的，对直接负责的主管人员和其他直接责任人员依照前款规定依法给予行政处分。

　　第二十七条　违反本条例的规定，擅自设立互联网上网服务营业场所，或者擅自从事互联网上网服务经营活动的，由工商行政管理部门或者由工商行政管理部门会同公安机关依法予以取缔，查封其从事违法经营活动的场所，扣押从事违法经营活动的专用工具、设备；触犯刑律的，依照刑法关于非法经营罪的规定，依法追究刑事责任；尚不够刑事处罚的，由工商行政管理部门没收违法所得及其从事违法经营活动的专用工具、设备；违法经营额 1 万元以上的，并处违法经营额 5 倍以上 10 倍以下的罚款；违法经营额不足 1 万元的，并处 1 万元以上 5 万元以下的罚款。

　　第二十八条　互联网上网服务营业场所经营单位违反本条例的规定，涂改、出租、出借或者以其他方式转让《网络文化经营许可证》，触犯刑律的，依照刑法关于伪造、变造、买卖国家机关公文、证件、印章罪的规定，依法追究刑事责任；尚不够刑事处罚的，由文化行政部门吊销《网络文化经营许可证》，没收违法所得；违法经营额 5000 元以上的，并处违法经营额 2 倍以上 5 倍以下的罚款；违法经营额不足 5000 元的，并处 5000 元以上 1 万元以下的罚款。

　　第二十九条　互联网上网服务营业场所经营单位违反本条例的规定，利用营业场所制作、下载、复制、查阅、发布、传播或者以其他方式使用含有本条例第十四条规定禁止含有的内容的信息，触犯刑律的，依法追究刑事责任；尚不够刑事处罚的，由公安机关给予警告，没收违法所得；违法经营额 1 万元以上的，并处违法经营额 2 倍以上 5 倍以下的罚款；违法经营额不足 1 万元的，并处 1 万元以上 2 万元以下的罚款；情节严重的，责令停业整顿，直至由文化行政部门吊销《网络文化经营许可证》。

　　上网消费者有前款违法行为，触犯刑律的，依法追究刑事责任；尚不够刑事处罚的，由公安机关依照治安管理处罚法的规定给予处罚。

　　第三十条　互联网上网服务营业场所经营单位违反本条例的规定，有下列行为之一的，由文化行政部门给予警告，可以并处 15000 元以下的罚款；情节严重的，责令停业整顿，直至吊销《网络文化经营许可证》：

　　（一）在规定的营业时间以外营业的；

　　（二）接纳未成年人进入营业场所的；

　　（三）经营非网络游戏的；

　　（四）擅自停止实施经营管理技术措施的；

　　（五）未悬挂《网络文化经营许可证》或者未成年人禁入标志的。

　　第三十一条　互联网上网服务营业场所经营单位违反本条例的规定，有下列行为之一的，由文化行政部门、公安机关依据各自职权给予警告，可以并处 15000 元以下的罚款；情节严重的，责令停业整顿，直至由文化行政部门吊销《网络文化经营许可证》：

　　（一）向上网消费者提供的计算机未通过局域网的方式接入互联网的；

　　（二）未建立场内巡查制度，或者发现上网消费者的违法行为未予制止并向文化行政部门、公安机关举报的；

　　（三）未按规定核对、登记上网消费者的有效身份证件或者记录有关上网信息的；

　　（四）未按规定时间保存登记内容、记录备份，或者在保存期内修改、删除登记内容、记录备份的；

（五）变更名称、住所、法定代表人或者主要负责人、注册资本、网络地址或者终止经营活动，未向文化行政部门、公安机关办理有关手续或者备案的。

第三十二条　互联网上网服务营业场所经营单位违反本条例的规定，有下列行为之一的，由公安机关给予警告，可以并处 15000 元以下的罚款；情节严重的，责令停业整顿，直至由文化行政部门吊销《网络文化经营许可证》：

（一）利用明火照明或者发现吸烟不予制止，或者未悬挂禁止吸烟标志的；

（二）允许带入或者存放易燃、易爆物品的；

（三）在营业场所安装固定的封闭门窗栅栏的；

（四）营业期间封堵或者锁闭门窗、安全疏散通道或者安全出口的；

（五）擅自停止实施安全技术措施的。

第三十三条　违反国家有关信息网络安全、治安管理、消防管理、工商行政管理、电信管理等规定，触犯刑律的，依法追究刑事责任；尚不够刑事处罚的，由公安机关、工商行政管理部门、电信管理机构依法给予处罚；情节严重的，由原发证机关吊销许可证件。

第三十四条　互联网上网服务营业场所经营单位违反本条例的规定，被处以吊销《网络文化经营许可证》行政处罚的，应当依法到工商行政管理部门办理变更登记或者注销登记；逾期未办理的，由工商行政管理部门吊销营业执照。

第三十五条　互联网上网服务营业场所经营单位违反本条例的规定，被吊销《网络文化经营许可证》的，自被吊销《网络文化经营许可证》之日起 5 年内，其法定代表人或者主要负责人不得担任互联网上网服务营业场所经营单位的法定代表人或者主要负责人。

擅自设立的互联网上网服务营业场所经营单位被依法取缔的，自被取缔之日起 5 年内，其主要负责人不得担任互联网上网服务营业场所经营单位的法定代表人或者主要负责人。

第三十六条　依照本条例的规定实施罚款的行政处罚，应当依照有关法律、行政法规的规定，实行罚款决定与罚款收缴分离；收缴的罚款和违法所得必须全部上缴国库。

4．互联网信息服务管理办法

《互联网信息服务管理办法》于 2000 年 9 月 25 日由国务院颁发施行，该共 27 条。

（1）制定本办法的目的。

制定本办法的目的是规范互联网信息服务活动，促进互联网信息服务健康有序发展。

（2）互联网信息服务的含义和分类。

互联网信息服务是指通过互联网向上网用户提供信息的服务活动。

互联网信息服务分为经营性和非经营性两类。

① 经营性互联网信息服务，是指通过互联网向上网用户有偿提供信息或者网页制作等服务活动。

② 非经营性互联网信息服务，是指通过互联网向上网用户无偿提供具有公开性、共享性信息的服务活动。

（3）不同信息服务的不同管理办法。

第四条　国家对经营性互联网信息服务实行许可制度；对非经营性互联网信息服务实行备案制度。未取得许可或者未履行备案手续的，不得从事互联网信息服务。

第五条　从事新闻、出版、教育、医疗保健、药品和医疗器械等互联网信息服务，依照法律、行政法规及国家有关规定须经有关主管部门审核同意的，在申请经营许可或者履行备案手续前，应当依法经有关主管部门审核同意。

第七条　从事经营性互联网信息服务，应当向省、自治区、直辖市电信管理机构或者国务院信息产业主管部门申请办理互联网信息服务增值电信业务经营许可证（以下简称经营许可证）。

第八条　从事非经营性互联网信息服务，应当向省、自治区、直辖市电信管理机构或者国务院信息产业主管部门办理备案手续。

第九条　从事互联网信息服务，拟开办电子公告服务的，应当在申请经营性互联网信息服务许可或者办理非经营性互联网信息服务备案时，按照国家有关规定提出专项申请或者专项备案。

（4）互联网信息服务应具备的条件。

① 经营性互联网信息服务应具备的条件。

第六条　从事经营性互联网信息服务，除应当符合《中华人民共和国电信条例》规定的要求外，还应当具备下列条件：

（一）有业务发展计划及相关技术方案；

（二）有健全的网络与信息安全保障措施，包括网站安全保障措施、信息安全保密管理制度、用户信息安全管理制度；

（三）服务项目属于本办法第五条规定范围的，已取得有关主管部门同意的文件。

② 非经营性互联网信息服务应具备的条件。

第八条　从事非经营性互联网信息服务，应当向省、自治区、直辖市电信管理机构或者国务院信息产业主管部门办理备案手续。办理备案时，应当提交下列材料：

（一）主办单位和网站负责人的基本情况；

（二）网站网址和服务项目；

（三）服务项目属于本办法第五条规定范围的，已取得有关主管部门的同意文件。省、自治区、直辖市电信管理机构对备案材料齐全的，应当予以备案并编号。

（5）经营者的权利和义务。

第十一条　互联网信息服务提供者应当按照经许可或者备案的项目提供服务，不得超出经许可或者备案的项目提供服务。

非经营性互联网信息服务提供者不得从事有偿服务。

互联网信息服务提供者变更服务项目、网站网址等事项的，应当提前 30 日向原审核、发证或者备案机关办理变更手续。

第十二条　互联网信息服务提供者应当在其网站主页的显著位置标明其经营许可证编号或者备案编号。

第十三条　互联网信息服务提供者应当向上网用户提供良好的服务，并保证所提供的信息内容合法。

第十四条　从事新闻、出版及电子公告等服务项目的互联网信息服务提供者，应当记录提供的信息内容及其发布时间、互联网地址或者域名；互联网接入服务提供者应当记录上网用户的上网时间、用户账号、互联网地址或者域名、主叫电话号码等信息。

互联网信息服务提供者和互联网接入服务提供者的记录备份应当保存 60 日，并在国家有关机关依法查询时，予以提供。

第十五条　互联网信息服务提供者不得制作、复制、发布、传播含有下列内容的信息：

（一）反对宪法所确定的基本原则的；

（二）危害国家安全，泄露国家秘密，颠覆国家政权，破坏国家统一的；

（三）损害国家荣誉和利益的；

（四）煽动民族仇恨、民族歧视，破坏民族团结的；

（五）破坏国家宗教政策，宣扬邪教和封建迷信的；

（六）散布谣言，扰乱社会秩序，破坏社会稳定的；

（七）散布淫秽、色情、赌博、暴力、凶杀、恐怖或者教唆犯罪的；

（八）侮辱或者诽谤他人，侵害他人合法权益的；

（九）含有法律、行政法规禁止的其他内容的。

第十六条　互联网信息服务提供者发现其网站传输的信息明显属于本办法第十五条所列内容之一的，应当立即停止传输，保存有关记录，并向国家有关机关报告。

第十七条　经营性互联网信息服务提供者申请在境内境外上市或者同外商合资、合作，应当事先经国务院信息产业主管部门审查同意；其中，外商投资的比例应当符合有关法律、行政法规的规定。

（6）监督管理。

第十八条　国务院信息产业主管部门和省、自治区、直辖市电信管理机构，依法对互联网信息服务实施监督管理。

新闻、出版、教育、卫生、药品监督管理、工商行政管理和公安、国家安全等有关主管部门，在各自职责范围内依法对互联网信息内容实施监督管理。

（7）处罚条款。

第十九条　违反本办法的规定，未取得经营许可证，擅自从事经营性互联网信息服务，或者超出许可的项目提供服务的，由省、自治区、直辖市电信管理机构责令限期改正，有违法所得的，没收违法所得，处违法所得 3 倍以上 5 倍以下的罚款；没有违法所得或者违法所得不足 5 万元的，处 10 万元以上 100 万元以下的罚款；情节严重的，责令关闭网站。

违反本办法的规定，未履行备案手续，擅自从事非经营性互联网信息服务，或者超出备案的项目提供服务的，由省、自治区、直辖市电信管理机构责令限期改正；拒不改正的，责令关闭网站。

第二十条　制作、复制、发布、传播本办法第十五条所列内容之一的信息，构成犯罪的，依法追究刑事责任；尚不构成犯罪的，由公安机关、国家安全机关依照《中华人民共和国治安管理处罚法》《计算机信息网络国际联网安全保护管理办法》等有关法律、行政法规的规定予以处罚；对经营性互联网信息服务提供者，并由发证机关责令停业整顿直至吊销经营许可证，通知企业登记机关；对非经营性互联网信息服务提供者，并由备案机关责令暂时关闭网站直至关闭网站。

第二十一条　未履行本办法第十四条规定的义务的，由省、自治区、直辖市电信管理机构责令改正；情节严重的，责令停业整顿或者暂时关闭网站。

第二十二条　违反本办法的规定，未在其网站主页上标明其经营许可证编号或者备案编号的，由省、自治区、直辖市电信管理机构责令改正，处 5000 元以上 5 万元以下的罚款。

第二十三条　违反本办法第十六条规定的义务的，由省、自治区、直辖市电信管理机构责令改正；情节严重的，对经营性互联网信息服务提供者，并由发证机关吊销经营许可证，对非经营性互联网信息服务提供者，并由备案机关责令关闭网站。

第二十四条　互联网信息服务提供者在其业务活动中，违反其他法律、法规的，由新闻、出版、教育、卫生、药品监督管理和工商行政管理等有关主管部门依照有关法律、法规的规定处罚。

第二十五条　电信管理机构和其他有关主管部门及其工作人员，玩忽职守、滥用职权、徇私舞弊，疏于对互联网信息服务的监督管理，造成严重后果，构成犯罪的，依法追究刑事责任；尚不构成犯罪的，对直接负责的主管人员和其他直接责任人员依法给予降级、撤职直至开除的行政处分。

本章小结

本章主要对信息安全相关的标准及信息安全法律法规进行研究，其内容包括国内外的信息安全风险评估标准、我国的信息系统等级保护相关标准、信息安全管理体系（ISMS）标准、ISO/IEC 27000 系列标准等。通过分析这些标准的特点、相互间的关系，强化风险评估的实施效果，推动我国信息系统等级保护的推广应用。此外，介绍了一些国内外的信息安全法律法规以及互联网安全管理的法律法规，通过学习本章内容教育引导学生在今后的信息活动过程中应该注意的问题，自觉遵守网络道德规范和相关的法律法规。

习题

一、选择题

1. （　　）标准最初是由英国贸工部（DTI）立项的，是业界、政府和商业机构共同倡导的，旨在开发一套可供开发、实施和测量有效安全管理惯例并提供贸易伙伴间信任的通用框架。

    A．BS 7799　　　　　B．BS 7001　　　　　C．BS 7701　　　　　D．BS 7709

2. （　　）明确规定实行信息安全等级保护是国家信息安全基本国策，保护重点概括为国家基础信息网络和重要信息系统。

    A．《中华人民共和国计算机信息系统安全保护条例》

    B．《国家信息化领导小组关于加强信息安全保障工作的意见》

    C．《关于信息安全等级保护工作的实施意见》

    D．《国家信息安全等级保护管理办法》

3. 《计算机信息系统安全保护等级划分准则》以信息安全访问控制为基础，规定了信息系统整体安全保护策略，原则上划分了 5 个保护等级，对应 C1 级的是（　　）。

    A．用户自主保护级　　　　　　　　B．系统审计保护级

    C．结构化保护级　　　　　　　　　D．访问验证保护级

4. （　　）主要提供标准族中所有标准所涉及的基础信息，包括通用术语、基本原则等内容。

    A．D 类—相关标准　　　　　　　　B．B 类—要求标准

    C．A 类—相关标准　　　　　　　　D．A 类—词汇标准

5. （　　）主要测量组织信息安全管理体系实施的有效性、过程的有效性和控制措施的有效性。

    A．ISO/IEC 17799　　　　　　　　B．ISO/IEC 27001

    C．ISO/IEC 27003　　　　　　　　D．ISO/IEC 27004

二、填空题

1. 标准间的比较分析包括_____、_____、_____。

2. CC 与早期的评估标准相比，主要具有四大特征：_____、_____、_____、_____。

3. ISO/IEC JTC1/SC27 成立后设有 3 个工作组：_____、_____、_____。

4. 美国的 ISMS 标准有_____、_____、_____、_____。

5. 目前我国信息安全法律体系的主要特点是_____、_____、_____、_____、_____。

三、简答题

1. 信息安全法律法规的基本原则有哪些？

2. 对于信息系统的安全，风险管理主要要做的是什么？

3. 《中华人民共和国计算机信息系统安全保护条例》的主要内容是什么？

第 3 章

信息安全管理体系

信息安全管理体系实施既包括信息安全管理体系的建设，也包括信息安全管理体系的运行与维护。信息安全管理体系的实施既是信息安全管理的基础性目标，也是信息安全管理工作的体系化过程。本章研究信息安全管理体系实施的基本过程和相关内容。

信息安全管理体系（Information Security Management System, ISMS）是一个组织内部建立的信息安全方针与目标的总称，并包括为实现这些方针和目标所制定的文件体系与方法。

ISMS 的实施过程，就是在组织管理层的直接授权下，由 ISMS 领导小组来负责实施，通过制定一系列的文件，从而建立一个系统化、程序化与文件化的管理体系，来保障组织的信息安全。

ISMS 实施过程的依据标准是 ISO/IEC 27001:2005。与此对应的我国国家标准正在修订过程中。

3.1 ISMS 实施方法与模型

在 ISMS 的实施过程中，采用了"规划（Plan）—实施（Do）—检查（Check）—处置（Act）"（PDCA）模型，该模型可应用于所有的 ISMS 过程。

一个组织（组织或组织的某个部门）应在其整体业务活动和所面临风险的环境下建立、实施、运行、监视、评审、保持和改进 ISMS。PDCA 循环是实施信息安全管理的有效模式，能够实现对信息安全管理只有起点、没有终点的持续改进，逐步提高信息安全管理水平。应用于 ISMS 过程的 PDCA 模型说明了 ISMS 如何把相关方的信息安全要求和期望作为输入，并通过必要的行动和过程，产生满足这些要求和期望的信息安全结果。

1. 规划（Plan）——P 阶段

规划阶段应该根据本组织的实际情况，规划 ISMS 过程建设的准备工作，制定措施、方案。这一阶段将确定组织 ISMS 的范围和边界，确定 ISMS 方针，确定组织的风险评估方法，识别风险，分析评价风险，识别和评价风险处理的可选措施，为处理风险选择控制目标和控制措施。

2. 实施（Do）——D 阶段

实施在计划阶段所设计的决策和方案，以及所选择的控制措施，管理 ISMS 的正常运行。

3. 检查（Check）——C 阶段

检查是 PDCA 过程循环的关键阶段，通过分析上一阶段控制措施实施后得到的结果，审查信息安全管理过程中仍然存在的问题，如解决安全违规的措施是否有效，测量控制措施的有效性能否满足安全要求的需要等。本阶段是上一个阶段工作好坏的检验期，并为下一个阶段工作提供条件。

4．处置（Action）——A 阶段

根据上一步检查的结果进行处理。经过了规划、实施、检查之后，组织在本阶段必须对信息安全管理过程中存在的问题加以解决，同时找出未解决的问题，从组织自身的安全经验中吸取教训，从而转入下一个螺旋上升的循环过程。

应用于 ISMS 过程的 PDCA 模型如图 3-1 所示。

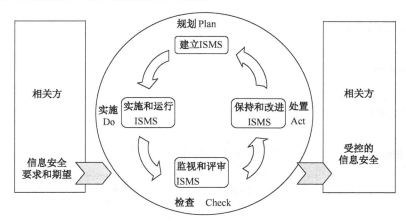

图 3-1　应用于 ISMS 过程的 PDCA 模型

应用 PDCA 模型的 ISMS 过程的具体内容如表 3-1 所示。

表 3-1　应用 PDCA 模型的 ISMS 实施过程内容

规划（建立 ISMS）	建立与管理风险和改进信息安全有关的 ISMS 方针、目标、过程和程序，以提供与组织整体方针和目标相一致的结果
实施（实施和运行 ISMS）	实施和运行 ISMS 方针、控制措施、过程和程序
检查（监视和评审 ISMS）	对照 ISMS 方针、目标和实践经验，评估并在适当时，测量过程的执行情况，并将结果报告管理者以供评审
处置（保持和改进 ISMS）	基于 ISMS 内部审核和管理评审的结果或者其他相关信息，采取纠正和预防措施，以持续改进 ISMS

3.2　ISMS 实施过程

以某区政府部门（以下简称 A 单位）电子政务 ISMS 的实施过程为例，来说明 ISMS 的实施过程，供企事业单位在建立 ISMS 的过程中参考。

3.2.1　ISMS 的规划和设计

A 单位 ISMS 建设的目标是依据国际标准 ISO/IEC 27001:2005、ISO/IEC 17799:2005 及相关法律法规，结合 A 单位电子政务的实际情况，建设符合标准要求的 ISMS，在某区信息办的范围内得以实施，并能达到通过认证机构认证的水平。

体系建立后，A 单位将形成系列体系文件，包括信息安全管理手册、各类程序及策略文件及各类记录文件。

为实现该目标，A 单位根据标准要求，将 ISMS 的建设过程划分为 4 个阶段：建立阶段（Plan）、实施和运行阶段（Do）、监视和评审阶段（Check）及保持和改进阶段（Act），其建设流程如图 3-2 所示。

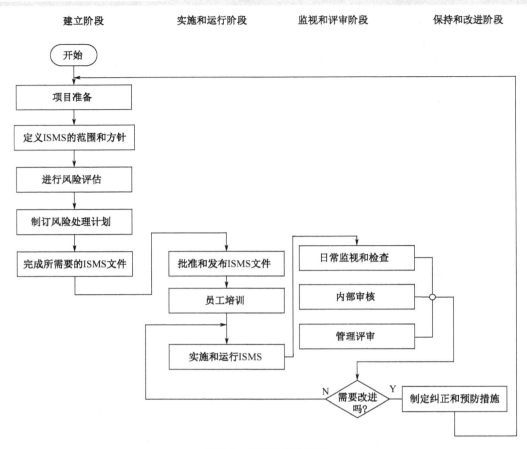

图 3-2　ISMS 建设流程

1．建立阶段

A 单位计划在 4 个月内建立 ISMS，在该阶段将完成如下活动。

（1）建立 ISMS 管理机构。

（2）制订工作计划。

（3）实施基础知识培训。

（4）准备建设相关材料。

（5）召开启动会。

（6）确定 ISMS 的范围和边界。

（7）确定 ISMS 的目标和方针。

（8）确定风险评估方法。

（9）实施风险评估。

（10）选择风险控制措施。

（11）获得领导层的批准和授权。

（12）编写适用性声明文件。

（13）综合考虑成本、可操作性等因素，制订风险处理计划。

（14）编写 ISMS 文件体系。

2．实施和运行阶段

A 单位在 ISMS 建立后即进入试运行期，该阶段是一个重要阶段，因为信息安全管理体系不只是一堆体系文件，是需要真正落实到具体工作中的，否则就不会达到预期效果。根据"将信息安全管理体系落实到位"的指导原则，该阶段的主要工作如下。

（1）批准发布体系文件。

（2）召开动员大会。

（3）为员工培训体系文件的应用。

（4）提供实施所需资源。

3．监视和评审阶段

A 单位在体系运行过程中，设立运行监督机制，对体系运转情况进行监督。并于体系运行一个月后，进行 ISMS 内部审核及 ISMS 管理评审。

4．保持和改进阶段

A 单位在 ISMS 内部审核、管理评审及专家组检查结束后，将针对这些过程中发现的问题，采取纠正或预防措施，以实现 ISMS 的持续改进。

3.2.2　ISMS 的建立——P 阶段

ISMS 建立阶段是 A 单位建设 ISMS 的第一个阶段，也是 ISMS 建设的最重要的一个阶段，建设 ISMS 的大部分工作将在此阶段完成。在该阶段，A 单位需完成以下 6 个方面的工作：准备工作、确定 ISMS 范围、确定 ISMS 方针和目标、实施风险评估、选择控制措施、形成体系文件。在建立阶段的这 6 个过程中，每个过程又包括若干具体的活动。

1．准备工作

（1）建立 ISMS 管理机构。

为使 ISMS 在建立、实施和运行、监视和评审、保持和改进各个阶段正常运作，A 单位在准备阶段就率先成立了 ISMS 管理机构，ISMS 管理机构主要负责落实 ISMS 建设管理阶段的各项具体工作。

A 单位将 ISMS 管理机构划分为 3 个层次，分别为领导小组、专家小组和实施小组。

领导小组主要负责制定工作的策略和方针、宏观掌控进度、对重要阶段成果进行评审，并监督执行情况，以推动该项工作的顺利进行。

专家小组主要依托于国信办 ISMS 专家组，由国信办 ISMS 专家组为某区的 ISMS 工作提供咨询指导。

实施小组成员由某区信息办/信息中心和技术支持单位的相关工作人员构成，主要负责建设工作的具体实施，细分为风险评估小组、文件编写小组、协调小组及培训小组。

（2）召开启动会。

A 单位召开了 ISMS 启动会，此次会议的召开标志着 ISMS 建设工作的正式启动。在启动会上，A 单位 ISMS 领导小组副组长对某区电子政务建设总体情况、信息安全保障情况及某区 ISMS 的实施计划进行了介绍，并明确了工作人员的工作职责和范围。

（3）制订工作计划。

为规范 ISMS 建设工作的实施流程、控制实施进度，以便高效、准确地实现工作目标，A 单位信息办制定了《A 单位 ISMS 实施方案》，该方案明确了 A 单位 ISMS 实施的背景、目标、范围，确定了具体的工作时间表，并指出了资源需求、配置等相关信息。

（4）实施基础知识培训。

在建立了 ISMS 管理机构后，为普及 ISMS 的基础知识，推动 ISMS 建设工作的顺利进行，A 单位信息办聘请了技术支持单位的 ISMS 专家为 A 单位信息办的全体工作人员实施了 ISMS 基础知识培训，培训内容主要包括 ISMS 标准知识、ISMS 实施流程及方法等内容。

通过 ISMS 基础知识培训，参加人员不仅掌握了 ISMS 实施所需的基本知识、技能和方法，还认识到了信息安全工作的重要性、调动了员工的积极性、增强了信息安全意识。此次 ISMS 基础知识培训为 A 单位信息办全体工作人员积极参与和配合 ISMS 建设工作创造了条件，也为顺利建立、实施和运行、监视和评审、保持和改进 A 单位 ISMS 奠定了基础。

（5）准备相关工具。

准备阶段的另一个重要活动是要准备相关工具，其目的是预先设计 A 单位 ISMS 实施过程中所需的各种表格、调查问卷、国际国内相关标准、各种文件模板等，以便减少后续的工作量，提高工作效率。

利用调查问卷可以在实施之前对 A 单位信息办的办公现状做出调查，主要从 4 个方面着手。

① 文件调查问卷，其目的是调查 A 单位信息办的原有文件编写情况，调查对象主要包括原有安全项目的文件、安全管理制度、原有管理体系文件，以及安全法律法规文件等。

② 业务调查问卷，其目的是对 A 单位信息办的业务情况进行调查，摸清业务的名称、目标、功能、流程等相关信息。

③ 资产调查问卷，其目的是掌握 A 单位信息办的所有资产情况，主要包括软件、硬件、数据和服务，调查内容主要是资产名称、功能、负责人、所属部门、位置及业务安全属性。

④ 组织调查问卷，其目的是对 A 单位信息办的部门及职位等相关信息进行调研，掌握信息办的组织结构及职责分工。

2. 确定 ISMS 范围

确定 ISMS 范围的过程也是明确 ISMS 覆盖的边界的过程，A 单位在信息安全管理体系建设之初便确定了工作范围为负责"数字化"建设工作的某区信息办。但为更精确地描述 ISMS 的范围，ISMS 领导小组和实施小组在对某区信息办的组织结构、业务流程、IT 资产、安全现状和已有的管理体系进行了充分的调研后，经过分析讨论，形成了 A 单位 ISMS 范围和边界说明文件。

（1）部门：包括某区信息办的所有部门和正式员工，具体包括信息资源部、项目管理部、网络建设管理与安全部及 13 名员工。

（2）资产：覆盖与信息办业务活动相关的应用系统及其包含的全部信息资产，其中应用系统包括办公自动化系统（大 OA）、办公自动化系统（小 OA）、信息化城市管理系统、短信系统、对外网上办公系统、政府数据共享系统、网站群系统、群众事务呼叫中心系统及公务员邮箱系统；信息资产包括与上述业务应用系统相关的数据、硬件、软件、服务及文档等。

（3）办公场所：信息办的办公场所和上述业务应用系统所处机房，其中机房包括 A 单位大楼内机房及上地资源服务平台机房。

A 单位 ISMS 范围和边界说明文件清晰地描述了 ISMS 所覆盖的业务部门、业务流程中涉及的资产及各业务部门的办公地点，为 ISMS 的建设管理及其后的审核工作奠定了基础。

3. 确定 ISMS 方针和目标

ISMS 领导小组和实施小组在确定 ISMS 方针和目标时，综合考虑了某区信息办的业务特点、组织结构、位置、资产和技术等情况，由某区电子政务信息系统的安全等级得出对应等级的基本安全要求，并对相关管理人员进行调查访谈，确定了某区电子政务信息系统的安全需求。在此基础上，将相关的法律法规要求及自身安全需求落实到了 ISMS 方针和目标中。

ISMS 方针是整个体系的目的、意图和方向，是建立安全目标的框架和基础，因此内容必须具体明确，A 单位形成了 17 个方面的方针。

（1）成立信息安全管理委员会来领导 A 单位的信息安全工作，并与外部安全专家或组织保持紧密联系。

（2）在信息安全管理体系的基础上，参照相应安全等级的保护要求规范并加强安全相关的技术和管理措施。

（3）对 A 单位的所有信息资产进行有效管理，按照分类要求形成资产清单，建立适当的管理和操作程序并形成正式文件。

（4）明确信息安全工作相关人员的角色和责任，并对全体员工进行适当和持续的信息安全教育和培训。

（5）要采取有效的措施来保证 A 单位信息系统的物理安全，在未经审批时，任何人不准进入机房，不准将信息资产带离 A 单位。

（6）重要数据要根据需要进行备份和测试，并妥善存放。

（7）加强和完善预防措施，以防范和检测恶意代码和未授权的移动代码的引入。

（8）对 A 单位信息系统中的用户权限和口令进行严格管理，加强和完善身份认证等措施来防止对信息系统的非法访问。

（9）控制对 A 单位内外部网络服务的访问，保护服务的安全性与可用性。

（10）要对 A 单位内部和外部的信息访问进行严格的控制，以确保在信息共享的同时保证信息的机密性和完整性。

（11）建立一套完整的信息系统监控程序，其结果要妥善保存并经常评审。

（12）在开发新的信息系统或增强已有信息系统时，应充分考虑相关的安全需求，并在项目进行时严格控制对系统文件等敏感数据的访问。

（13）应定期对 A 单位的所有信息资产进行风险评估，并采取纠正预防措施。

（14）建立一套完整的信息安全事故处理程序，确定报告可疑的和发生的信息安全事故的流程，并使所有的员工及相关方都遵照执行这套事故处理程序。

（15）制订和实施业务连续性计划，以保证 A 单位的主要业务不受重大故障和灾难的影响，以及确保它们的及时恢复。

（16）识别并满足适用法律、法规和相关方信息安全要求，形成正式文件并定期加以审查。

（17）在与第三方的协议中要涵盖所有相关的安全要求，并采取适当措施保证对协议的严格执行。

安全目标是指组织在信息安全方面所追求的目的，它建立在安全方针的基础上，是组织各部门在信息安全方面所追求并加以实现的主要工作任务，基于上述方针，A 单位 ISMS 领导小组将 ISMS 目标定义为：保护 A 单位信息系统的硬件、软件和数据等信息资产，消减和控制信息安全风险，并将风险可能造成的危害降低到最小程度，以保证"数字政府"的建设和运行等业务的可持续开展，为发挥信息化的效率，全面提升 A 单位的行政管理能力和公共服务能力提供可靠的安全保障。

4．实施风险评估

风险评估可帮助组织了解其信息安全现状，建立安全需求。实施风险评估是 ISMS 建立阶段的一个必须活动，其结果将直接影响到 ISMS 运行的效果。

要实施风险评估，必须首先确定风险评估方法。A 单位 ISMS 实施小组在研究了大量的风险评估资料的基础上，按照我国风险评估标准和要求，结合 A 单位信息安全的实际情况，确定了适合 A 单位 ISMS 建设的风险评估方法。同时，结合国家等级保护制度要求，制定了风险评估准则，并编写了风险评估方法说明文件。

1）风险评估模型

A 单位 ISMS 建设工作中采用的风险评估方法参考了 ISO 17799、OCTAVE、CSE、《信息安全风险评估指南》等标准和指南，形成了如图 3-3 所示的风险评估模型。

资产的评估主要是对资产进行相对估价，其估价准则依赖于对其影响的分析，主要从保密性、完整性、可用性三方面进行影响分析；威胁评估是对资产所受威胁发生可能性的评估，主要从威胁的能力和动机两个方面进行分析；脆弱性评估是对资产脆弱程度的评估，主要从脆弱性被利用的难易程度、被成功利用后的严重性两方面进行分析；安全措施有效性评估是对保障措施的有效性进行的评估活动，主要对安全措施防范威胁、减少脆弱性的有效状况进行分析；安全风险评估就是通过综合分析评估后的资产信息、威胁信息、脆弱性信息、安全措施信息，最终生成风险信息。

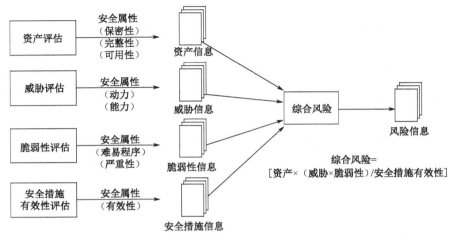

图 3-3　风险评估模型

2）风险评估方法

（1）准备阶段。

准备阶段完成的工作主要是确定风险评估范围，进行信息的初步收集，并制定详尽的风险评估实施方案。

（2）识别阶段。

识别阶段的对象主要是资产、威胁、脆弱性及安全措施，其结果是形成各自的列表。

资产识别就是对被评估信息系统的关键资产进行识别，并合理分类。在识别过程中，需要详细识别核心资产的安全属性，重点识别出资产在遭受泄密、中断、损害等破坏时所遭受的影响，为资产影响分析及综合风险分析提供参考数据。

威胁的识别过程主要是根据资产所处的环境条件和资产以前遭受威胁损害的情况来判断资产所面临的威胁，识别出威胁由谁或什么事物引发及威胁影响的资产是什么，即确认威胁的主体和客体。用于威胁评估的信息主要从信息安全管理的有关人员，以及相关的商业过程中获得。威胁评估涉及管理、技术等多个方面，所采用的方法多是问卷调查、问询、IDS（入侵检测系统）取样、日志分析等，可为后续的威胁分析及综合风险分析提供参考数据。

物理环境、组织机构、业务流程、人员、管理、硬件、软件及通信设施等各个方面都存在脆弱性，这些都可能被各种安全威胁所利用，从而给组织造成危害。该阶段将针对每一项需要保护的信息资产找出每一种威胁所能利用的脆弱性，并对脆弱性的严重程度进行评估，换句话说，就是对脆弱性被威胁利用的可能性进行评估，最终为其赋相对等级值。在评估中，将从基础环境脆弱性、安全管理脆弱性及技术脆弱性 3 个方面进行脆弱性检查：基础环境脆弱性主要是对信息系统所处的物理环境，即机房、线路、客户端的支撑设施等进行脆弱性识别；安全管理脆弱性识别主要从策略、组织架构、企业人员、安全控制、资产分类与控制等方面进行识别；技术脆弱性识别采用安全扫描、手动检查、问卷调查、人工问询等方式对评估工作范围内的网络设备、操作系统和关键软件进行系统脆弱性评估。

安全措施的识别主要通过问卷调查、人工检查等方式识别被评估信息系统有效对抗风险的防护措施（包含技术手段和管理手段），同时为后续安全措施有效性分析及综合风险分析提供参考数据。

（3）分析阶段。

分析阶段是风险评估的主要阶段，工作内容较多，主要包括资产影响分析、威胁分析、脆弱性分析、安全措施有效性分析，以及最终的风险分析。

① 资产影响分析。

资产影响分析即资产量化分析的过程，是在资产识别的基础上，进一步分析被评估信息系统及其关键资产在遭受泄密、中断、损害等破坏时对系统所承载的业务系统所产生的影响，并进行赋值量化。A 单位 ISMS 建设工作所采用的风险评估方法中，资产量化分析是一个主观的过程，资产估价不是以资产的账面价格来衡量的，而是指其相对价值。在对资产进行估价时，不仅考虑资产的成本价格，更重要的是考虑资产对于业务系统的重要性。资产影响分析量化参考如表 3-2 所示。

表 3-2　资产影响分析量化参考表

权　值	描　述
1	对其承载的业务系统基本上没有或仅有极小的影响或损害
2	对其承载的业务系统带来一定的损失或破坏
3	对其承载的业务系统带来严重的损失或破坏
4	对其承载的业务系统带来极其严重的损失或破坏
5	对其承载的业务系统带来灾难性的损失或破坏

② 威胁分析。

威胁分析是对威胁发生的可能性进行评估，即确定威胁的权值，这里将威胁的权值分为 1～5 5 个级别，等级越高威胁发生的可能性越大。威胁的权值主要是根据多年的经验积累或类似行业客户的历史数据来确定的。对于那些没有经验和历史数据的威胁，我们主要根据资产的吸引力、威胁的技术力量、脆弱性被利用的难易程度等制定了一套标准对应表，以保证威胁等级赋值的有效性和一致性。

根据赋值准则，A 单位对威胁发生的可能性用综合可能性来衡量。综合可能性代表了两层含义：一是威胁的动机，即威胁发生可能性的大小；二是威胁的能力，即威胁发生成功的概率。两者的综合即为该资产所面临威胁的综合可能性。威胁发生可能性和威胁能力评价表分别如表 3-3 和表 3-4 所示。

表 3-3　威胁发生可能性评价表

权　值	描　述
1	此种威胁发生的概率非常小，甚至可以忽略
2	此种威胁发生的概率可能会比较小
3	此种威胁的发生概率为中等情况，有一定的概率发生
4	此种威胁发生的概率可能会较频繁
5	此种威胁发生的概率可能会极其频繁

表 3-4　威胁能力评价表

权　值	描　述
1	威胁发生成功概率几乎没有或仅有极小的概率
2	威胁发生有较小的成功概率
3	威胁发生有一定的成功概率
4	威胁发生有较大的成功概率
5	威胁发生成功概率极大

威胁综合可能性评价矩阵，以及综合可能性说明如表 3-5 和表 3-6 所示。

表 3-5　威胁综合可能性评价矩阵

	1	2	3	4	5
1	**1**	1	1	1	1
2	1	**2**	2	2	2
3	1	2	**3**	3	3
4	2	2	3	**4**	4
5	3	3	4	4	**5**

表 3-6　威胁综合可能性说明

权　值	描　述
5	威胁发生的可能性很高，在大多数情况下几乎不可避免或者可以证实发生过的频率较高
4	威胁发生的可能性较高，在大多数情况下很有可能会发生或者可以证实曾发生过
3	威胁发生的可能性中等，在某种情况下可能会发生但未被证实发生过
2	威胁发生的可能性较小，一般不太可能发生，也没有被证实发生过
1	威胁几乎不可能发生，仅可能在非常罕见和例外的情况下发生

③ 脆弱性分析。

脆弱性分析是指依据脆弱性被利用的难易程度和被成功利用后所产生的影响来对脆弱性进行赋值量化。根据赋值准则，我们对资产组脆弱性用综合脆弱性来衡量。综合脆弱性代表了两层含义：一是脆弱性被成功利用后所产生的影响；二是此脆弱性被利用的难易程度，两者的综合即为该资产组脆弱性的综合脆弱性。脆弱性被利用的难易程度及脆弱性的严重性评价表分别如表 3-7 和表 3-8 所示。

表 3-7　脆弱性被利用的难易程度评价表

权　值	描　述
1	此种脆弱性被利用的难度极大，几乎不可能被利用
2	此种脆弱性被利用的难度较大
3	此种脆弱性被利用的难度一般
4	此种脆弱性被利用的难度较小
5	此种脆弱性被利用的难度非常小

表 3-8　脆弱性严重性评价表

权　值	描　述
1	脆弱性被成功利用后对其承载的业务系统没有或仅有极小的影响或损害
2	脆弱性被成功利用后对其承载的业务系统带来一定的损失或破坏
3	脆弱性被成功利用后对其承载的业务系统带来严重的损失或破坏
4	脆弱性被成功利用后对其承载的业务系统带来极其严重的损失或破坏
5	脆弱性被成功利用后对其承载的业务系统带来灾难性的损失或破坏

综合脆弱性评价矩阵及说明如表 3-9 和表 3-10 所示。

表 3-9　综合脆弱性评价矩阵

	1	2	3	4	5
1	**1**	1	1	1	1
2	1	**2**	2	2	2
3	1	2	**3**	3	3
4	2	2	3	**4**	4
5	3	3	4	4	**5**

表 3-10　综合脆弱性说明

权　值	描　述
1	综合脆弱性极小，甚至可以忽略：脆弱性被利用的难度极大，几乎不可能被利用且被利用成功后造成的影响并不是极其严重的，或脆弱性被利用成功后对其承载的业务系统没有或仅有极小的影响或损害
2	综合脆弱性较小：脆弱性被利用的难度较大且被利用成功后造成的影响并不是灾难性的，或脆弱性被利用成功后对其承载的业务系统带来一定的损失或破坏
3	综合脆弱性一般：脆弱性被利用的难度一般且被利用成功后造成的影响并不是灾难性的，或脆弱性被利用成功后对其承载的业务系统带来严重的损失或破坏
4	综合脆弱性严重：脆弱性被利用的难度较小，或脆弱性被利用成功后对其承载的业务系统带来极其严重的损失或破坏
5	综合脆弱性极其严重：脆弱性被利用的难度非常小且脆弱性被利用成功后对其承载的业务系统带来灾难性的损失或破坏

④ 安全措施有效性分析。

安全措施有效性分析是根据赋值准则对被评估信息系统的防范措施用有效性来衡量，即判断安全措施对防范威胁、降低脆弱性的有效性，其判断按照表 3-11 实施。

表 3-11　安全措施有效性分析

权　值	描　述
1	此种防范措施对防范威胁、降低脆弱性几乎不起作用或作用极小
2	此种防范措施对防范威胁、降低脆弱性有一定的作用，但作用不大
3	此种防范措施对防范威胁、降低脆弱性有一定的作用
4	此种防范措施对防范威胁、降低脆弱性有较大作用
5	此种防范措施对防范威胁、降低脆弱性有极大的作用，能将风险降到最低

⑤ 综合风险分析。

在完成以上各项分析工作后，进一步分析被评估信息系统及其关键资产将面临哪一方面的威胁及其所采用的威胁方法、利用了系统的何种脆弱性、对哪一类资产产生了什么样的影响，同时将风险量化，得到风险的级别。

根据赋值准则，对被评估信息系统的综合风险用风险值来衡量。如下式所示。

风险值=资产重要性×威胁综合可能性×综合脆弱性/安全措施有效性

风险的级别划分为 5 级，等级越高，风险越高。根据上述的风险计算方法，计算每条风险的风险值，根据风险值的分布状况，为每个等级设定风险值范围，并对所有风险计算结果进行等级处理。每个等级代表了相应风险的严重程度。风险等级划分如表 3-12 所示。

表 3-12　风险等级划分

等　　级	标　　识	风险值范围	描　　述
5	很高	64.1～125	一旦发生将产生非常严重的经济或社会影响，如组织信誉严重破坏、严重影响组织的正常经营、经济损失重大、社会影响恶劣
4	高	27.1～64	一旦发生将产生较大的经济或社会影响，在一定范围内给组织的经营和组织信誉造成损害
3	中	8.1～27	一旦发生会造成一定的经济、社会或生产经营影响，但影响面和影响程度不大
2	低	1.1～8	一旦发生造成的影响程度较低，一般仅限于组织内部，通过一定手段很快能解决
1	很低	0.2～1	一旦发生造成的影响几乎不存在，通过简单的措施就能弥补

　　风险等级处理的目的是对风险管理过程中的不同风险进行直观比较，以确定组织风险处理的策略。组织应当综合考虑风险控制成本与风险造成的影响，提出一个可接受的风险范围。对某些资产的风险，如果风险计算值在可接受的范围内，则该风险是可接受的风险，应保持已有的安全措施；如果风险评估值在可接受的范围外，即风险计算值高于可接受范围的上限值，是不可接受的风险，需要采取安全措施以降低、控制风险。

　　在 A 单位 ISMS 建设工作中风险评估确定可接受风险的方法是根据等级化处理的结果，设定可接受风险值的基准为 1 级，1 级的风险可以接受，超过 1 级的风险都需要进行处理。在选择控制措施时，如不能完全避免风险，则需要将风险降低到可接受的程度，即将风险等级降为 1 级。

　　3）风险评估实施

　　区信息办工作人员和技术支持单位的技术人员共同依据上述风险评估方法，进行风险评估工作，采用问卷访谈、现场调研、文件查阅、手工检查、工具检查等手段对 A 单位信息办实施了风险评估。先后在 A 单位机房和资源服务平台机房进行了风险评估调研工作，在此过程中，使用了根据 ISO 17799 中的 133 个控制措施做出的安全管理脆弱性调查表，用于和现有安全管理措施比较。通过进行综合风险分析，组织编写了风险评估报告，在报告中对风险进行了详细的描述，并对脆弱性、威胁、安全措施以及破坏后造成的影响都进行了赋值，最终计算出风险权值和划分出风险级别。其中对业务系统进行了识别并得到了分析结果，如表 3-13 所示。

表 3-13　业务系统识别及分析结果

业　务　系　统	保　密　性	完　整　性	可　用　性	安　全　等　级
信息系统 1	3	2	3	3
信息系统 2	2	2	2	2
信息系统 3	2	2	2	2
信息系统 4	3	2	2	3
信息系统 5	1	2	2	2
信息系统 6	2	2	2	2
信息系统 7	2	2	2	2
信息系统 8	2	2	2	2

　　从风险评估报告中可以看出，A 单位此次风险评估共识别出 76 个风险，其中高风险仅一个，大部分风险处于中级或低级，中级风险共 28 个，低级风险共 47 个。

　　通过风险评估工作，A 单位发现，目前采用的安全技术措施能够满足现在的业务需求，但在安全管理方面，虽然已有一些管理制度，但通过和 ISO/IEC 17799:2005 标准比对，结合某区信息办的实际情况，发现一些管理措施的强度不足，并且 ISO/IEC 17799:2005 标准中的多数控制措施也没有应用到某区信息办实际业务中。

5．选择控制措施

A 单位 ISMS 实施小组人员根据风险评估的结果，综合考虑等级保护制度和相关法律法规的要求，结合某区信息办的实际情况，针对每项风险做出了对应的控制策略（包括接受、转移和避免风险等）。在确定控制策略后，实施小组整理出了需要降低和避免的风险，综合考虑成本、可行性、实施维护难度以及已有安全措施等因素，从 ISO/IEC 27001:2005 附录 A 及其他相关标准中选择了相应的安全控制措施。

A 单位 ISMS 领导小组对这些安全控制措施进行了分析和评审，实施小组根据领导小组的意见对所选择的安全控制进行了调整和汇总，形成了适用性声明文件（SOA）。该文件明确了当前已实施的控制措施和达到的控制目标，说明了选择相应控制目标和控制措施的理由，并对 ISO/IEC 27001:2005 标准进行删减以及删减合理性进行了阐述。

A 单位 ISMS 实施小组根据已选择的安全控制措施和等级保护制度中的控制措施，综合考虑控制成本、可操作、可检查、平衡安全与业务等因素，组织编写了风险处理计划。

风险处理计划的内容主要包含安全风险、控制策略、控制措施和残余风险 4 个方面的内容，安全风险又进一步描述为脆弱性、威胁、影响 3 个方面的内容。针对风险评估报告中的 76 个风险，A 单位在制订的风险处理计划中，分别对每一个风险制定了控制策略，并从 ISO/IEC 27001:2005 附录 A 中选择了相应的控制措施，将这些风险的残余风险都降低到了可接受水平。

6．形成体系文件

在前期工作全部完成后，A 单位信息办开始着手编写 ISMS 文件。首先对 ISMS 文件进行总体设计，确定了 ISMS 文件清单，制订了文件编写计划，然后结合前期工作成果、国际和国内相关标准等各参考资料，编写出了 ISMS 各级文件，包括信息安全管理手册、程序和策略文件以及各类记录文件等。在编写 ISMS 文件过程中，为了与原有的 ISO 9001 体系进行整合，某区信息办融合了 ISO 9001 中对应的质量要求和管理职责，使这两个体系能够协同发挥作用。

（1）文件层次。

通过建设某区信息办的信息安全管理体系，最终形成了符合 ISO27001 标准要求的一系列 ISMS 文件，由 3 个层次构成。

① 一级文件：信息安全管理手册。

信息安全管理手册依据 ISO/IEC 27001:2005 并结合某区信息办具体情况编写而成。在信息安全管理手册中阐明了某区信息办的信息安全方针和策略，对信息安全管理体系做了概括性叙述，是某区信息办对外实施信息安全保证、对内进行信息安全管理的纲领性文件。信息安全管理手册所采用的条款与 ISO/IEC 27001:2005 中的条款编写一致，形成了某区信息办的信息安全管理标准，使信息安全管理体系有章可循、有法可依。

② 二级文件：程序及策略文件。

程序及策略文件是针对信息安全各方面工作的，是对信息安全方针和策略内容的进一步落实，描述了某项信息安全任务具体的操作步骤和方法，是对标准中各个安全领域内工作的细化。主要包括安全事故管理程序、信息备份管理程序、业务连续性管理程序等 29 个文件。

这些程序及策略文件在编写时都遵循固定的格式，一般包括目的、范围、职责、程序/策略 4 个部分。

③ 三级文件：记录文件。

记录文件是实施各项信息安全程序的记录成果，这些文件通常表现为记录表格，是 ISMS 得以持续运行的有力证据，由各个相关部门自行维护，主要包括信息安全事故调查处理报告、信息备份计划、业务持续性管理实施计划等 47 个文件。

（2）文件案例。

下面结合 A 单位信息办的实际操作，介绍如下几个体系文件。（说明：以下 A、B、C 是体系文件的实例）

A．安全事故管理程序

1．目的

建立信息安全事故和弱点的报告与处理机制，减少信息安全事故和弱点所造成的损失，并采取有效的纠正与预防措施。

2．范围

对区信息办的信息安全事故和弱点的有效管理。

3．职责

由网络建设与管理部负责信息安全事故的管理工作，各部门主任负责在本部门内落实此文件的规定。

4．信息安全事故的定义

由于自然或者人为以及软硬件本身缺陷或故障的原因，对信息系统造成危害，或在信息系统内发生对社会造成负面影响的事故。

5．信息安全事故的分类

（1）有害程序事故是指蓄意制造、传播有害程序，或是因受到有害程序的影响而导致的信息安全事故。有害程序事故包括计算机病毒事故、蠕虫事故、木马事故、僵尸网络事故、混合攻击程序事故、网页内嵌恶意代码事故和其他有害程序事故 7 个子类。

（2）网络攻击事故是指通过网络或其他技术手段，利用信息系统的配置缺陷、协议缺陷、程序缺陷或使用暴力攻击对信息系统实施攻击，并造成信息系统异常或对信息系统当前运行造成潜在危害的信息安全事故。网络攻击事故包括拒绝服务攻击事故、后门攻击事故、漏洞攻击事故、网络扫描窃听事故、网络钓鱼事故、干扰事故和其他网络攻击事故 7 个子类。

（3）信息破坏事故是指通过网络或其他技术手段，造成信息系统中的信息被篡改、假冒、泄露、窃取等而导致的信息安全事故。信息破坏事故包括信息篡改事故、信息假冒事故、信息泄露事故、信息窃取事故、信息丢失事故和其他信息破坏事故 6 个子类。

6．信息安全事故分级

根据信息安全事故的分级考虑要素，将信息安全事故划分为 4 个级别：特别重大事故、重大事故、较大事故和一般事故。

（1）特别重大事故是指能够导致特别严重影响或破坏的信息安全事故，包括以下情况：会使特别重要信息系统遭受特别严重的系统损失；产生的社会影响会波及一个或多个省市的大部分地区，极大威胁国家安全，引起社会动荡，对经济建设有极其恶劣的负面影响，或者严重损害公众利益。

（2）重大事故是指能够导致严重影响或破坏的信息安全事故，包括以下情况：会使特别重要信息系统遭受严重的系统损失；或使重要信息系统遭受特别严重的系统损失；产生的社会影响波及一个或多个地市的大部分地区，威胁到国家安全，引起社会恐慌，对经济建设有重大的负面影响，或者损害到公众利益。

7．程序

（1）发现。

各个信息管理系统使用者，在使用过程中如果发现安全事故和弱点，应该向当班的主管报告；

如故障、事故会影响或已经影响线上生产，必须立即报告网络建设与管理部，采取必要措施，保证对生产的影响降至最低。

在网络建设与管理部来处理之前，发现人尽量不要改变现状。

（2）报告。

当班主管根据事故和弱点的性质向网络建设与管理部报告事故情况。

填写《信息安全事故和弱点报告》，如紧急情况下可以先用电话报告，随后再附上报告。

发生火灾应立即触发火警并向网络建设与管理部报告，启动消防应急预案。

涉及企业秘密、机密及国家秘密泄露、丢失的应向信息化资源部报告。

发生重大信息安全事故，事故受理部门应向区信息办副主任报告。

报告内容要求：发生时间、地点、名称、威胁、后果。

对于信息安全弱点，发现者应填写《信息安全事故和弱点报告》，交本部门主任确认，后提交网络建设与管理部确定是否采取预防措施，确认责任部门并实施。

8．相关

《信息安全事故和弱点报告》（略）。

《信息安全事故调查处理报告》如下。

信息安全事故调查处理报告			
事故发生部门		事故发生时间	
事故调查处理部门		调查人员	
事故类型			
事故描述及采取的措施			
调查负责人		日期	
事故损失及原因分析			
调查负责人		日期	
处理意见			
批准人		日期	
纠正预防措施			

责任部门		日期	
纠正预防措施的验证			
验证人		日期	

B. 信息备份管理程序

1. 目的

对重要信息实施备份保护，以保证信息的完整性和可用性，并在出现信息丢失时能够及时恢复。

2. 范围

区信息办各部门的重要信息。

3. 职责

网络建设与管理部负责区信息办重要信息的备份工作。

各部门负责对本部门维护的重要信息进行备份。

4. 程序

（1）资产识别。

内容：确定需要备份的重要信息。

标准：识别重要信息。

操作：收集需要备份的资产相关信息，主要包括资产的重要性、资产的保护级别等属性；对《资产注册表》中确定的重要业务数据、操作系统、应用系统、数据库等进行备份。需要检查的信息资产可能包括：业务运作数据；重要的生产运作数据；操作系统；系统配置参数；技术文件；档案资料；应用软件；软件源代码等。

关键点：评估资产的保护级别。

特情处理：无法备份的信息，尽量多使用其复制件，保存原件。

（2）制定备份方案。

内容：填写《信息备份计划记录》。

标准：完整填写《信息备份计划记录》的每一个项目。

操作：根据资产识别的结果和备份级别制定《信息备份计划记录》，备份方案需提交给相关部门负责人，经部门主任确认并批准后予以实施。

关键点：选择合适的方式与周期。

特情处理：当责任人没有足够的工具或条件时，可要求相关工程师协助。

（3）备份计划实施。

内容：执行《信息备份计划记录》的计划。

标准：明确的备份周期与备份方式。

操作：对分散的信息进行整理、归类；处理信息，在备份信息前，先将其复制到有备份工具的计算机上；执行备份程序；检查备份数据的可用性；清理过程数据；填写《信息备份恢复记录》。

关键点：信息备份过程中需保证信息的完整性和保密性。

特情处理：如果是绝密信息，可做加密处理，再交由他人备份，但必须保证密码被安全存放。

5．相关

《信息备份计划记录》如下。

《信息备份恢复记录》（略）。

信息备份计划记录							
序号	信息名称	备份周期	备份方式	备份媒体	备份媒体存放地点	责任人	备注

C．业务连续性管理程序

1．目的

防止区信息办的业务活动中断，保护关键业务过程免受重大失效或灾难的影响，以及确保其及时恢复。

2．范围

区信息办关键业务活动的持续性管理。

3．职责

由网络建设与管理部编制《业务持续性影响分析报告》。

由信息化资源部制订《业务持续性管理战略计划》。

4．程序

（1）业务持续性影响的分析。

在信息安全风险评估后进行业务持续性和影响的分析，业务持续性和影响的分析由信息化资源部、网络建设与管理部及项目管理部分别开展以下活动。

① 对本部门的信息安全进行风险评估。

② 识别出对本部门业务持续性造成严重影响的主要事件，如系统漏洞、设备故障等。

③ 分析这些事件一旦发生对某区信息办业务活动造成的影响和损失，以及恢复业务所需费用等。

④ 编写本部门《业务持续性影响分析报告》。

《业务持续性影响分析报告》应包括以下内容：识别关键业务的管理过程；可能引起业务活动中断的主要事件；主要事件对本部门管理的信息系统的影响；信息系统故障或中断对业务活动的影响；

（2）编制《业务持续性管理战略计划》。

由网络建设与管理部编制《业务持续性影响分析报告》，在完成后提交信息化资源部，由信息化资源部制订《业务持续性管理战略计划》，并提交信息安全管理委员会讨论，经某区信息办副主任批准后予以实施。

（略）

5．相关

《业务持续性影响分析报告》（略）。

《业务持续性管理战略计划》（略）。

《业务持续性管理实施计划》如下。

业务持续性管理实施计划	
目的	
范围	
业务持续性管理具体实施要求	

序号	故障或灾难	对关键业务过程的影响	应急措施及时限要求	责任分工
主管部门审核意见				
部门负责人		日期		
领导批复意见				
批准人		日期		

3.2.3 ISMS 的实施和运行——D 阶段

在修改完善 ISMS 文件后，A 单位信息办将所有 ISMS 体系文件以书面文件的方式正式发布，这标志着 A 单位 ISMS 的试运行的正式开始。

在该阶段，A 单位信息办首先任命了管理者代表和内审员，各部门负责人承担信息安全管理委员会委员角色，向各部门发放了相关程序和记录文件。A 单位信息办组织相关人员学习 ISMS 体系文件，并依据 ISMS 文件体系要求，落实具体职责到个人。通过面向所有工作人员的相关培训，如信息安全意识、信息安全知识与技能以及 ISMS 运行程序等，使每个人明确了 ISMS 文件体系的实施要求，为 ISMS 的顺利实施运行奠定了基础。

同时，为确保体系的正常运行，实施小组人员按照 ISMS 文件体系、ISMS 风险处理计划和实施计划进行各种安全方针、策略、流程等内容的落实，准备了 ISMS 实施所需的各种资源，包括人员配备、资金供给、设备到位等工作。在试运行期间，各责任人员对 ISMS 的运行和资源进行管理，所有与 ISMS 活动有关的人员都按照 ISMS 文件体系的要求，进行信息安全的信息收集、分析、传递、反馈、处理和归档等工作。

3.2.4 ISMS 的监视和评审——C 阶段

在体系运行过程中，A 单位设立了运行监督机制，对体系运转情况进行日常监督，以便及时发现问题。同时，制定了定期内审和管理评审的策略。

1. 内部审核

A 单位信息办工作人员组成内审小组，技术支持单位工作人员作为技术专家，与内审小组一起对 ISMS 进行了内部审核。

（1）审核流程。

内审流程图如图 3-4 所示。

审核启动时，某区信息办副主任负

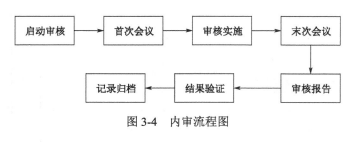

图 3-4　内审流程图

责制定《内部审核计划》和《内部审核清单》，交某区信息办主任审批。信息安全体系审核计划包括审核目的和范围、审核依据的文件、审核组成员、审核日期及安排等内容。

首次会议由内部审核组组长负责组织召开，在首次会议上，审核组组长向受审核部门负责人介绍以下内容：①审核组成员、审核目的和范围；②审核方法和程序；③公布末次会议日期、时间及参加人员；④审核计划中需说明的细节问题。

审核过程按《内部审核计划》实施，通过现场观察、询问、验证等方法来进行内部审核工作，对审核发现的问题逐项提出所依据的标准条款，说明不符合的事实和证据，并填写《内部审核清单》。不符合项情况填写到《纠正预防措施记录》中，发给不符合项责任部门，并责成该部门按要求制定纠正及预防措施。责任部门必须在时限内做出应答，组织实施纠正预防措施，完成后，进行复审。

审核实施结束后，由内部审核组组长负责召开末次会议，内容主要是公布不符合项内容、提出制定纠正预防措施及改进时限。《内部审核报告》由审核组组长负责起草，其内容包括：①审核的目的和范围；②审核组成员、审核时间和被审核部门；③审核中所依据的标准文件资料；④审核简况和不符合项状况；⑤纠正预防措施及改进时限；⑥审核评价。

在限定时间内，对纠正措施的实施情况进行复审，以确认对不符合项的纠正情况并验证其有效性。对复审后仍不符合的项目，其部门主任应说明原因并考虑是否需要重新制定纠正预防措施。各记录文件参照《文件控制程序》的要求进行保存。

（2）审核结果。

按照上述审核流程，在对 A 单位 ISMS 进行了为期一周的内部审核后，内审小组形成了如下内部审核报告，摘录如下。

> 经过一周的内审，未发现体系的不符合项，但是，在回收问卷和现场调查的过程中，也发现了几个值得关注的问题。
>
> ① 试运行启动后，各部门主任已将信息安全管理的相关任务落实到每个工作人员身上，也将相关部分的文件发放到了工作人员手中，并且推动工作人员遵照体系文件要求执行。在内部审核过程中，我们发现，每个工作人员都已明确理解了自己的职责和文件分工，并且也在日常工作中落实了文件规定，但对不属于自己责任范围的体系文件熟悉程度不够，这种局限在自己工作范围的情况会影响大家对体系文件的整体理解，也会影响体系执行过程中的各方面配合。
>
> ② 试运行初期，通过各部门工作人员的大力配合，对信息办的信息资源进行了重新梳理，同时，各责任人员也填写了日常运维的记录文件。在内部审核过程中，我们发现，有些日常记录文件并非实时填写的，有一定的时间延迟，这种延迟可能会导致漏填或不完全填写的现象发生，也会影响信息安全管理体系运行的符合性和准确性。

2．管理评审

为检查 ISMS 是否有效，识别可以改进的地方，以保证 ISMS 持续保持适宜性、充分性和有效性，A 单位信息办管理层举行了管理评审会议。

在管理评审会议中，各部门将以下信息作为讨论内容：ISMS 内部审核的结果、相关方的反馈、以前风险评估中没有提出的弱点或威胁，以及可能影响 ISMS 的任何更改等。会议中，A 单位领导与各部门负责人按照《管理评审计划》中的要求内容进行逐项审议，对信息安全管理体系的有效性和运行状况进行了评价，并形成了《管理评审报告》，交 A 单位上级主管部门批准签署后在各部门负责人级别范围内发布。

《管理评审报告》强调了 ISMS 的应用效果，对 ISMS 运行过程中的问题进行了总结，针对这些问题，提出了下一步的工作重点。针对内审中的两个主要问题，提出了改进方法。

（1）定期组织工作人员进行信息安全管理体系的内部培训，使大家对体系内容都有一个全面的了解，明确各自的职责和相互间的配合等工作。

（2）在体系运行过程中，需要按照体系文件要求及时填写相关记录，满足全面性、符合性和准确性等要求。

3.2.5　ISMS 的保持和改进——A 阶段

通过 ISMS 内部审核和管理评审，A 单位信息办找到了体系运行过程中存在的问题，并确定了改进方法，相关工作人员也积极采取措施，使体系得以持续发展，不断满足新的安全需求。

ISMS 的建设使 A 单位的安全规划落到了实处，实现了其信息安全保障目标，确保了 A 单位电子政务信息系统的安全、高效和可靠运行。通过体系的建立、实施和运行、监视和评审、保持和改进，A 单位圆满完成了国信办的任务，实现了预定目标，为 ISMS 相关国家标准的制定奠定了基础，为国家电子政务实施 ISMS 积累了经验。

3.3　ISMS、等级保护、风险评估三者的关系

本节在上述实施 ISMS 过程的基础上，来探讨与研究 ISMS、等级保护、风险评估之间的关系，讨论它们之间的差别与联系。在 ISMS 建设过程中，其实已完成了三者的融合。风险评估与等级保护都融合在实施 ISMS 建设的过程中，风险评估是 ISMS 建设过程极为关键的环节；等级保护是贯穿于 ISMS 建设的依据。

3.3.1　ISMS 建设与风险评估的关系

风险评估是 ISMS 建设的出发点，也是 ISMS 实施过程的重要过程。风险评估的重要意义就在于改变传统的以技术驱动为导向的安全体系结构设计及详细安全方案制定，以成本-效益平衡的原则，通过对用户关心的重要资产（如信息、硬件、软件、文档、代码、服务、设备、企业形象等）的分级、安全威胁（如人为威胁、自然威胁等）发生的可能性及严重性分析、对系统物理环境、硬件设备、网络平台、基础系统平台、业务应用系统、安全管理、运行措施等方面的安全脆弱性（或称薄弱环节）分析，并通过对已有安全控制措施的确认，借助定量、定性分析的方法，推断出用户关心的重要资产当前的安全风险，并根据风险的严重级别制订风险处理计划，确定下一步的安全需求方向。

风险评估的目标可以是针对具体的应用系统，也可以是某个组织内多个应用系统集成的信息系统。风险评估的最重要目的是为被评估组织发现安全脆弱点、潜在的安全威胁，以及在现有安全措施的基础上制定适当的安全加固措施，使得系统更加安全可靠，确保信息数据的安全。

而 ISMS 是一个管理体系，它以一个组织的信息系统为目标，以风险评估为基础，通过风险评估，识别组织的安全风险，再通过制定一整套的 ISMS 文件，并按照 PDCA 模型，经历建立 ISMS、实施和运行 ISMS、监视和评审 ISMS、保持和改进 ISMS 4 个循环过程，来实施 ISMS。也就是说，对一个组织来讲，ISMS 是一个循环往复不断改进与提高完善的过程，风险评估只是 ISMS 建立过程中的一个重要步骤，但风险评估也可以自成体系，作为 ISMS 过程的一个部分独立存在。

3.3.2　ISMS 与等级保护的共同之处

等级保护制度作为信息安全保障的一项基本制度，重点在于对信息系统进行分类分级。ISMS 则主要从安全管理角度出发，重点在于建立安全方针和目标，通过各种要素的相互作用实现这些方针和目标，并实现体系的持续改进。无论是等级保护制度还是 ISMS，它们的最终目标是一致的，

都是为了有效保障组织的信息安全，如何将 ISMS 与等级保护制度融合起来成为 ISMS 建立和推广的难点问题之一。

等级保护制度不仅针对信息安全产品或系统检测、评估以及定级，更重要的是，等级保护是围绕信息安全保障全过程的一项基础性管理制度，是一项基础性和制度性的工作。并且，等级保护坚持管理和技术并重，坚持统筹兼顾，突出重点，充分体现了合理分配资源保护重点的原则。

ISMS 是从管理的角度出发，是组织在整体或特定范围内建立信息安全方针和目标，以及完成这些目标所使用的方法体系，它是整个管理体系的一部分，其最终目的也是保障组织的信息安全。

可见，无论是等级保护制度还是 ISMS，都充分体现了信息安全应重视管理的思想，只有做好安全管理工作，安全技术才能充分发挥作用。既然二者的联系主要体现在管理方面，那么二者的融合应该着重体现在等级保护中安全管理的部分与 ISMS 的融合。

1．二者都可以加强对信息的安全保障工作

在 ISMS 的建立过程应该要结合电子政务的等级保护工作来进行，通过等级测评，对信息系统实施等级保护。一方面，可以切实地建立适用于电子政务的信息安全管理体系，另一方面可以推动电子政务等级保护工作的实施，甚至可以建立等级化的信息安全管理体系。

2．二者的安全管理要求有相同的地方

从 ISMS 和等级测评的实施标准依据来看，都用到 ISO 17799。ISMS 实施过程中，按照 ISO 27001 的建设过程要求，依据 ISO 17799 中的控制目标与控制措施来实施风险评估与建立组织的安全策略、措施等；在等级测评过程中，测评依据 DB/T 171—2002 中的安全管理测评要求也来自于 ISO 17799 的各项安全控制目标与控制措施。

3．二者的相互促进与补充关系

通过 ISMS 建设实践与等级测评实践，建立 ISMS 与信息系统的等级测评可以是相互促进与补充的作用。ISO 17799 的控制措施包含了等级保护安全管理方面的绝大多数要求，而信息安全管理体系实施流程中风险控制措施的选择，结合信息系统确定的安全等级的要求，从等级保护相关标准中补充选择 ISO 17799 之外的控制措施，所以完全满足等级保护安全管理的要求。

可见，无论是等级保护制度还是 ISMS，都充分体现了信息安全应重视管理的思想，只有做好安全管理工作，安全技术才能充分发挥作用。既然二者的联系主要体现在管理方面，那么二者的融合应该着重体现在等级保护中安全管理的部分与 ISMS 的融合。

3.3.3　ISMS 与等级保护、等级测评的区别

等级保护、等级测评和 ISMS 存在必然的联系，但同样存在区别，主要体现在以下几个方面。

1．二者的出发点和侧重点不同

等级保护制度作为信息安全保障的一项基本制度，兼顾了技术和管理两个方面，重点在于如何利用现有的资源保护重要的信息系统，主要体现了分类分级，保护重点的思想。

ISMS 主要从安全管理的角度出发，重点在于在组织或其特定范围内建立信息安全方针、政策，安全管理制度和安全管理组织，并使其得以有效落实，主要体现了安全管理的作用和重要性。

2．二者的实施依据不同

ISMS 体系建设的直接标准依据是 ISO 27001，其中详细规定了实施 ISMS 的完整过程与模型。在实施 ISMS 的过程中，间接使用的标准是 ISO 17799，其中详细地介绍了信息安全管理要求的安全控制措施，为建立组织的安全目标与措施提供依据。

等级测评主要是为验证信息系统是否达到某一个安全等级的要求，针对电子政务系统而言，不同地区可以根据各自的实际安全需要，制定适合本地区的系统测评规范。对北京市各政府机关的电子政务系统而言，其测评依据是 DB11/T 171—2002《党政机关信息系统安全测评规范》（北京市地

方标准）。

等级测评的实施，直接体现国家对党政机关开展等级保护的思想。而等级保护的国家标准依据是 GB 17859—1999。

3. 二者的实施主体不同

ISMS 体系的建设主体，当前主要是各企业组织为维护本组织的信息安全，出于自身的安全需要，主动地建立适合本组织需要的信息安全管理体系，从而保障本组织的信息安全。或者由具有安全服务资质的信息安全服务公司来帮助企业建立适当的 ISMS。

等级测评的主体是经过国家认可的信息安全测评认证组织，如北京市信息安全测评认证中心。测评认证组织按照 DB11/T 171—2002 的要求进行测评认证工作。

4. 二者的实施对象不同

ISMS 体系的实施对象主要是各企业单位，随着国家 ISMS 体系建设的不断推进，在 ISMS 体系经验成熟之后，必然会将 ISMS 体系建设的工作推广到不同的领域，如事业单位、党政机关等。

等级测评的实施对象主要是有信息系统等级要求的各级党政机关等政府部门。因为信息系统的测评是根据国家实施等级保护的要求，适应在电子政务领域实施信息化建设的需要，通过实施对各级政府机关的信息系统测评，促进其信息化程度，提高政府机关人员的等级保护意识。

5. 二者的实施过程不同

等级保护制度的完整实施过程是贯穿信息系统的整个生命周期，对于新建信息系统，从信息系统建设项目启动阶段确定其安全保护等级，到运行维护阶段进行等级保护安全运行维护管理；对于已建信息系统，等级保护的系统定级、安全规划设计、安全实施和安全运行维护管理等过程都是在系统运行维护阶段完成的。

ISMS 的完整实施过程贯穿组织或组织某一特定范围的管理体系的整个生命周期，可以与组织或组织某一特定范围的管理体系同步进行，也可以在其管理体系已建设完成的基础上进行。总之，ISMS 可以作为管理体系的一部分，利用风险分析的方法来建立、实施和运行、监视和评审、保持和改进组织的信息安全管理体系，保障组织的信息安全。

6. 二者的结果不同

ISMS 建设的结果是为组织建立一整套 ISMS 的体系文件，通过在组织的日常业务过程中加以实施，不断地改进，从而有力地加强对本组织的信息安全。更进一步讲，类似于 ISO 9001 体系认证，组织也可以申请 ISMS 体系方面的国际认证，从而证明组织的安全达到了体系的要求。

等级测评的结果是给出被测评对象是否达到声明的安全等级的要求。在某种意义上说，测评也是认证的意思，如信息系统达到二级的各项安全要求，则可认为其通过信息系统二级的认证。

3.3.4　ISMS 与等级保护的融合

将等级保护制度与 ISMS 进行融合，可分为两个方面的内容进行思考：一是相关标准的融合；二是实施过程的融合。

1. 相关标准的融合

目前，国际标准化组织已经颁布了 ISMS 的两个标准：ISO/IEC 27001:2005 与 ISO/IEC 17799:2005，其中 ISO/IEC 27001:2005 属于要求标准，是 ISMS 建设所依据的重要标准，而 ISO/IEC 17799:2005 属于指南标准，是控制措施的实施指南。等级保护制度是我国的一项基本制度，也已经制定了若干相关标准，其中《信息系统安全等级保护基本要求》是实施等级保护制度的基本要求，它针对每个等级的信息系统提出了相应的安全目标和安全保护要求。

控制措施是 ISMS 与等级保护制度中的重要内容，因此本节重点探讨 ISO/IEC 17799:2005 与《信息系统安全等级保护基本要求》中控制措施的融合问题。两个标准在控制措施的描述结构和内容上都有相通之处，可通过控制措施将两个标准的内容加以融合。

（1）结构的融合。

ISO/IEC 17799:2005 将控制措施的结构描述为控制类别-控制目标-控制措施-实施指南，而《信息系统安全等级保护基本要求》结构的特点是安全目标-安全要求。

ISMS 与等级保护制度在控制措施的描述上，整体结构相近，只不过等级保护制度考虑了等级的概念，体现了不同等级信息系统的不同安全目标和不同安全要求。《信息系统安全等级保护基本要求》将安全目标和安全要求都划分为两部分：技术方面和管理方面，技术方面包括物理安全、网络安全、主机系统安全、应用安全和数据安全，而管理方面则包括安全管理机构、安全管理制度、人员安全管理、系统建设管理、系统运维管理；而 ISMS 的控制措施则主要考虑不同的类别，不同类别中有不同的控制目标和控制措施。ISO/IEC 17799:2005 中，将控制措施划分为 11 个安全类别，分别为安全方针、信息安全组织、资产管理、人力资源安全、物理和环境安全、通信和操作管理、访问控制、信息系统获取开发和维护、信息安全事故管理、业务连续性管理、符合性，进一步划分为 39 个安全目标和 133 条控制措施。

ISO/IEC 17799:2005 的控制措施没有区分技术和管理，而是直接从不同安全领域进行的划分，这种划分方式更为全面和合理，因此二者对控制措施的要求可利用 ISMS 的结构：控制类别-控制目标-控制措施，加以描述，然后划分不同的等级要求。即二者可结合成坐标轴结构，横轴为控制措施目标和要求，纵轴则为不同的等级要求。

（2）内容的融合。

ISO/IEC 17799:2005 的控制措施不仅列出了满足控制目标的特定的控制措施的陈述，而且给出了控制措施的实施指南，《信息系统安全等级保护基本要求》中的每一等级的基本要求内容也较为详细具体，可直接作为该等级系统的实施指南。二者都在控制措施上有详细的实施描述，因此可从内容上加以融合。

从内容上看，ISMS 中的控制措施与等级保护制度中的基本要求基本一致，只不过由于结构的不同、二者的描述方式不同，描述上有一定的差异。因此，可根据上述的融合结构，将 ISO/IEC 17799:2005 中的控制措施集与《信息系统安全等级保护基本要求》的基本要求集加以重新整合，形成新的控制措施集合。

2．实施过程的融合

（1）等级保护制度实施过程。

对一个信息系统实施等级保护的过程中涉及很多活动，根据安全的动态性理论，很多活动需要重复执行，从而保证安全保护的有效性。虽然，安全保护是一个不断循环和不断提高的过程，但是实施等级保护的一次完整过程是可以结合信息系统的生命周期区分清楚的，具体实施流程如图 3-5 所示。

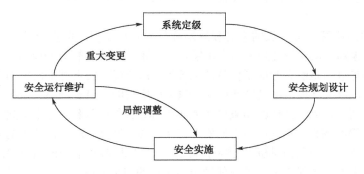

图 3-5　等级保护制度实施过程

（2）ISMS 的实施过程。

ISMS 的实施过程在前面的内容中已经介绍过，它需要遵循 PDCA 模型。

建立 ISMS：建立与管理风险和改进信息安全有关的 ISMS 策略、目标、过程和程序，以提供与组织整体策略和目标相一致的结果。

实施和运行 ISMS：实施和运行 ISMS 策略、控制措施、过程和程序。

监视和评审 ISMS：对照 ISMS 策略、目标和实践经验评估，并在适当时测量过程性能，并将结果报告管理层以供评审。

保持和改进 ISMS：基于 ISMS 内部审核和管理评审的结果或者其他相关信息，采取纠正和预防措施，以持续改进 ISMS。

（3）二者的融合。

从等级保护制度的实施过程看，也可以将其归为 PDCA 模型，系统定级和安全规划设计归为 P 阶段，安全实施归为 D 阶段，安全运行维护则可视为 C 阶段和 A 阶段。因此二者在实施时，可按照 PDCA 模型来组织各项活动。

规划阶段：进行系统定级，明确信息系统的边界及其安全保护等级，明确 ISMS 的范围，制定信息安全方针和目标。实施风险评估，根据风险评估结果从整合的控制措施集合中选择控制措施，实施风险评估过程中应考虑安全等级的要求。从技术和管理两方面进行安全规划设计，制订风险处理计划，形成相关体系文件。

实施阶段：该阶段将按照风险处理计划实施各项控制措施，为配合控制措施的实施，需要进行各种意识、技能培训，并提供所需的资源。

检查阶段：该阶段将执行各种检查手段，以监视各项控制措施的实施，包括：

① 执行内部审核，检查与 ISO/IEC 27001:2005 的符合性，进一步检查是否满足相应等级的安全目标；

② 实施管理评审，输入 ISMS 内审结果、等级检查结果、控制措施有效性测量结果等内容，评审体系是否有效，识别可以改进的地方，并采取措施，以保证整个体系保持持续的适宜性、充分性和有效性。

处置阶段：实施检查阶段确定的各种改进措施，包括预防和纠正措施，以持续改进信息安全保障能力。

3.3.5 风险评估与等级保护的关系

等级保护的前提是对系统定级，系统定级根据系统信息的机密性、完整性、可用性来确定，即按"明确各种信息类型—确定每种信息类型的安全类别—确定系统的安全类别"3 个步骤进行系统最终的定级。信息系统的等级测评是实施等级保护的重要手段，等级测评过程是等级保护的延续与加强。

等级保护中的系统分类分级的思想和风险评估中对信息资产的重要性分级基本一致，不同的是：等级保护的级别是从系统的业务需求出发，定义系统应具备的安全保障业务等级的，而风险评估中最终风险的等级则是综合考虑了信息的重要性、系统现有安全控制措施的有效性及运行现状后的综合评估结果，也就是说，在风险评估中，CIA 价值高的信息资产不一定风险等级就高。在确定系统安全等级级别后，风险评估的结果可作为实施等级保护、等级安全建设的出发点和参考。

风险评估是等级保护（不同等级不同安全需求）的出发点。风险评估中的风险等级和等级保护中的系统定级均充分考虑到信息资产 CIA 特性的高低，但风险评估中的风险等级加入了对现有安全控制措施的确认因素，也就是说，等级保护中高级别的信息系统不一定就有高级别的安全风险。

3.4　国外 ISMS 实践

技术日新月异的发展开创了以信息为中心的全球经济，组织之间围绕着相互依赖的世界范围开展活动和竞争。

信息也是政府日常处理的至关重要的资产。当今，各国政府面对的最大挑战之一是如何更好地为公民和企业提供积极参与这个基于信息的全球经济的竞争机会。在这方面，电子政务扮演着一个十分重要的角色。然而，电子政务是一个新项目。从国外的实践看，电子政务的成功实行，需要解决许多技术问题和管理问题，尤其是信息安全方面的技术和管理问题。

3.4.1　西澳大利亚政府电子政务的信息安全管理

西澳大利亚政府以"为你的信息建立一个更加安全的环境"为口号，在实施电子政务的同时，实施信息安全管理。作为借鉴，这里列举出一个西澳大利亚政府（Government of Western Australia，WA）电子政务的信息安全实例。

1．目标

使由安全事故造成的政府的业务风险减少到一个可接受的水准，使政府继续维持执行业务的足够能力。

为达到此目标，关键的问题是政府在处理私人的与敏感的信息和能力方面，要取得相关人员的信任和信心，确保服务提交的连续性。

2．当前的活动

西澳大利亚政府成立了一个"电子政务办公室"。电子政务办公室支持西澳大利亚政府机构的信息安全方法，包括识别与评估风险、实施符合风险级别和组织业务需要的控制措施与程序。当前的活动（工作）包括以下几项。

（1）建立信息安全管理方针。

西澳大利亚政府内阁于 2006 年 3 月签署了一个"西澳大利亚政府信息安全管理方针（WA Government Policy on Information Security Management）"，包括以下三方面内容。

① 每一个政府机构的首席执行官（CEO）负责确保其机构执行适当级别的信息安全和 Internet 网络安全。

② 政府机构必须定期地进行风险评估，以确定信息安全和 Internet 网络安全是否适当。必须使用风险管理方法，要满足澳大利亚信息安全管理标准和国际信息安全管理标准的要求、业务要求和所面临的风险的要求。

③ 如果政府机构确定某业务需要实施 ISMS，那么相关的澳大利亚信息安全管理标准和国际信息安全管理标准必须获得使用。

（2）实施信息安全管理。

西澳大利亚政府电子政务办公室认为，许多政府机构创建、保存和传输敏感的（或机密的）记录和数据。政府机构要保护这些记录的安全，防范未授权者（包括"黑客"、计算机罪犯和恐怖分子）访问的威胁。

为了帮助政府机构管理者执行"最好实践"的风险管理与信息安全管理，西澳大利亚政府电子政务办公室已经开发了一个基于相关澳大利亚标准和国际标准的"信息安全管理体系实施方法"，并提供给西澳大利亚政府机构。所使用的相关澳大利亚标准和国际标准包括以下几个。

① AS/NZS ISO/IEC 17799:2001，Information Technology - Code of Practice for Information Security Management（Standards Australia,2001）。

② AS/NZS 7799.2:2000，Specification for Information Security Management Systems（Standards Australia,2000）。

③ HB 231:2000，Information Security Risk Management Guidelines（Standards Australia,2000）。

这个信息安全管理体系实施方法是一个综合的、基于标准的方法，可用于指导组织实施 ISMS。该方法有两个版本：一是面向企业级的"GovSecure ISMS 实施方法"（GovSecure ISMS Implementation），适用于大型组织和运行于复杂的信息风险环境的组织；二是面向政府机构的"GovSecure XP ISMS 实施方法"（GovSecure XP ISMS Implementation Methodology），适用于小型政府机构和运行于较低信息风险环境的机构。

（3）承担 ICT 风险与安全管理。

西澳大利亚政府电子政务办公室承担公共部门信息安全方针的咨询，也打算承担开发政府范围的 ICT 风险与安全管理策略。

（4）计划灾难恢复。

西澳大利亚政府电子政务办公室现在正在开发一个高级别的检查表，以帮助西澳大利亚政府机构制订支持政府的关键业务功能的"ICT 资产的灾难恢复计划"。

（5）成立西澳大利亚计算机安全事故响应小组。

西澳大利亚政府电子政务办公室组织了一个"西澳大利亚计算机安全事故响应小组"（Western Australia Computer Security Incident Response Team，WACSIRT）。WACSIRT 的目标是降低对政府计算机攻击的成功概率，减少政府组织直接的安全成本，降低间接损害的风险。

WACSIRT 为所有西澳大利亚政府机构提供标准的事故响应方法，并且是西澳大利亚 Internet 部门处理计算安全事故及其预防方面的专一受信任的联系点。

WACSIRT 提供的服务包括计算机安全警报、公告与咨询、事故与法院管理文件、事故分析、技术安全建议及整个政府范围计算机安全问题的识别等。

WACSIRT 是澳大利亚计算机紧急响应小组（Australian Computer Emergency Response Team，AusCERT）的成员，也与执法机构、联邦司法部、防卫信号董事会，为了互利而保持联系。

（6）研究电子邮件过滤。

西澳大利亚政府认为，通过电子邮件对业务连续性与信息安全造成的威胁正在迅速增加。电子邮件威胁的新种类不断出现；计算机网络蠕虫和"特洛伊"的病毒威胁正变得更加有破坏性；垃圾邮件（Spam）正变得更具有攻击性和威胁性。

WACSIRT 从事对机构中电子邮件实践的研究，组成一个进行统计的中间项目，开发业务案例分析，识别 Internet 电子邮件过滤的成本和利益。

WACSIRT 当前与财政部合作，为政府提供一种完全受控的外部电子邮件过滤服务。WACSIRT 也在整个西澳大利亚政府范围，提供安全意识培训。

3.4.2　ISMS 在国外电子政务中的应用

鉴于对信息安全管理问题的重视，英国贸工部（DTI）组织众多企业编写了"信息安全管理实用规则"，它是一个关于信息安全管理的控制措施集，该文本于 1995 年 2 月成为英国的国家标准，即 BS 7799-1:1995，1999 年该标准又被修订，2000 年 12 月被采纳成为国际标准，即 ISO/IEC 17799:2000。此后，信息安全管理工作有了标准可依。2005 年 6 月，ISO/IEC 17799:2000 被修订并发布为 ISO/IEC 17799:2005。

与此同时，英国 BSI 于 1998 年提出了信息安全管理体系的概念，并颁布了国家标准 BS 7799-2:2002，即信息安全管理体系规范，该标准作为 ISMS 认证的标准，迅速在业界引起关注，也引发了对信息安全管理体系的思考。该标准经过 1999 年与 2002 年的两次修订，最终于 2005 年由国际标准化组织采纳为国际标准 ISO/IEC 27001:2005。

随着 ISMS 标准的制修订，ISMS 迅速被全球接受和认可，依据国际标准建设信息安全管理体系，成为全球组织解决信息安全问题的一个科学、规范的有效方法。截至 2007 年 1 月，全球信息安全管理体系证书（包括原来的 BS 7799 证书）数量已达 3274 张，其中日本 1850 张、英国 334 张、印度 290 张，占据证书数量排名的前 3 位，而国内证书数量仅为 41 张。由此可以看出国外 ISMS 的应用情况。

英国虽然在证书数量上屈居第二，但 ISMS 标准源于英国，因此英国国内对 ISMS 的重视，建立 ISMS 并通过认证的不仅包括国内的企业，还包括英国的政府机构，如 Cherwell 区自治会、英国政府严重诈骗罪案办公室、蒂斯河畔斯托克顿市政厅、桑德兰市政厅、英国信息中心办公室、英国社会保障机构 Pensions Regulator、旺兹沃思自治区议会等。

其中，英国信息中心办公室（The Central Office of Information，COI）是第一家获得国际标准 ISO/IEC 27001:2005 认证的政府机构。COI 是英国政府营销传播的高级研究中心，与白宫和公共机构一起发布与每一个市民息息相关的重要信息——从卫生、教育到权利、福利等。为确保 COI 在一个安全可靠的环境中为客户提供服务，他们选择了建立 ISMS。

COI 的 IT 主任 Rose Flavin 说：“COI 信息安全管理体系的建立给了其客户和供应商以极大的信心，他们可以放心地使用 COI 提供的各项服务，而无须担心信息以任何方式被窃、被截取或被修改。”

COI 成为了第一个通过 ISO/IEC 27001:2005 认证的英国政府机构，这不仅使他们在信息安全管理方面建立了合理的策略，而且形成了持续改进的信息安全管理机制，能够有效处理存在的或未知的风险。在提高自身信息安全防护能力的同时，COI 也保持了良好的竞争力和成功运作的状态，提高了其在公众中的形象和名誉，增强了客户和合作者的信心和信任感。

国外政府的安全管理的经验，也给了中国政府实施电子政务信息安全管理体系一个极大的动力，从国外的这些实践来看，采用 ISMS 来解决信息安全问题，确实是一种非常好的方法和机制。与此同时，我国政府在信息安全方面也制定了等级保护制度作为国家安全管理的策略，因此国务院信息化工作办公室决定结合国际标准 ISO/IEC 27001 和国内的等级保护制度，进行 ISMS 的建设工作。

本章小结

本章主要对 ISMS 的实施进行研究，并在此基础上，探讨信息安全风险评估与等级保护的关系，重点分析 ISMS 建设与等级保护的关系，以及相关标准之间的融合，促进信息安全风险分析、风险评估实施、ISMS 实施在我国的推广应用。

习题

一、选择题

1. 综合考虑成本、可操作性等因素，制订风险处理计划在（　　）完成。
  A．ISMS 建立阶段   B．实施和运行阶段
  C．监视和评审阶段   D．保持和改进阶段

2. （　　）标志着 A 单位 ISMS 的试运行的正式开始。
  A．ISMS 的监视和评审——C 阶段   B．ISMS 的保持和改进——A 阶段
  C．ISMS 的建立——P 阶段   D．ISMS 的实施和运行——D 阶段

二、填空题

1．在 ISMS 的实施过程中，采用了＿＿＿＿、＿＿＿＿、＿＿＿＿、＿＿＿＿模型，该模型可应用于所有的 ISMS 过程。

2．ISMS 实施和运行阶段的主要工作为＿＿＿＿、＿＿＿＿、＿＿＿＿、＿＿＿＿。

3．ISMS 与等级保护的共同之处是＿＿＿＿、＿＿＿＿、＿＿＿＿。

4．ISMS 与等级保护、等级测评的区别是＿＿＿＿、＿＿＿＿、＿＿＿＿、＿＿＿＿、＿＿＿＿、＿＿＿＿。

三、简答题

1．画出 ISMS 建设流程图。

2．ISMS、等级保护、风险评估三者的关系如何？

3．建立信息安全管理方针包括哪三方面的内容？

第 4 章

信息安全风险评估

信息安全风险评估是信息安全管理的基本手段，也是信息安全管理的核心内容。本章对信息安全风险评估的概念、策略、流程及方法进行详细阐述，并通过一简单案例说明风险评估过程。

4.1　信息安全风险评估策略

风险评估（也称风险分析）是风险管理的基础，是组织确定信息安全要求的途径之一，属于组织信息安全管理体系策划的过程。

不同的组织有不同的安全需求和安全战略，风险评估的操作范围可以是整个组织，也可以是组织中的某一部门，或者独立的信息系统、特定系统组件和服务。影响风险评估进展的某些因素，包括评估时间、力度、展开幅度和深度，都应与组织的环境和安全要求相符合。组织应该针对不同的情况来选择恰当的风险评估方法。常见的风险评估方法策略有 3 种：基线风险评估、详细风险评估和综合风险评估。

4.1.1　基线风险评估

基线风险评估要求组织根据自己的实际情况（所在行业、业务环境与性质等），对信息系统进行基线安全检查（将现有的安全措施与安全基线规定的措施进行比较，找出其中的差距），得出基本的安全需求，通过选择并实施标准的安全措施来消减和控制风险。所谓的安全基线，是在诸多标准规范中规定的一组安全控制措施或者惯例，这些措施和惯例适用于特定环境下的所有系统，可以满足基本的安全需求，能使系统达到一定的安全防护水平。组织可以根据以下资源来选择安全基线：国际标准和国家标准，如 ISO 17799、ISO 13335；行业标准或推荐，如德国联邦安全局的《IT 基线保护手册》；来自其他有类似商务目标和规模的组织的惯例。

（1）基线评估的优点。

① 风险分析和每个防护措施的实施管理只需要最少数量的资源，并且在选择防护措施时付出更少的时间和精力。

② 如果组织的大量系统都在普通环境下运行并且如果安全需要类似，那么很多系统都可以采用相同或相似的基线防护措施而不需要付出太多的精力。

（2）基线评估缺点。

① 基线水平难以设置，如果基线水平设置得过高，有些 IT 系统可能会有过高的安全等级；如果基线水平设置得过低，有些 IT 系统可能会缺少安全，导致更高层次的暴露。

② 风险评估不全面、不透彻，且不易处理变更。例如，如果一个系统升级了，就很难评估原

来的基线防护措施是否充分。

虽然当安全基线已建立的情况下，基线评估成本低、易于实施，但由于不同组织信息系统千差万别，信息系统的威胁时刻都在变化，很难制定全面的、具有广泛适用性的安全基线，而组织自行建立安全基线成本很高。目前世界上还没有全面、统一的、能符合组织目标的、值得信赖的安全基线，因而基线评估方法开展并不普遍。

4.1.2　详细风险评估

详细风险评估要求对资产、威胁和脆弱点进行详细识别和评价，并对可能引起风险的水平进行评估，这通过不期望事件的潜在负面业务影响评估和他们发生的可能性来完成。不期望事件可能表现为直接形式，如直接的经济损失，如物理设备的破坏；也可能表现为间接的影响，如法律责任、公司信誉及形象的损失等。不期望事件发生的可能性依赖于资产对于潜在攻击者的吸引力、威胁出现的可能性及脆弱点被利用的难易程度。根据风险评估的结果来识别和选择安全措施，将风险降低到可接受的水平。

详细评估的优点是：①有可能为所有系统识别出适当的安全措施；②详细分析的结果可用于安全变更管理。

详细评估的缺点是需要更多的时间、努力和专业知识。

目前，世界各国推出的风险评估方法多属于这一类，如 AS/NZS 4360、NIST SP800-30、OCTAVE 及我国的《信息安全风险评估指南》中所提供的方法。

4.1.3　综合风险评估

基线风险评估耗费资源少、周期短、操作简单，但不够准确，适合一般环境的评估；详细风险评估准确而细致，但耗费资源较多，适合严格限定边界的较小范围内的评估。因而实践当中，组织多是采用二者结合的综合评估方式。

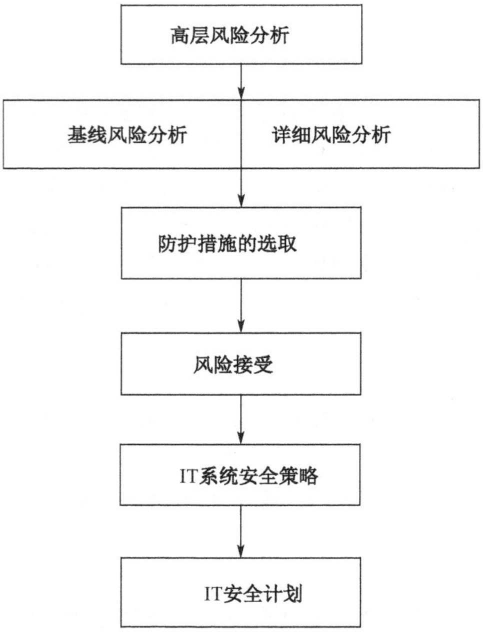

ISO/IEC 13335-3 提出了综合风险评估框架，其实施流程如图 4-1 所示。

综合风险评估的第一步是高层风险分析，其目的是确定每个 IT 系统所采用的风险分析方法（基线或详细风险分析）。高层风险分析考虑 IT 系统及其处理信息的业务价值，以及从组织业务角度考虑的风险。然后，依据高层风险分析的决定，对相应的 IT 系统实施基线风险分析或详细风险分析。接下来是依据基线风险分析与详细风险分析的结果选取相应的安全措施，并检查上述安全措施实施后，信息系统的残余风险是否在可接受范围内，对不可接受的风险需要进一步加强安全措施，必要时应采取再评估。

综合风险评估的最后两步是 IT 系统安全策略和 IT 安全计划，IT 系统安全策略是前面各阶段评估结果的结晶，包括系统安全目标、系统边界、系统资产、威胁、脆弱点、所选取的安全措施、安全措施选取的原因、费用估计等。IT 安全计划则处理如何去实施所选取的安全措施。

图 4-1　综合风险评估实施流程

综合评估将基线和详细风险评估的优势结合起来，既节省了评估所耗费的资源，又能确保获得一个全面系统的评估结果，而且，组织的资源和资金能够应用到最能发挥作用的地方，具有高风险的信息系统能够被预先关注。当然，综合评估也有缺点：如果初步的高级风险分析不够准确，某些本来需要详细评估的系统也许会被忽略，最终导致某些严重的风险未被发现。

4.2　信息安全风险评估过程

4.2.1　风险评估流程概述

当前在国内各行业都比较认可的信息安全风险评估流程如图 4-2 所示。

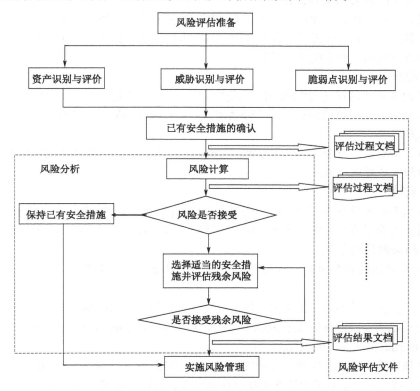

图 4-2　信息安全风险评估流程

AS/NZS 4360、NIST SP800-30、OCTAVE 及我国的《信息安全风险评估指南》提供的风险评估方法基本都属于详细风险评估，虽然具体流程有一定的差异，但都是围绕资产、威胁、脆弱点识别与评估展开的，并进一步分析不期望事件发生的可能性及其对组织的影响，最后考虑如何选取合适的安全措施，把安全风险降低到可以接受的程度。

总体上看，风险评估可分为 4 个阶段：第一阶段为风险评估准备；第二阶段为风险识别，包括资产识别、威胁识别、脆弱点识别等工作；第三阶段为风险评价，包括风险的影响分析、可能性分析以及风险的计算等，具体涉及资产、威胁、脆弱点、当前安全措施的评价等；第四阶段为风险处理，主要工作是依据风险评估的结果选取适当的安全措施，将风险降低到可接受的程度。

我国《信息安全风险评估指南》推出最晚，它在参考世界各国风险评估有关标准基础上，结合了风险评估在我国的实践经验，有一定的代表性，且可操作性强，易于指导风险评估活动在我国的广泛开展。

4.2.2 风险评估的准备

风险评估的准备是整个风险评估过程有效性的保证。其工作主要包括以下几项。

1. 确定风险评估目标

风险评估的准备阶段应明确风险评估的目标，为风险评估的过程提供导向。信息系统是重要的资产，其机密性、完整性和可用性对于维持竞争优势、获利能力、法规要求和组织形象是必要的。组织要面对来自内、外部日益增长的安全威胁，信息系统是威胁的主要目标。由于业务信息化程度不断提高，对信息技术的依赖日益增加，一个组织可能出现更多的脆弱点。风险评估的目标是满足组织业务持续发展在安全方面的需要，或符合相关方的要求，或遵守法律法规的规定等。

2. 确定风险评估的对象和范围

基于风险评估目标确定风险评估的对象和范围是完成风险评估的前提。风险评估的对象可能是组织全部的信息及与信息处理相关的各类资产、管理机构，也可能是某个独立的系统、关键业务流程、与客户知识产权相关的系统或部门等。

3. 组建团队

组建适当的风险评估管理与实施团队，以支持整个过程的推进，如成立由管理层、相关业务骨干、IT 技术人员等组成的风险评估小组。评估团队应能够保证风险评估工作的有效开展。

4. 选择方法

应考虑评估的目的、范围、时间、效果、人员素质等因素来选择具体的风险判断方法，使之能够与组织环境和安全要求相适应。

5. 获得支持

上述所有内容确定后应得到组织的最高管理者的支持、批准，并对管理层和技术人员进行传达，应在组织范围就风险评估相关内容进行培训，以明确各有关人员在风险评估中的任务。

6. 准备相关的评估工具

为保证风险评估的顺利进行，需要相应的评估工具支持，如信息收集工具、数据及文档管理工具。

信息收集工具主要是漏洞扫描工具、渗透性测试工具等，常用的漏洞扫描工具有 Nessus、GFI LANguard、Retina、Core Impact、ISS Internet Scanner、X-scan、Sara、QualysGuard、SAINT、MBSA Nessus、ISS Internet Scanner、NetRecon 等。

数据及文档管理工具主要用来收集和管理评估所需要的数据和资料，并根据需要的格式生成各种报表，帮助决策。这类工具可由用户根据评估的需要自行或委托第三方开发对应的管理系统，协助评估数据的管理。

4.2.3 资产识别与评估

1. 资产识别

资产是指对组织具有价值的信息资源。资产识别是风险识别的必要环节。资产识别的任务就是对确定的评估对象所涉及或包含的资产进行详细的标识，由于它以多种形式存在，有无形的、有形的。资产识别过程中要特别注意无形资产的遗漏，同时还应注意不同资产间的相互依赖关系，关系紧密的资产可作为一个整体来考虑，同一种类型的资产也应放在一起考虑。

资产识别的方法主要有访谈、现场调查、问卷、文档查阅等。

2. 资产评估

资产的评价是对资产的价值或重要程度进行评估，资产本身的货币价值是资产价值的体现，但更重要的是资产对组织关键业务的顺利开展乃至组织目标实现的重要程度。由于多数资产不能以货币形式的价值来衡量，资产评价很难以定量的方式来进行，多数情况下只能以定性的形式，依据重要程度的不同划分等级，具体划分为几级应根据具体问题具体分析，如 5 级划分方法为：非常重要、重要、比较重要、不太重要、不重要等，对这些定性值也可赋以相应的定量值，如 5、4、3、2、1。

通常信息资产的机密性、完整性、可用性、可审计性和不可抵赖性等是评价资产的安全属性。信息安全风险评估中资产的价值可由资产在这些安全属性上的达成程度或者其安全属性未达成时所造成的影响程度来决定的。可以先分别对资产在以上各方面的重要程度进行评估，然后通过一定的方法进行综合，可得资产的综合价值。

如果资产在机密性、完整性、可用性、可审计性和不可抵赖性的赋值分别记为 VAc、VAi、VAa、$VAac$、VAn，综合价值记为 VA，综合的方法如下。

（1）最大原则：资产价值在机密性、完整性、可用性、可审计性和不可抵赖性方面不是均衡的，在某个方面可能大，某个方面可能小，最大原则是取最大的那个方面的赋值作为综合评价值，即 $VA = \max\{VAc，VAi，VAa\ VAac，VAn\}$。

（2）加权原则，根据机密性、完整性、可用性、可审计性和不可抵赖性保护对组织业务开展影响的大小，分别为机密性、完整性、可用性、可审计性和不可抵赖性赋予一非负的权值 Wc、Wi、$Wa\ Wac$、Wn（$Wc+Wi+Wa+Wac+Wn=1$），综合机制由加权求得，即 $VA = VAc \times Wc + VAi \times Wi + VAa \times Wa + VAac \times Wac + VAn \times Wn$。

例如，若某资产在机密性、完整性、可用性、可审计性和不可抵赖性的赋值分别为 1、2、4、1、3，若采用最大值原则，该资产的综合评估值为 4；若采用加权原则，并假定机密性、完整性、可用性、可审计性和不可抵赖性对应的权值分别为 0.1、0.2、0.35、0.1、0.15，则该资产的综合赋值为 $0.1 \times 1 + 0.2 \times 2 + 0.35 \times 4 + 0.1 \times 1 + 0.15 \times 3 = 2.45$。

在资产评价方面，我国的《信息安全风险评估指南》推荐了一种方法，就是先对资产在机密性、完整性、可用性 3 个方面分别进行定性赋值，然后通过一定的方法进行综合，所使用的综合方法基本属于最大原则。表 4-1～表 4-3 分别给出了机密性、完整性、可用性参考赋值表。

表 4-1　资产机密性赋值表

赋　值	标　识	定　义
5	极高	包含组织最重要的秘密，关系未来发展的前途命运，对组织根本利益有着决定性影响，如果泄露会造成灾难性的损害
4	高	包含组织的重要秘密，其泄露会使组织的安全和利益遭受严重损害
3	中等	包含组织的一般性秘密，其泄露会使组织的安全和利益受到损害
2	低	包含仅能在组织内部或在组织某一部门内部公开的信息，向外扩散有可能对组织的利益造成损害
1	可忽略	包含可对社会公开的信息、公用的信息处理设备和系统资源等

表 4-2　资产完整性赋值表

赋　值	标　识	定　义
5	极高	完整性价值非常关键，未经授权的修改或破坏会对组织造成重大的或无法接受的影响，对业务冲击重大，并可能造成严重的业务中断，难以弥补
4	高	完整性价值较高，未经授权的修改或破坏会对组织造成重大影响，对业务冲击严重，比较难以弥补
3	中等	完整性价值中等，未经授权的修改或破坏会对组织造成影响，对业务冲击明显，但可以弥补

续表

赋　值	标　识	定　义
2	低	完整性价值较低，未经授权的修改或破坏会对组织造成轻微影响，可以忍受，对业务冲击轻微，容易弥补
1	可忽略	完整性价值非常低，未经授权的修改或破坏对组织造成的影响可以忽略，对业务冲击可以忽略

表 4-3　资产可用性赋值表

赋　值	标　识	定　义
5	极高	可用性价值非常高，合法使用者对信息及信息系统的可用度达到年度 99.9%以上
4	高	可用性价值较高，合法使用者对信息及信息系统的可用度达到每天 90%以上
3	中等	可用性价值中等，合法使用者对信息及信息系统的可用度在正常工作时间达到 70%以上
2	低	可用性价值较低，合法使用者对信息及信息系统的可用度在正常工作时间达到 25%以上
1	可忽略	可用性价值可以忽略，合法使用者对信息及信息系统的可用度在正常工作时间低于 25%

另外，由于系统所包含的资产往往很多，资产识别与评价时应注意区分哪些是影响组织目标的关键资产。风险评估应重点对关键资产进行。

4.2.4　威胁识别与评估

1. 威胁识别

威胁是构成风险的必要组成部分，因而威胁识别是风险识别的必要环节，威胁识别的任务是对组织资产面临的威胁进行全面的标识。威胁识别可从威胁源进行分析，也可根据有关标准、组织所提供的威胁参考目录进行分析。

根据前面的讨论，从威胁源角度，威胁可分为自然威胁、环境威胁、系统威胁、外部人员威胁、内部人员威胁。不同的威胁源能造成不同形式的危害，威胁识别过程中应对相关资产，考虑上述威胁源可能构成的威胁。

不少标准对信息系统可能面临的威胁进行了列举，如 ISO/IEC 13335-3 在附录中提供了可能的威胁目录，其中包含的威胁类别有地震、洪水、飓风、闪电、工业活动、炸弹攻击、使用武力、火灾、恶意破坏、断电、水供应故障、空调故障、硬件失效、电力波动、极端的温度和湿度、灰尘、电磁辐射、静电干扰、偷窃、存储介质的未授权的使用、存储介质的老化、操作人员错误、维护错误、软件失效、软件被未授权用户使用、以未授权方式使用软件、用户身份冒充、软件的非法使用、恶意软件、软件的非法进口/出口、未授权用户的网络访问、用未授权的方式使用网络设备、网络组件的技术性失效、传输错误、线路损坏、流量过载、窃听、通信渗透、流量分析、信息的错误路径、信息重选路由、抵赖、通信服务失效（如网络服务）、人员短缺、用户错误、资源的滥用。

德国的《IT 基线保护手册》将威胁分为五大类：不可抗力、组织缺陷、人员错误、技术错误、故意行为。每种类型威胁具体包含几十到一百多种威胁，手册分别对每类威胁进行了详细列举和说明，因而是威胁识别的重要参考。

OCTAVE 则通过建立威胁配置文件来进行威胁识别与分析，威胁配置文件包括 5 个属性：资产（Assert）、访问（Access）、主体（Actor）、动机（Motive）、后果（Outcome），如人类利用网络访问对资产的威胁及系统故障对资产的威胁的配置文件分别对应图 4-3 和图 4-4 所示的威胁树。

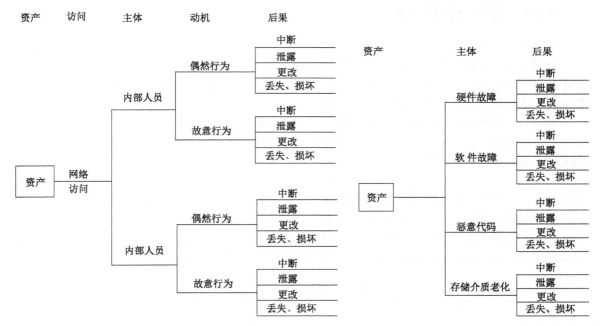

图 4-3　人类利用网络访问的威胁树　　　　　图 4-4　系统故障威胁树

2. 威胁评估

安全风险的大小是由安全事件发生的可能性及它造成的影响决定的，安全事件发生的可能性与威胁出现的频率有关，而安全事件的影响则与威胁的强度或破坏能力有关，如地震的等级或破坏力等。威胁评估就是对威胁出现的频率及强度进行评估，这是风险评估的重要环节。评估者应根据经验和（或）有关的统计数据来分析威胁出现的频率及其强度或破坏能力。以下 3 个方面的内容，对威胁评估很有帮助。

（1）以往安全事件报告中出现过的威胁、威胁出现频率、破坏力的统计。

（2）实际环境中通过检测工具及各种日志发现的威胁及其频率的统计。

（3）近一两年来国际组织发布的对于整个社会或特定行业的威胁出现频率及其破坏力的统计。

威胁评估的结果一般都是定性的，我国的《信息安全风险评估指南》将威胁频率等级划分为 5级，分别代表威胁出现的频率的高低。等级数值越大，威胁出现的频率越高。威胁赋值表如表 4-4所示。理论上，威胁的强度应该是随机的，不同强度的威胁出现的可能性也不同，但通常为简便起见，可考虑使用威胁的平均强度或直接使用最强强度，与出现频率一样，也可给出定性的评估结果。为操作方便，有时威胁评估只对威胁出现的频率进行评估，而其强度则假定为最强情况。

表 4-4　威胁赋值表

等　　级	标　　识	定　　　　　　义
5	很高	威胁出现的频率很高，在大多数情况下几乎不可避免或者可以证实经常发生过
4	高	威胁出现的频率较高，在大多数情况下很有可能会发生或者可以证实多次发生过
3	中	威胁出现的频率中等，在某种情况下可能会发生或被证实曾经发生过
2	低	威胁出现的频率较小，一般不太可能发生，也没有被证实发生过
1	很低	威胁几乎不可能发生，仅可能在非常罕见和例外的情况下发生

4.2.5 脆弱点识别与评估

1．脆弱点识别

脆弱点识别也称弱点识别，弱点是资产本身存在的，如果没有相应的威胁发生，单纯的弱点本身不会对资产造成损害。而且如果系统足够强健，再严重的威胁也不会导致安全事件，并造成损失。即威胁总是要利用资产的弱点才可能造成危害。

脆弱点识别主要从技术和管理两个方面进行，技术脆弱点涉及物理层、网络层、系统层、应用层等各个层面的安全问题。管理脆弱点又可分为技术管理和组织管理两方面，前者与具体技术活动相关，后者与管理环境相关。

对不同的对象，其脆弱点识别的具体要求应参照相应的技术或管理标准实施。例如，对物理环境的脆弱点识别可以参照 GB/T 9361－2000《计算机场地安全要求》中的技术指标实施；对操作系统、数据库可以参照 GB 17859－1999 中的技术指标实施；管理脆弱点识别方面可以参照 ISO/IEC 17799:2005 的要求对安全管理制度及其执行情况进行检查，发现管理漏洞和不足。我国的《信息安全风险评估指南》列举了不同对象的脆弱点识别内容参考，如表 4-5 所示。

表 4-5　脆弱点识别内容表

类　型	识 别 对 象	识 别 内 容
技术脆弱点	物理环境	从机房场地、机房防火、机房供配电、机房防静电、机房接地与防雷、电磁防护、通信线路的保护、机房区域防护、机房设备管理等方面进行识别
	服务器（含操作系统）	从物理保护、用户账号、口令策略、资源共享、事件审计、访问控制、新系统配置（初始化）、注册表加固、网络安全、系统管理等方面进行识别
	网络结构	从网络结构设计、边界保护、外部访问控制策略、内部访问控制策略、网络设备安全配置等方面进行识别
	数据库	从补丁安装、鉴别机制、口令机制、访问控制、网络和服务设置、备份恢复机制、审计机制等方面进行识别
	应用系统	从审计机制、审计存储、访问控制策略、数据完整性、通信、鉴别机制、密码保护等方面进行识别
管理脆弱点	技术管理	物理和环境安全、通信与操作管理、访问控制、系统开发与维护、业务连续性
	组织管理	安全策略、组织安全、资产分类与控制、人员安全、符合性

资产的脆弱点具有隐蔽性，有些弱点只有在一定条件和环境下才能显现，这是脆弱点识别中最为困难的部分。需要注意的是，不正确的、起不到应有作用的或没有正确实施的安全措施本身就可能是一个弱点。

脆弱点识别将针对每一项需要保护的资产，找出可能被威胁利用的弱点，并对脆弱点的严重程度进行评估。脆弱点识别时的数据应来自于资产的所有者、使用者，以及相关业务领域的专家和软硬件方面的专业等人员。

脆弱点识别所采用的方法主要有问卷调查、工具检测、人工核查、文档查阅、渗透性测试等。

2．脆弱点评估

安全事件的影响与脆弱点被利用后对资产的损害程度密切相关，而安全事件发生的可能性与脆弱点被利用的可能性有关，而脆弱点被利用的可能性与脆弱点技术实现的难易程度、脆弱点流行程度有关。脆弱点评估就是对脆弱点被利用后对资产损害程度、技术实现的难易程度、弱点流行程度进行评估，评估的结果一般都是定性等级划分形式，综合地标识脆弱点的严重程度。也可以对脆弱点被利用后对资产的损害程度以及被利用的可能性分别评估，然后以一定方式综合。如果很多弱点反映的是同一方面的问题，应综合考虑这些脆弱点，最终确定这一方面的脆弱点严重程度。

对某个资产，其技术脆弱点的严重程度受到组织的管理脆弱点的影响。因此，资产的脆弱点赋值还应参考技术管理和组织管理脆弱点的严重程度。

我国的《信息安全风险评估指南》依据脆弱点被利用后，对资产造成的危害程度，将脆弱点严重程度的等级划分为 5 级，分别代表资产脆弱点严重程度的高低。等级数值越大，脆弱点严重程度越高，如表 4-6 所示。

表 4-6　脆弱点严重程度赋值表

等　级	标　识	定　义
5	很高	如果被威胁利用，将对资产造成完全损害
4	高	如果被威胁利用，将对资产造成重大损害
3	中	如果被威胁利用，将对资产造成一般损害
2	低	如果被威胁利用，将对资产造成较小损害
1	很低	如果被威胁利用，将对资产造成的损害可以忽略

4.2.6　已有安全措施的确认

安全措施可以分为预防性安全措施和保护性安全措施两种。预防性安全措施可以降低威胁利用脆弱点导致安全事件发生的可能性。这可以通过两个方面的作用来实现：一方面是减少威胁出现的频率，如通过立法或健全制度加大对员工恶意行为的惩罚，可以减少员工故意行为威胁出现的频率，通过安全培训可以减少无意行为导致安全事件出现的频率；另一方面是减少脆弱点，如及时为系统打补丁、对硬件设备定期检查能够减少系统的技术脆弱点等。保护性安全措施可以减少因安全事件发生对信息系统造成的影响，如业务持续性计划。

对已采取的安全措施进行确认，至少有两个方面的意义：一方面，这有助于对当前信息系统面临的风险进行分析，由于安全措施能够减少安全事件发生的可能性及影响，对当前安全措施进行分析与确认，是资产评估、威胁评估、脆弱点评估的有益补充，其结果可用于后面的风险分析；另一方面，通过对当前安全措施的确认，分析其有效性，对有效的安全措施继续保持，以避免不必要的工作和费用，防止安全措施的重复实施。对于确认为不适当的安全措施应核实是否应被取消，或者用更合适的安全措施替代，这有助于随后进行的安全措施的选取。

该步骤的主要任务是，对当前信息系统所采用的安全措施进行标识，并对其预期功能、有效性进行分析。

4.2.7　风险分析

风险分析就是利用资产、威胁、脆弱点识别与评估结果以及已有安全措施的确认与分析结果，对资产面临的风险进行分析。由于安全风险总是以威胁利用脆弱点导致一系列安全事件的形式体现出来的，风险的大小是由安全事件造成的影响以及其发生的可能性来决定的，因此风险分析的主要任务就是分析当前环境下，安全事件发生的可能性以及造成的影响，然后利用一定的方法计算风险。

1.　风险计算

如前所述，风险可形式化的表示为 $R(A,T,V)$，其中 R 表示风险，A 表示资产，T 表示威胁，V 表示脆弱点。相应的风险值由 A、T、V 的取值决定，是它们的函数，可以表示为：

$$VR=R(A,T,V)=R(L(A,T,V),F(A,T,V))$$

其中，$L(A,T,V)$、$F(A,T,V)$ 分别表示对应安全事件发生的可能性及影响，它们也都是资产、威胁、脆弱点的函数，但其表达式很难给出。而风险则可表示为可能性 L 和影响 F 的函数，简单的处理就是将安全事件发生的可能性 L 与安全事件的影响 F 相乘得到风险值，实际就是平均损失，即 $VR=L(A,T,V) \times F(A,T,V)$。

一种更好的方法是选取合适的效用函数 $\mu(x)$，利用其逆函数，对影响计算损失效应 $\mu^{-1}(F)$，再将其值与可能性 L 相乘得到期望损失效应，用期望损失效应作为风险值，即 $VR=\mu^{-1}(F) \times L$，也可再对 $\mu^{-1}(F) \times L$ 利用效用函数求逆，得到相当的损失值，用它作为风险值，即 $VR=\mu(\mu^{-1}(F) \times L)$，与平均损失相比，这种方法的好处就是能够更好地区分"高损失、低可能性"及"低损失、高可能性"两种不同安全事件的风险。

我国的《信息安全风险评估指南》在风险分析方面采用了简化的处理方法，风险分析示意图如图 4-5 所示，相应的风险值 $VR=R(A,T,V)=R(L(T,V,F(I_a,V_a)))$，其中，$I_a$ 表示安全事件所作用的资产重要程度；V_a 表示脆弱点严重程度；其他符号意义同上。

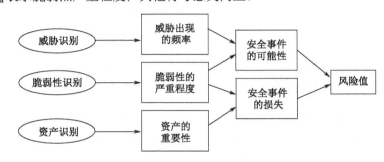

图 4-5　风险分析示意图

2．影响分析

安全事件对组织的影响可体现在以下方面：直接经济损失，物理资产的损坏，业务影响，法律责任，人员安全危害，组织信誉、形象损失等。这些损失有些容易定量表示，有些则很难。

（1）直接经济损失。

风险事件可能引发直接的经济损失，如交易密码失窃、电子合同的篡改（完整性受损）、公司账务资料的篡改等，这类损失易于计算。

（2）物理资产的损坏。

物理资产损坏的经济损失也很容易计算，可用更新或修复该物理资产的花费来度量。

（3）业务影响。

信息安全事件会对业务带来很大的影响，如业务中断，这方面的经济损失可通过以下方式来计算：先分析由于业务中断，单位时间内的经济损失，用"单位时间损失×修复所需时间＋修复代价"可将业务影响表示为经济损失，当然单位时间内的经济损失估计有时会有一定的难度。业务影响除包括业务中断外，还有其他情况，如经营业绩影响、市场影响等，这些应根据具体情况具体分析，定量分析存在困难。

（4）法律责任。

风险事件可能导致一定的法律责任，如由于安全故障导致机密信息的未授权发布、未能履行合同规定的义务或违反有关法律、规章制度的规定，这些可用由于应承担应有的法律责任可能支付赔偿金额来表示经济损失，当然其中有很多不确定因素，实际应用时可参考惯例、合同本身、有关法律法规的规定。

（5）人员安全危害。

风险事件可能对人员安全构成危害，甚至危及生命，这类损失很难用货币衡量。

（6）组织信誉、形象损失。

风险事件可能导致组织信誉、形象受损，这类损失很难用直接的经济损失来估计，应通过一定的方式计算潜在的经济损失，如由于信誉受损，可能导致市场份额损失、与外部关系受损等，市场份额损失可以转化为经济损失，与外界各方关系的损失可通过分析关系重建的花费、由于关系受损给业务开展带来的额外花费等因素来估计，另外专家估计也是一种可取的方法。

由于风险事件对组织影响的多样性，以及相关的数据也比较缺乏，风险事件对组织影响的定量分析还很不成熟，更多的是采用定性分析方法，根据经验对安全事件的影响进行等级划分，如给出"极高、高、中、低、可忽略"等级。

3．可能性分析

总体说来，安全事件发生的可能性的因素有资产吸引力、威胁出现的可能性、脆弱点的属性、安全措施的效能等。

根据威胁源的分类，引起安全事件发生的原因可能是自然灾害、环境及系统威胁、人员无意行为、人员故意行为等。不同类型的安全事件，其可能性影响因素也有不同。

（1）自然灾害

威胁出现的可能指各种自然灾害出现的可能性，如地震、洪水出现可能性等。

脆弱点属性主要指能反映资产抵抗各种灾害能力的因素，如某些资产在抗打击、防水方面考虑特别成熟，即使发生这类灾害，资产也不会遭受损失。

（2）环境及系统威胁。

威胁出现的可能性是指各类环境问题及系统故障出现的可能性，如空调、电力故障的可能性，网络故障的可能性，硬件（软件）故障的可能性等。

脆弱点属性主要反映资产在各类环境与系统威胁中遭受破坏的可能性，如资产的抵抗恶劣环境的能力、故障容忍能力等。

（3）人员无意行为。

威胁出现的可能性是指人员无意过失出现的可能性，对外部人员及内部人员应区分开考虑，内部人员威胁大，影响深，出现可能性也高。

脆弱点属性主要反映资产在人员无意过失中遭受破坏的可能性，如系统数据完整性审查机制是否健全、操作完成是否需经多次确认等。

（4）人员故意行为。

人员故意行为引发的风险事件，其发生的可能性与前述几种情况不同，其发生可能性决定于资产吸引力、脆弱点属性以及当前安全措施的效能等。

恶意人员发动攻击或其他威胁信息资产的行为的动机有获利、打击报复、恶作剧等。通过对资产发动攻击，可能获取利益或可能达到的打击报复、恶作剧效果，这可统称为资产的吸引力。

恶意人员发动攻击能否成功取决于资产是否存在可利用的脆弱性以及脆弱性利用的难易程度，脆弱点被利用的难易程度决定于技术难度、成本、公开程度等。例如，系统是否存在可被远程网络攻击利用的安全漏洞，安全漏洞利用的技术难度、实现成本、安全漏洞及对应攻击工具的公开程度都将是影响攻击能否成功的因素。当然攻击者的能力也是影响攻击能否成功的因素，但在风险分析中可采用最大原则，即假定攻击者具备当前最先进的技术与工具。

与人员无意行为一样，内部人员与外部人员应分开考虑，他们有不同的权限，对组织信息系统的了解程度也大不相同，内部人员的威胁大于外部人员威胁。

可能性分析方法可以是定量的，也可以是定性的。定量方法可将发生的可能性表示成概率形式，而定性分析对发生可能性给出诸如极高、高、中、低等类似的等级评价。

4.2.8 安全措施的选取

风险评估的目的不仅是获取组织面临的有关风险信息，更重要的是采取适当的措施将安全风险控制在可接受的范围内。

如前所述，安全措施可以降低安全事件造成的影响，也可以降低安全事件发生的可能性，在对组织面临的安全风险有全面认识后，应根据风险的性质选取合适的安全措施，并对可能的残余风险进行分析，直到残余风险为可接受风险为止。

4.2.9 风险评估文件记录

风险评估文件包括在整个风险评估过程中产生的评估过程文档和评估结果文档，这些文档包括以下几个。

（1）风险评估计划：阐述风险评估的目标、范围、团队、评估方法、评估结果的形式和实施进度等。

（2）风险评估程序：明确评估的目的、职责、过程、相关的文件要求，并且准备实施评估需要的文档。

（3）资产识别清单：根据组织在风险评估程序文件中所确定的资产分类方法进行资产识别，形成资产识别清单，清单中应明确各资产的责任人/部门。

（4）重要资产清单：根据资产识别和赋值的结果，形成重要资产列表，包括重要资产名称、描述、类型、重要程度、责任人/部门等。

（5）威胁列表：根据威胁识别和赋值的结果，形成威胁列表，包括威胁名称、种类、来源、动机及出现的频率等。

（6）脆弱点列表：根据脆弱点识别和赋值的结果，形成脆弱点列表，包括脆弱点名称、描述、类型及严重程度等。

（7）已有安全措施确认表：根据已采取的安全措施确认的结果，形成已有安全措施确认表，包括已有安全措施名称、类型、功能描述及实施效果等。

（8）风险评估报告：对整个风险评估过程和结果进行总结，详细说明被评估对象，风险评估方法，资产、威胁、脆弱点的识别结果，风险分析、风险统计和结论等内容。

（9）风险处理计划：对评估结果中不可接受的风险制订风险处理计划，选择适当的控制目标及安全措施，明确责任、进度、资源，并通过对残余风险的评价确保所选择安全措施的有效性。

（10） 风险评估记录：根据组织的风险评估程序文件，记录对重要资产的风险评估过程。

4.3 典型的风险分析方法

评估系统关键问题时需要选择一个合适的信息安全的评估模型和评估方法，因此，分析并总结当前常用的安全评估模型及其评估方法是本文的关键研究内容之一。同时注意到，信息安全的评估是信息风险管理中的重要的一步，因此信息安全风险的管理模型具有重要的作用。

对安全风险的评估需要一定的依据和指导方法，这也就是本节将要涉及的风险评估模型和评估方法。当前得到比较广泛应用的评估模型和方法有故障树分析、事件树分析、原因-后果分析、故障模式影响及危害性分析、基于可信性的风险分析、矩阵分析法、德尔菲法、概率风险评估和动态风险概率评估、层次分析、线性加权评估、模糊分析以及灰色预测等。

4.3.1　故障树分析

故障树分析（Fault Tree Analysis，FTA）模型是由 Bell 电话试验室的 Waston.HA 于 1961 年提出的，作为分析系统可靠性的数学模型，通过把可能造成系统故障（顶事件）的各种因素（底事件）进行分析，确定发生故障的各种组合，计算相应的概率，找出纠正措施，从而提高系统的可靠性，该方法现已经成为比较完善的系统可靠性分析技术。

故障树分析是一种 Top-Down 方法，通过对可能造成系统故障的硬件、软件、环境、人为因素进行分析，画出故障原因的各种可能组合方式和/或其发生概率，由总体至部分，按树状结构，逐层细化的一种分析方法。故障树分析采用树形图的形式，把系统的故障与组成系统的部件的故障有机地联系在一起。首先以系统不希望发生的事件作为目标（称顶事件），然后按照演绎分析的原则，从顶事件逐级向下分析各自的直接原因事件（称基本事件），根据彼此间的逻辑关系，用逻辑门符号连接上下事件，直至所要求的分析深度。

故障树分析方法可以分为定性和定量两种方式。定性分析的目的在于寻找导致顶事件发生的原因和原因组合，通过求故障树的最小割集，得到顶事件的全部故障模式，以发现系统结构上的最薄弱环境或最关键部位，集中力量对最小割集所发现的关键部位进行强化。定量计算的任务就是要计算和估计顶事件发生的概率、底事件的重要度等。

故障树分析法具有如下特点。

（1）灵活性。不局限于对系统可靠性做一般分析，而是可以分析系统的各种故障状态。

（2）图形演绎。它是故障事件在一定条件下的逻辑推理方法，可以围绕某些特定的故障状态做层层深入的分析，在清晰的故障树图形下，表达了系统内在联系，并指出元部件故障与系统故障之间的逻辑关系，找出系统的薄弱环节。

（3）通过故障树可以定量地计算复杂系统的故障概率及其他可靠性参数，为改善和评估系统可靠性提供定量数据。

故障树分析的过程简述如下。

1．建造故障树

建造故障树，就是寻找所研究系统故障和导致系统故障的诸因素之间的逻辑关系，并且用故障树的图形符号（事件符号与逻辑门符号），抽象表示实际系统故障组合和传递的逻辑关系。

将重大风险事件作为"顶事件"，"顶事件"的发生是由于若干"中间事件"的逻辑组合所导致的，"中间事件"又是各个"底事件"逻辑组成所导致的。这样一个表征结果事件的"顶事件"在上，表示原因的"底事件"在下，中间既是下层事件的结果又是上层事件的原因的"中间事件"，构成一个倒立的树状的逻辑因果关系图，顶事件可用各底事件的逻辑组合表示。

在故障树模型构造完成之后，为了准确计算顶事件发生的概率，需要简化故障树，消除多余事件，特别是在故障树的不同位置存在同一基本事件时，必须利用布尔代数描述并进行整理，然后才能计算顶事件的发生概率，否则就会造成定性分析或定量分析的错误。

2．求出故障树的全部最小割集

割集：指故障树中一些底事件的集合，当这些底事件发生时顶事件必然发生。

最小割集：若在某个割集中将所含的底事件任意去掉一个，余下的底事件构不成割集（不能使顶事件必然发生），则这样的割集就是"最小割集"。

求解最小割集的方法有很多，目前常用方法有下行法（Fussell-Vesely 算法）和上行法（Seman-Deres 算法）。下行法的主要思想是：从顶事件开始，依次把逻辑门的输出事件用输入事件置换。经过或门输入事件竖向写出，经过与门输入事件横向写出，直到全部门事件均置换为底事件为止。每行由若干个底事件组成，构成一个割集。再吸收、简化掉互相完全包含和冗余的割集，最后得到全部最小割集。

3．计算顶事件的发生概率

计算顶事件发生概率的方法有若干种，用得最多的是借助定性分析的结果，利用最小割集等效成的故障树来求解。对于计算顶事件发生概率，下面将分别讨论定性和定量分析的关键点。

（1）定性分析。

找出故障树的所有最小割集后，按每个最小割集所含的事件数目（阶数）排列，在各底事件发生概率比较小，差别不大的条件下：①阶数越少的最小割集越重要；②在阶数少的最小割集中出现的底事件比在阶数多的最小割集里出现的底事件重要；③在阶数相同的最小割集中，在不同的最小割集里重复出现的次数越多的底事件越重要。

（2）定量分析。

事件的失效概率：指"顶事件"即所分析的重大风险事件的发生概率，用 P_f 表示。在掌握了"底事件"的发生概率的情况下，就可以通过逻辑关系最终得到事件的失效概率。

首先，设底事件 X_i 对应的失效概率为 $q_i(i=1,2,\cdots,n)$，n 为底事件个数，则最小割集的失效概率为

$$P(\text{MCS}) = P(X_1 \bigcap X_2 \bigcap \cdots \bigcap X_n) = \prod_{i=1}^{m} q_i$$

其中，m 为最小割集阶数。

顶事件的发生概率为：

$$P_f(\text{TOP}) = P(y_1 \bigcup y_2 \bigcup \cdots \bigcup y_k)$$

其中，y_i 为最小割集，k 为最小割集个数。

$P_f(\text{TOP})$ 的计算有 3 种情况。

① 当 $y_1,y_2,\cdots,y_k$ 为独立事件时，则有

$$P_f(\text{TOP}) = 1 - \prod_{i=1}^{k}(1-p_i)$$

其中，p_i 为最小割集 y_i 的失效概率。

② 当 $y_1,y_2,\cdots,y_k$ 为互斥事件时，则有

$$P_f(\text{TOP}) = \sum_{i=1}^{k} P(y_i)$$

③ 当 $y_1,y_2,\cdots,y_k$ 为相容事件时，则有

$$P_f(\text{TOP}) = \sum_{i=1}^{k} P(y_i) - \sum_{1 \leqslant i \leqslant j \leqslant k} P(y_i y_j) + \cdots + (-1)^k P(\prod_{i=1}^{k} y_i)$$

对于庞大的故障树而言，求解最小割集和利用上述公式计算顶事件发生概率时规模可能是相当繁杂的。可以采用近似计算，将上述公式做简化处理。

4．重要度的计算

故障树中各底事件并非同等重要，为了定量分析各个底事件对顶事件发生的影响大小，对每个底事件的重要性程度给予定量的描述，引入"重要度"的概念，包括结构重要度、概率重要度、相对概率重要度及相关割集重要度 4 种。

比较重要的是前两个。前者表示基本事件在故障树结构中所占的地位而造成的影响程度，后者表示基本事件发生概率对顶事件发生的影响程度。

结构重要度的概念可表示为

$$I_s(i) = \sum_{2n-1} [\Phi(x_1,x_2,L,X_{i-1},1,x_{i+1},L,x_n) - \Phi(x_1,x_2,L,X_{i-1},0,x_{i+1},L,x_n)]/2^{n-1}$$

其中，n 为基本事件个数，$\Phi(x)$ 为结构函数。

概率重要度的概念可表示为

$$I_p(i) = \partial Q(p) / \partial q_i, i = 1, 2, \cdots\cdots, n,$$

其中，$Q(p)$ 为顶事件失效函数。

5. 排列出各风险事件（顶事件）的顺序

用 C_f 表示风险事件一旦发生造成的后果，称为"失效后果"，如果"失效后果"也能定量地表示出来，如用 0～1 之间的小数表示失效后果对技术性能的影响，则：

$C_f = 0.1$ 表示没有影响或影响极小，属不重要的"低的"影响；

$C_f = 0.3$ 表示技术性能略有降低，属"小的"影响；

$C_f = 0.5$ 表示技术性能有所降低，属"较高的"影响；

$C_f = 0.7$ 表示技术性能明显降低，属"高的"影响；

$C_f = 0.9$ 表示不能达到技术目标，属"重大的"影响。

同时可用：风险因子 $r = P_f + C_f - P_f C_f$ 来定量地表示风险的大小。

定量的分析方法需要知道各个底事件的发生概率，当工程实际能给出大部分底事件的发生概率的数据时，可参照类似情况对少数缺乏数据的底事件给出估计值；若相当多的底事件缺乏数据且又不能给出恰当的估计值，则不适宜进行定量的分析，只进行定性的分析。

4.3.2　故障模式影响及危害性分析

故障模式影响及危害性分析（Failure Mode，Effects and Criticality Analysis，FMECA）是故障模式影响分析（Failure Mode and Effects Analysis，FMEA）和危害性分析（Criticality Analysis，CA）的组合分析方法。

故障模式影响分析是分析系统中每一产品所有可能产生的故障模式及其对系统造成的所有可能影响，并按每一个故障模式的严重程度、检测难易程度以及发生频度予以分类的一种归纳分析方法。通过分析产品所有可能的故障模式来确定每一种故障对系统和信息安全的潜在影响，找出单点故障，并按其影响的严重程度及其发生的概率，确定其危害性，从而发现系统中潜在的薄弱环节，以便选择恰当的控制方式消除或减轻这些影响。在应用此模式到信息系统的风险评估中时，可以把风险当作故障。

FMECA 是按规定的规则记录系统中所有可能的故障模式，分析每种故障（风险）模式对系统的工作及状态的影响并确定单点风险，将每种故障（风险）模式按其影响的严重程度及发生概率排序，从而发现系统中潜在的薄弱环节，提出可能采取的预防改进措施，以消除或减少风险发生的可能性，保证系统的可靠性。

FMECA 由两部分工作构成：第一是识别故障模式和它们的影响，即故障模式影响分析；第二是根据故障模式的严重程度和发生概率，对故障模式分级，即危害性分析。在进行这种分析时应把所研究的每一种分析看作系统唯一的风险。FMECA 是危害性分析的基础。

FMECA 的基本步骤如下。

（1）系统分解，建立层次结构模型。

（2）构造判断矩阵。

（3）通过单层次计算进行安全性判断。

（4）层次总排序，完成综合判断。

由于 FMECA 具有原理简单、易操作及具有良好效果的特点，该分析方法已经成为在产品研制过程中进行可靠性分析时使用的重要方法之一。在我国，FMECA 是许多军工产品研制周期中规定的主要可靠性工作项目之一，此外，以 FMECA 技术为基础的分析技术还被应用于采矿、能源、交通管理、航空安全等有关安全性技术领域的分析和评估工作。

归纳起来，FMECA 是定义系统的故障模式并确定每种故障模式的危害度等级，确定每种事件模式的危害度等级，从而用于对信息系统的安全性、有效性进行分析的基本方法之一。

4.3.3 模糊综合评价法

模糊分析是建立在模糊集合基础上的一种预测和评价方法。它的特点在于其评价方式与人们的正常思维模式很接近，可用程度语言描述对象。

模糊评价是一种对不能准确定义的事件进行评价的方法。它将某种定性描述和人的主观判断用量化的形式表达。该方法可在一定程度上检查和减少人的主观影响，使评价更科学合理。

模糊综合评价法的基本思想是：在确定评价因素、因子的评价等级标准和权值的基础上，运用模糊集合变换原理，以隶属度描述各因素及因子的模糊界线，构造模糊评价矩阵，通过多层的复合运算，最终确定评价对象所属等级。关键点是模糊评价矩阵的计算。

评价过程描述如下。

1. 建立系统评价指标体系

建立系统评价指标体系的指导思想是：指标体系要真实地反映系统的性能。设计评价指标体系的原则如下。

（1）一致性。既要使评价指标与评价目标一致，又要使下一层次的指标与上一层次的指标一致。

（2）可测性。评价指标系统中末级指标（最低层次指标）要用可操作化的语言加以界定，它所规定的内容可直接测量，以获得明确结论。

（3）可比性。评价指标必须反映评价对象的共同属性，同时还能进行比较。

（4）独立性。在指标体系内同一层次的指标必须各自独立，指标间不能相互重叠和包含，不能存在因果关系，不能从一项指标导出另一项指标。

（5）可行性。设计评价指标的数量和评价标准的高低都要适中。

2. 确定因素集

根据所建立的评价指标体系来确定因素集 $U = \{u_1, u_2, \cdots, u_m\}$。由于因素分有不同的层次，不能等同对待，要按它们各自所属层次分别处理。

3. 确定模糊权重集

在实际评价工作中，各评价因素的重要程度往往是不相同的，考虑到这个客观存在的事实，必须确定各因素集的模糊权重系数。常用的确定权重方法有统计实验法、分析推理法、专家测评法和层次分析法。在确定了各层相关因素之间的权重后便得到模糊权重集 A。

4. 确定评价集

评价集是评价者对评价对象可能做出的各种总的评价结果所组成的集合。评价集的确定要根据实际需求而定，一般等级的划分在 3～7 级之间，即评价集 $V = \{v_1, v_2, \cdots, v_n\}(3 \leqslant n \leqslant 7)$。

5. 建立模糊评价矩阵

这样，就得到 U 到 $F(V)$ 的模糊映射 $\gamma: U \to F(V)$。先由专家填写评价卡，根据所评因素的具体情况，给出相应的等级；然后统计评价情况，列出评价结果统计表；再由评价结果统计表求出各因素属于不同等级评价的隶属度，建立模糊评价矩阵 R。

6. 计算综合评价结果

多层综合评价的原则是先从最低层开始进行评价，并将每层的评价结果视为上一层单因素评价集，组成高一层的单因素评价矩阵，再对高一层的进行综合评价，直到最高层的评价结束。

根据指标体系的建立原则可知：各层中所考虑的因素必须满足独立性，即同层各因素之间是相互独立的，不存在依赖关系。每一层的评价算法是相同的，即模糊综合评价模型是：

$$B = A \circ R$$

其中，"。"是模糊综合运算符，在模糊数学中称为模糊算子。模糊算子有多种形式，其中最常用的情况是"取大取小算子"和"乘与和算子"。经过多层模糊运算，最终得到了模糊集 $B = (b_1, b_2, \cdots, b_n)$，归一化后得

$$B' = (b_1', b_2', \cdots, b_n')$$

其中，

$$b_j' = \frac{b_j}{\sum_{i=1}^{n} b_i}, (j = 1, 2, \cdots, m)$$

7. 给出评价报告

最后的评估结论可根据总体评判 B' 和一定的评价原则来确定，常用的评价原则有最大隶属度原则、最小代价原则、置信度原则、评分原则等。

4.3.4　德尔菲法

德尔菲法（又称专家咨询法）是一种定性预测方法，通过背对背群体决策咨询的方法，群体成员各自独立工作，然后以系统的、独立的方式综合他们的判断，克服了为某些权威所左右的缺点，减少了调查对象的心理压力，使预测的可靠性增加。事实上，德尔菲法从来不让群体成员面对面地聚在一起。利用德尔菲法进行系统安全风险分析时，其步骤如下。

（1）在风险明确之后，要求群体成员通过填写精心设计的问卷，来提出可能解决问题的方案。

（2）每个群体成员匿名并独立完成每一份问卷。

（3）把这些问卷调查的结果收集到另一个中心地点整理出来。

（4）把整理和调整的结果分发给每个人一份。

（5）在群体成员看完整理结果之后，要求他们再次提出解决问题的方案。结果通常是启发出新的解决办法，或使原有方案得到改善。

（6）如果有必要，重复步骤（4）和步骤（5），直到找到大家意见一致的解决办法为止。

在系统安全评估中，德尔菲法的运用步骤也类似上面，可以在评估分析过程中，能够保证群体成员免于他人的不利影响，它不需要群体成员互相见面。当然，德尔菲法也有其不足之处。因为这种方法要占用大量时间，如果需要快速做出决策，它就不适用了。群体成员相互讨论而激发创见的热烈场面，在使用德尔菲法的时候，也是不会出现的。

4.3.5　层次分析法

层次分析法（Analytic Hierarchy Process，AHP）由美国著名的运筹学专家 Saaty 于 20 世纪 70 年代提出来的，是一种定性与定量相结合的多目标决策分析方法。这一方法的核心是将决策者的经验判断给予量化，从而为决策者提供定量形式的决策依据。目前该方法已被广泛地应用于尚无统一度量标尺的复杂问题的分析，解决用纯参数数学模型方法难以解决的决策分析问题。该方法对系统进行分层次、拟定量、规范化处理，在评估过程中经历系统分解、安全性判断和综合判断 3 个阶段。

层次分析法是将决策问题的有关元素分解成目标、准则、方案等层次，在此基础上进行定量和定性分析的一种决策方法。这一方法的特点是在对复杂决策问题的本质、影响因素及其内在关系等进行深入分析后，构建一个层次模型，然后利用较少的定量信息，把决策的思维过程数学化，从而为求解多目标、多准则的复杂决策问题。层次分析法的决策过程如下。

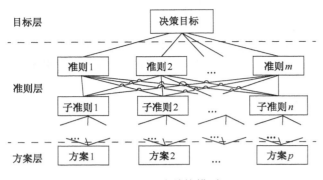

目标层 决策目标

准则层 准则1 准则2 ... 准则m

子准则1 子准则2 ... 子准则n

方案层 方案1 方案2 ... 方案p

图4-6 层次结构模型

1. 分析各影响因素间的关系，建立层次模型

层次分析法建立的层次模型如图 4-6 所示，层次模型至少包含 3 层。最高层是目标层，为决策目标，只有一个元素；最低层为方案层或措施层，为供选择的评价方案或措施；中间各层为准则层，为评价准则、子准则，多位影响因素。

层次间的支配关系不一定是完全的，即每层元素不一定支配下一层的所有元素，多数情况下只是支配下一层的部分元素。一般要求，每个元素支配的元素个数不超过9个，元素过多应进一步分组。

2. 构建两两比较判断矩阵

层次模型建立后，上下元素间的依赖关系就建立了起来，为考察下层的各支配元素对上层元素重要性程度，需对同一层次的各元素关于上一层次中某一准则的重要性进行两两比较，建立两两比较判断矩阵 $A=(a_{ij})$。a_{ij} 是第 i 元素与第 j 元素重要性比较标度，其值越大说明第 i 元素越重要，一般的要求 $a_{ij}>0$，$a_{ii}=1$，且 $a_{ji}=1/a_{ij}$。

3. 计算单个判断矩阵对应的权重向量

判断矩阵记录了下层元素相对于上层某一元素重要性的比较结果，下面的问题就是根据判断矩阵确定下层元素相对于上层元素的影响权重向量，同时对判断矩阵进行一致性检验，考察判断矩阵的合理性。权重向量的计算方法有和法、根法、对数最小二乘法、特征根法等。和法是取判断矩阵各列归一化后的算术平均值为权重向量；根法是取判断矩阵各列归一化后的几何平均值为权重向量；对数最小二乘法是通过数据拟合方法，选取使得对数残差平方和最小的向量作为权重向量；特征根法是以判断矩阵的最大特征根对应的特征向量归一化后的结果作为权重向量。

在计算权重向量前，为考察判断矩阵的合理性，应进行一致性检验。

4. 计算各层元素对目标层的合成权重向量

以上得到的是下层一组元素对上层某一元素的权重向量，但综合评价最终要得到各元素对最上层的决策目标的影响权重，应自上而下合成各层元素对决策目标的总的权重向量。合成方法如下所述。

若第 $k-1$ 层上各元素对决策目标的权重向量（列向量）为 W_{k-1}，第 k 层各元素对第 $k-1$ 层各元素的权重向量（列向量）为 $P_1,P_2,\cdots\cdots,P_{n_{k-1}}$，其中 n_{k-1} 为第 $k-1$ 层元素个数，P_i 对应为第 k 层所有元素相对于 $k-1$ 层第 i 个元素的权重向量。则第 k 层各元素对决策目标的权重向量为

$$W_k = (P_1 P_2 \cdots\cdots P_{n_{k-1}}) * W_{k-1}$$

4.3.6 事件树分析法

事件树分析（Event Tree Analysis，ETA）又称决策树分析，是风险分析的一种重要方法。它是在给定系统事件的情况下，分析此事件可能导致的各种事件的一系列结果，从而定性与定量地评价系统的特性，并可帮助人们做出处理或防范的决策。

事件树描述了初始事件一切可能的发展方式与途径。事件树的每个环节事件（除顶事件外）均

执行一定的功能措施以预防事故的发生，且其均具有二元性结果（成功或失败），在事件树建立过程中可以吸收专家知识。事件树虽然列举了导致事故发生的各种事故序列组，但这只是中间步骤，并非最后结果，有了这个中间步骤就可以进一步来整理初始事件与减少系统风险概率措施之间的复杂关系，并识别除事故序列组所对应的事故场景。

4.3.7　原因-后果分析

原因-后果分析（Cause Consequence Analysis，CCA）实际上是故障树分析和事件树分析的混合。这种方法结合了原因分析（故障树分析）和后果分析（事件树分析），因此使用演绎以及归纳的分析方法。原因-后果分析的目的是识别出导致突发后果的事件链。根据原因-后果分析图中不同事件的发生概率，我们就可以计算出不同后果发生的概率，从而确定系统的风险等级。

4.3.8　概率风险评估和动态风险概率评估

概率风险评估和动态风险概率评估是定性评估与定量计算相结合的风险分析方法，是以事件树和故障树为核心的分析方法。将其运用到系统安全风险分析领域。

其分析步骤如下。

（1）识别系统中存在的事件，找出风险源。

（2）对各风险源考察其在系统安全中的地位及相互逻辑关系，给出系统的风险源树。

（3）标识各风险源后果大小及风险概率。

（4）对风险源通过逻辑及数学方法进行组合，最后得到系统风险的度量。

如果是用动态风险概率评估进行评估，则尚须考虑它们在时间上的关系。

概率风险评估运用主逻辑图（Master Logic Diagram）、事件树分析以及故障树综合对风险进行评估，提供一种将系统逐步分解转化为初始事件的方法，并最终确定导致系统失败的事件组合及失效概率。

4.3.9　OCTAVE 模型

1999 年，卡内基·梅隆大学的 SEI 发布了 OCTAVE 框架，这是一种自主型信息安全风险评估方法。OCTAVE 方法是 Alberts 和 Dorofee 共同研究的成果，这是一种从系统的、组织的角度开发的新型信息安全保护方法，主要针对大型组织，中小型组织也可以对其适当裁剪，以满足自身需要。

它的实施分为 3 个阶段。

（1）建立基于资产的威胁配置文件（Threat Profile）。这是从组织的角度进行的评估。组织的全体员工阐述他们的看法，如什么对组织重要（与信息相关的资产），应当采取什么样的措施保护这些资产等。分析团队整理这些信息，确定对组织最重要的资产（关键资产）并标识对这些资产的威胁。

（2）标识基础结构的弱点。这是对计算基础结构进行的评估。分析团队标识出与每种关键资产相关的关键信息技术系统和组件，然后对这些关键组件进行分析，找出导致对关键资产产生未授权行为的弱点（技术弱点）。

（3）开发安全策略和计划。分析团队标识出组织关键资产的风险，并确定要采取的措施。根据对收集到的信息所做的分析，为组织开发保护策略和缓和计划，以解决关键资产的风险。

4.4　数据采集方法与评价工具

本节主要对信息安全风险分析的数据采集方法，以及风险评估过程中的辅助工具进行总结研究。

4.4.1　风险分析数据的采集方法

风险评估过程中，可以利用一些辅助性的工具和方法来采集数据，包括以下几种。

1．调查问卷

风险评估者通过问卷形式对组织信息安全的各个方面进行调查，问卷解答可以进行手工分析，也可以输入自动化评估工具进行分析。从问卷调查中，评估者能够了解到组织的关键业务、关键资产、主要威胁、管理上的缺陷、采用的控制措施和安全策略的执行情况。

要收集相关信息，风险评估人员可以设计一套关于 IT 系统中计划的或正在使用的管理或操作控制的调查问卷。可将这套调查问卷发给那些设计或支持 IT 系统的技术或非技术管理人员。调查问卷也可以在现场或面谈时使用。

2．检查列表

检查列表通常是基于特定标准或基线建立的，对特定系统进行审查的项目条款，通过检查列表，操作者可以快速定位系统目前的安全状况与基线要求之间的差距。

3．人员访谈

风险评估者通过与组织内关键人员的访谈，可以了解到组织的安全意识、业务操作、管理程序等重要信息。

和 IT 系统的支持或管理人员面谈有助于风险评估人员收集 IT 系统有用的信息（如系统是如何操作和管理的）。现场参观也能让风险评估人员观察并收集到 IT 系统在物理、环境、和操作方面的信息。对于那些仍然在设计阶段的系统，现场参观将是面对面的数据收集过程并可提供机会来评价 IT 系统将运行的物理环境。

4．文档检查

策略文档（如法律文档、方针等）、系统文档（如系统用户指南、管理员手册、系统设计和需求文档等）、安全相关的文档（如以前的审计报告、风险评估报告、系统测试结果、系统安全计划、安全策略等）可以提供关于 IT 系统已经使用或计划使用的安全控制方面的有用信息。机构使命影响分析或资产关键性评估提供了关于系统和数据关键性和敏感性方面的信息。

5．漏洞扫描器

漏洞扫描器（包括基于网络探测和基于主机审计）可以对信息系统中存在的技术性漏洞（弱点）进行评估。许多扫描器都会列出已发现漏洞的严重性和被利用的容易程度。典型工具有 Nessus、ISS、CyberCop Scanner 等。

6．渗透测试

渗透测试方法是一种模拟黑客行为的漏洞探测活动，它不但要扫描目标系统的漏洞，还会通过漏洞利用来验证此种威胁场景。

4.4.2　风险评价工具

目前安全评估工具软件很多，通过 Internet 也很容易获取，这些软件有专门针对某些安全漏洞而设计的，也有一些是针对整个系统综合进行测试和评估的。

一些主动的技术方法可以被用来有效地收集系统信息。例如，一个网络映射工具可以识别出运行在一大群主机上的服务，并提供一个快捷的方法为目标 IT 系统建立个体轮廓。

在这里，简要地介绍几种比较常见的综合性的安全分析软件。

1．Safe Suite 套件

Safe Suite 套件是 Internet Security Systems（简称 ISS）公司开发的网络脆弱点检测软件，它由 Internet 扫描器（Internet Scanner）、系统扫描器（System Scanner）、数据库扫描器（DBS Scanner）、

实时监控器（Real Secure）和 Safe Suite 套件决策软件（Safe Suite Decisions）所构成，它通过对 Web 站点、防火墙、路由器、外部网络、操作系统、联网的 UNIX 系统以及 Windows NT 主机和工作站进行安全风险监测和响应，以实现对整个企业的信息的保护，是一个比较完善的从技术角度对信息系统进行评估的软件。

（1）Internet 扫描器。

Internet 扫描器是一种用于分析企业的网上设备安全性的弱点评估产品。它对网络设备进行自动的安全漏洞检测和分析，并且在执行过程中支持基于策略的安全风险管理过程。另外，它能够执行预定的或事件驱动的网络探测，包括对网络通信服务、操作系统、路由器、电子邮件、防火墙和应用程序的检测，从而识别那些能被入侵者利用来非法进入网络的漏洞。它能够给出检测到的漏洞信息，包括漏洞的位置、详细的描述以及建议的改进方案等。这种策略允许管理员侦测和管理安全风险信息，并随着开放的网络应用和迅速增长的网络规模做出相应的改变。

（2）系统扫描器。

系统扫描器是一个基于主机的安全评估系统。与网络扫描器的区别在于，它提供了基于主机的安全评估策略以分析系统的漏洞。它在系统层上通过依附于主机上的扫描器，代理侦测主机内部的漏洞。这些扫描器代理的安全策略由系统扫描器控制台进行集中管理和配置。它还能够严格地对安全风险级别进行划分。在 UNIX 系统上，它能够对大量的安全问题自动产生修补程序脚本。一旦系统被确认处于安全的状态后，它会使用一种数字指纹来锁定当前系统配置，以便更容易发现后来的非法访问。

（3）数据库扫描器。

数据库扫描器可以扫描的数据库包括 Microsoft SOL Server 6.0/7.0、Sybase Adaptive Server 和 Oracle 等。它是一种先进的数据库安全审计工具，能够通过建立、依据、强制执行安全策略来保护数据库应用的安全。它可以自动识别数据库系统潜在的安全问题，从强度低的脆弱性口令到 2000 年兼容性问题，以至特洛伊木马问题等。它有内置的知识库，可以生成详尽通俗的报告，并能对违反和不遵循策略的配置提出修改建议。

（4）实时监控器。

实时监控器是一个基于计算机系统和网络之上的实时的入侵检测、报警、响应和防范系统，由管理控制台以及由网络引擎和系统代理组成的探测器构成。它将基于网络的和基于主机的入侵检测技术、分布式技术和可生存技术完美地结合起来，对系统事件和传输的网络数据进行实时监控，并对可疑的行为提供自动监测和安全响应，使用户的系统在受到危害之前即可截取并终止非法入侵的行为和内部网络的误用，从而最大程度地降低了安全风险，保护了企业网络的系统安全。

（5）Safe Suite 套件决策软件。

Safe Suite 套件决策软件是针对企业应用软件设计的，它能够将安全信息按风险高低分成等级并集中存放，使决策者能够及时采取行动对必要的信息进行保护。它能从所有安氏的产品及其他安全产品（如防火墙）中获取信息，并能使用户轻松地了解整个企业的网络安全状况。

2．Kane Security Analyst

Kane Security Analyst 系统安全分析软件是 Intrusion 公司的产品，它能够从 6 个关键的安全领域对系统进行检查，分别是口令字强度、访问权限控制、用户账号限制、系统监控、数据完整性和数据保密强度。此软件不仅针对特定的脆弱点进行检查，而且针对系统的必要安全防御措施进行检查。

3．Web Trends Security Analyzer

Web Trends Security Analyzer 是主要针对 Web 站点安全的检测和分析软件，它是 NetIQ-Web Trends 公司的系列产品。其系列产品为企业提供一套完整的、可升级的、模块式的、易于使用的解决方案。产品系列包括 WebTrends Reporting Center、Analysis Suite、WebTrends Log Analyzer、Security Analyzer、Web Trends Firewall Suite、WebTrends Live 等，它可以找出大量隐藏在 Linux 和 Windows 服务器、防火墙、路由器等软件中的威胁和脆弱点，并可针对 Web 和防火墙日志进行分析，由它生成的 HTML 格式的报告被认为是目前市场上做得最好的。报告里对找到的每个脆弱点都进行了说明，并根据脆弱点的优先级进行了分类，除此之外，报告还包括一些消除风险、保护系统的建议。

4. COBRA

COBRA（Consultative Objective and Bi-functional Risk Analysis，咨询、目标双重风险分析）是基于 BS 7799 标准而开发的标准符合性分析软件，是英国的 C&A 系统安全公司推出的一套风险分析工具软件。它具有如下功能：预测标准中的十大部分的符合程度；确定哪些控制措施能有效地提高被评估系统的安全；产生一个结果报告。此软件只是 BS 7799 标准的符合性验证，实际上它就是一个代替人对被评估系统进行 BS 7799 标准的符合性验证的软件工具。

COBRA 通过问卷的方式来采集和分析数据，并对组织的风险进行定性分析，最终的评估报告中包含已识别风险的水平和推荐措施。此外，COBRA 还支持基于知识的评估方法，可以将组织的安全现状与 ISO/IEC 17799 标准相比较，从中找出差距，提出弥补措施。C&A 公司提供了 COBRA 试用版下载：http://www.security-risk-analysis.com/cobdown.htm。

5. CRAMM

CRAMM（CCTA Risk Analysis and Management Method）是由英国政府的中央计算机与电信局（Central Computer and Telecommunications Agency，CCTA）于 1985 年开发的一种定量风险分析工具，同时支持定性分析。经过多次版本更新（现在是第四版），目前由 Insight 咨询公司负责管理和授权。CRAMM 是一种可以评估信息系统风险并确定恰当对策的结构化方法，适用于各种类型的信息系统和网络，也可以在信息系统生命周期的各个阶段使用。CRAMM 的安全模型数据库基于著名的"资产/威胁/弱点"模型，评估过程经过资产识别与评价、威胁和弱点评估、选择合适的推荐对策这 3 个阶段。CRAMM 与 BS 7799 标准保持一致，它提供的可供选择的安全控制多达 3000 个。除了风险评估，CRAMM 还可以对符合 99vIL（99v Infrastructure Library）指南的业务连续性管理提供支持。

6. ASSET

ASSET（Automated SecuritySelf-Evaluation Tool）是 NIST 发布的一个可用来进行安全风险自我评估的自动化工具，它采用典型的基于知识的分析方法，利用问卷方式来评估系统安全现状与 NIST SP 800-26 指南之间的差距。NIST SP 800-26，即信息技术系统安全自我评估指南（Security Self-Assessment Guide for Information Technology Systems），为组织进行 99v 系统风险评估提供了众多控制目标和建议技术。ASSET 是一个免费工具，可以在 NIST 的网站下载：http://icat.nist.gov。

7. CORA

CORA（Cost-of-Risk Analysis）是由国际安全技术公司（International Security Technology，IST.）开发的一种风险管理决策支持系统，它采用典型的定量分析方法，可以方便地采集、组织、分析并存储风险数据，为组织的风险管理决策支持提供准确的依据。

从上面的这些软件中可以看到，它们在运用于信息安全的风险评估中时都存在很多的不足。因此，迫切需要开发一个更合乎信息安全风险评估的工具。

4.5　风险评估实例报告

本节给出一个典型的信息安全风险评估报告通用格式，如下所示。

附件：

国家电子政务工程建设项目非涉密信息系统
信息安全风险评估报告格式

项 目 名 称：_____

项目建设单位：_____

风险评估单位：_____

年　月　日

目　　录

1　风险评估项目概述

1.1　工程项目概况

1.1.1　建设项目基本信息

工程项目名称		
工程项目批复的建设内容	非涉密信息系统部分的建设内容	
	相应的信息安全保护系统建设内容	
项目完成时间		
项目试运行时间		

1.1.2　建设单位基本信息

工程建设牵头部门

部门名称	
工程责任人	
通信地址	
联系电话	
电子邮件	

工程建设参与部门

部门名称	
工程责任人	
通信地址	
联系电话	
电子邮件	

如有多个参与部门，分别填写上

1

1.1.3　承建单位基本信息

如有多个承建单位，分别填写下表。

企业名称	
企业性质	是国内企业/还是国外企业
法人代表	
通信地址	
联系电话	
电子邮件	

1.2　风险评估实施单位基本情况

评估单位名称	
法人代表	
通信地址	
联系电话	
电子邮件	

2　风险评估活动概述

2.1　风险评估工作组织管理

描述本次风险评估工作的组织体系（含评估人员构成）、工作原则和采取的保密措施。

2.2　风险评估工作过程

工作阶段及具体工作内容。

2.3　依据的技术标准及相关法规文件

2.4 保障与限制条件

需要被评估单位提供的文档、工作条件和配合人员等必要条件，以及可能的限制条件。

3 评估对象

3.1 评估对象构成与定级

3.1.1 网络结构

文字描述网络构成情况、分区情况、主要功能等，提供网络拓扑图。

3.1.2 业务应用

文字描述评估对象所承载的业务及其重要性。

3.1.3 子系统构成及定级

描述各子系统构成。根据安全等级保护定级备案结果，填写各子系统的安全保护等级定级情况表。

各子系统的定级情况表

序号	子系统名称	安全保护等级	其中业务信息安全等级	其中系统服务安全等级

3.2 评估对象等级保护措施

按照工程项目安全域划分和保护等级的定级情况，分别描述不同保护等级保护范围内的子系统各自所采取的安全保护措施，以及等级保护的测评结果。

根据需要，以下子目录按照子系统重复。

3.2.1 ××子系统的等级保护措施

根据等级测评结果，××子系统的等级保护管理措施情况见附表一。

根据等级测评结果，××子系统的等级保护技术措施情况见附表二。

3.2.2 子系统 N 的等级保护措施

3

4　资产识别与分析

4.1　资产类型与赋值

4.1.1　资产类型

按照评估对象的构成,分类描述评估对象的资产构成。详细的资产分类与赋值,以附件形式附在评估报告后面,见附件 3《资产类型与赋值表》。

4.1.2　资产赋值

填写《资产赋值表》。

资产赋值表

序号	资产编号	资产名称	子系统	资产重要性

4.2　关键资产说明

在分析被评估系统的资产基础上,列出对评估单位十分重要的资产,作为风险评估的重点对象,并以清单形式列出如下:

关键资产列表

资产编号	子系统名称	应用	资产重要程度权重	其他说明

5　威胁识别与分析

对威胁来源（内部/外部；主观/不可抗力等）、威胁方式、发生的可能性,威胁主体的能力水平等进行列表分析。

4

5.1 威胁数据采集

5.2 威胁描述与分析

依据《威胁赋值表》，对资产进行威胁源和威胁行为分析。

5.2.1 威胁源分析

填写《威胁源分析表》。

5.2.2 威胁行为分析

填写《威胁行为分析表》。

5.2.3 威胁能量分析

5.3 威胁赋值

填写《威胁赋值表》。

6 脆弱性识别与分析

按照检测对象、检测结果、脆弱性分析分别描述以下各方面的脆弱性检测结果和结果分析。

6.1 常规脆弱性描述

6.1.1 管理脆弱性

6.1.2 网络脆弱性

6.1.3 系统脆弱性

6.1.4 应用脆弱性

5

6.1.5　数据处理和存储脆弱性

6.1.6　运行维护脆弱性

6.1.7　灾备与应急响应脆弱性

6.1.8　物理脆弱性

6.2　脆弱性专项检测

6.2.1　木马病毒专项检查

6.2.2　渗透与攻击性专项测试

6.2.3　关键设备安全性专项测试

6.2.4　设备采购和维保服务专项检测

6.2.5　其他专项检测

包括电磁辐射、卫星通信、光缆通信等。

6.2.6　安全保护效果综合验证

6.3　脆弱性综合列表

填写《脆弱性分析赋值表》。

7　风险分析

7.1　关键资产的风险计算结果

填写《风险列表》。

风险列表

资产编号	资产风险值	资产名称

6

7.2 关键资产的风险等级

7.2.1 风险等级列表

填写《资产风险等级表》。

资产风险等级表

资产编号	资产风险值	资产名称	资产风险等级

7.2.2 风险等级统计

资产风险等级统计表

风险等级	资产数量	所占比例

7.2.3 基于脆弱性的风险排名

基于脆弱性的风险排名表

脆弱性	风险值	所占比例

7.2.4 风险结果分析

8 综合分析与评价

9 整改意见

7

本章小结

本章重点阐述了信息安全风险评估策略、评估流程以及评估方法，并最终给出一个风险评估实例报告。总结典型的风险分析方法，研究每一分析方法的优缺点、适用范围，以及各种方法之间的关系等；同时结合国内各主要信息安全风险评估公司实施信息安全风险评估的过程，以及电子政务部门实施风险评估的过程，探讨在适合我国国情的信息安全风险评估过程，以促进风险评估过程的合理化、可操作化，并真正地起到风险评估的目的。通过对数据采集方法与风险评估过程中的辅助工具的研究，希望归纳适合我国信息安全现状、适合不同行业需要的数据采集方法；并通过对系统辅助工具的研究，为进一步开发出适合我国的风险分析与评估工具以做借鉴。

习题

一、选择题

1. （　　　）是对资产的价值或重要程度进行评估，资产本身的货币价值是资产价值的体现，但更重要的是资产对组织关键业务的顺利开展乃至组织目标实现的重要程度。
　　A．资产的评价　　　B．资产识别　　　　C．资产　　　　　　D．调查

2. （　　　）是由 Bell 电话试验室的 Waston.HA 于 1961 年提出的，作为分析系统可靠性的数学模型，通过把可能造成系统故障（顶事件）的各种因素（底事件）进行分析，确定发生故障的各种组合，计算相应的概率，找出纠正措施，从而提高系统的可靠性。
　　A．故障树分析　　　　　　　　　　B．故障模式影响及危害性分析
　　C．模糊综合评价法　　　　　　　　D．层次分析法

3. （　　　）实际上是故障树分析（FTA）和事件树分析（ETA）的混合。
　　A．模糊综合评价法　　　　　　　　B．故障树分析
　　C．层次分析法　　　　　　　　　　D．原因–后果分析

4. （　　　）通常是基于特定标准或基线建立的，对特定系统进行审查的项目条款，操作者可以快速定位系统目前的安全状况与基线要求之间的差距。
　　A．检查列表　　　B．调查问卷　　　C．人员访谈　　　D．文档检查

5. （　　　）方法是一种模拟黑客行为的漏洞探测活动，它不但要扫描目标系统的漏洞，还会通过漏洞利用来验证此种威胁场景。
　　A．漏洞扫描器　　　B．文档检查　　　C．检查列表　　　D．渗透测试

二、填空题

1. _____是风险管理的基础，是组织确定信息安全要求的途径之一，属于组织信息安全管理体系策划的过程。

2. 风险评估的准备工作主要包括_____、_____、_____、_____、_____、_____。

3. _____就是利用资产、威胁、脆弱点识别与评估结果，以及已有安全措施的确认与分析结果，对资产面临的风险进行分析。

4. OCTAVE 模型的实施分为_____、_____、_____。

5. _____是一种用于分析企业的网上设备安全性的弱点评估产品。

三、简答题

1. 画出风险评估流程图。
2. 风险评估文件记录包括哪些？
3. 概率风险评估和动态风险概率评估的分析步骤是什么？
4. 社会稳定风险评估的基本原则是什么？

第 5 章

信息系统安全测评

信息系统的安全测评，是由具有检测技术能力和政府授权资格的权威机构，依据国家标准、行业标准、地方标准或相关技术规范，按照严格程序对信息系统的安全保障能力进行的科学、公正的综合测试评估活动。测评中心将综合分析系统测试过程中有关现场核查、技术测试以及安全管理体系评估的结果，对其系统安全要求符合性和安全保障能力做出综合评价，提出相关改进建议，并出具相应的系统安全测评报告。

5.1 信息系统安全测评原则

1. 客观性和公正性原则

测评工作虽然不能完全摆脱个人主张或判断，但测评人员应当在没有偏见和最小主观判断情形下，按照测评双方相互认可的测评方案，基于明确定义的测评方法和过程，实施测评活动。

2. 经济性和可重用性原则

基于测评成本和工作复杂性考虑，鼓励测评工作重用以前的测评结果，包括商业安全产品测评结果和信息系统先前的安全测评结果。所有重用的结果，都应基于这些结果还能适用于目前的系统，能反映目前系统的安全状态。

3. 可重复性和可再现性原则

无论谁执行测评，依照同样的要求，使用同样的方法，对每个测评实施过程的重复执行都应该得到同样的测评结果。可再现性体现在不同测评者执行相同测评的结果的一致性。可重复性体现在同一测评者重复执行相同测评的结果的一致性。

4. 符合性原则

测评所产生的结果应当是在对测评指标的正确理解下所取得的良好的判断。测评实施过程应当使用正确的方法以确保其满足测评指标的要求。

5.2 信息系统安全等级测评要求

GB/T 28448—2012《信息安全技术 信息系统安全等级保护测评要求》对信息系统进行安全等级保护测试评估的技术活动提出要求，用以指导测评人员从信息安全等级保护的角度对信息系统进行测试评估。GB/T 28448—2012 规定了对实现的信息系统是否符合 GB/T 22239—2008 所进行的测试评估活动的要求，包括对第一级信息系统、第二级信息系统、第三级信息系统和第四级信息系统进行测试评估的要求，略去对第五级信息系统进行测评的要求。

5.2.1 术语和定义

1. 访谈

访谈（Interview）是指测评人员通过引导信息系统相关人员进行有目的的（有针对性的）交流以帮助测评人员理解、澄清或取得证据的过程。

2. 检查

检查（Examination）是指测评人员通过对测评对象（如制度文档、各类设备、安全配置等）进行观察、查验、分析以帮助测评人员的理解、澄清或取得证据的过程。

3. 测试

测试（Testing）是指测评人员使用预定的方法/工具使测评对象（各类设备和安全配置）产生特定的结果，将运行结果与预期的结果进行对比的过程。

5.2.2 测评框架

信息系统安全等级保护测评（以下简称等级测评）的概念性框架由三部分构成：测评输入、测评过程和测评输出。测评输入包括 GB/T 22239—2008 第四级目录（即安全控制点的唯一标识符）和采用该安全控制的信息系统的安全保护等级（含业务信息安全保护等级和系统服务保护等级）。过程组件为一组与输入组件中所标识的安全控制相关的特定测评对象和测评方法。输出组件包括一组由测评人员使用的用于确定安全控制有效性的程序化陈述。图 5-1 给出了测评框架。

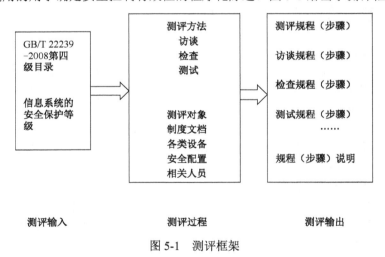

图 5-1　测评框架

测评对象是指测评实施的对象，即测评过程中涉及的制度文档、各类设备及其安全配置和相关人员等。制度文档是指针对信息系统所制定的相关联的文件（如政策、程序、计划、系统安全需求、功能规格及建筑设计）。各类设备是指安装在信息系统之内或边界，能起到特定保护作用的相关部件（如硬件、软件、固件或物理设施）。安全配置是指信息系统所使用的设备为了贯彻安全策略而进行的设置。相关人员或部门，是指应用上述制度、设备及安全配置的人。

对于框架来说，每一个被测安全控制（不同级别）均有一组与之相关的预先定义的测评对象（如制度文档、各类设备及其安全配置和相关人员）。

测评方法：在框架的测评过程组件中，测评方法包括访谈、检查和测试（说明见术语），测评人员通过这些方法试图获取证据。上述 3 种测评方法（访谈、检查和测评）的测评结果都用以对安全控制的有效性进行评估。

上述的评估方法都有一组相关属性来规范测评方法的测评力度。这些属性是广度（覆盖面）和深度。对于每一种测评方法都标识（定义）了唯一属性，深度特性适用于访谈和检查，而覆盖面特性则适用于全部 3 种测评方法。

5.2.3　等级测评内容

等级测评的实施过程由单元测评和整体测评两部分构成。

针对基本要求各安全控制点的测评称为单元测评。单元测评是等级测评工作的基本活动，支持测评结果的可重复性和可再现性。每个单元测评包括测评指标、测评实施和结果判定三部分。其中，测评指标来源于 GB/T 22239—2008 第四级目录中的各要求项，测评实施描述为对测评活动输入、测评对象、测评步骤和方法的要求，结果判定描述测评人员执行测评实施并产生各种测评数据后，如何依据这些测评数据来判定被测系统是否满足测评指标要求的原则和方法。

单元测评满足概念性框架的三部分内容：测评输入、测评过程和测评输出。

整体测评是在单元测评的基础上，通过进一步分析信息系统的整体安全性，对信息系统实施的综合安全测评。整体测评主要包括安全控制点间、层面间和区域间相互作用的安全测评以及系统结构的安全测评等。整体测评需要与信息系统的实际情况相结合，因此全面地给出整体测评要求的全部内容、具体实施过程和明确的结果判定方法是非常困难的，测评人员应根据被测系统的实际情况，结合本标准的要求，实施整体测评。

5.2.4　测评力度

测评力度是在测评过程中实施测评工作的力度，反映测评的广度和深度，体现为测评工作的实际投入程度。测评广度越大，测评实施的范围越大，测评实施包含的测评对象就越多；测评深度越深，越需要在细节上展开，测评就越严格，因此就越需要更多的投入。投入越多，测评力度就越强，测评就越有保证。测评的广度和深度落实到访谈、检查和测试 3 种不同的测评方法上，能体现出测评实施过程中访谈、检查和测试的投入程度的不同。

信息安全等级保护要求不同安全保护等级的信息系统应具有不同的安全保护能力，满足相应等级的保护要求。为了检验不同安全保护等级的信息系统是否具有相应等级的安全保护能力，是否满足相应等级的保护要求，需要实施与其安全保护等级相适应的测评，付出相应的工作投入，达到应有的测评力度。第一级到第四级信息系统的测评力度反映在访谈、检查和测试 3 种基本测评方法的测评广度和深度上，落实在不同单元测评中具体的测评实施上。

5.2.5　使用方法

GB/T 28448—2012 第 5～8 章分别描述了第一级信息系统、第二级信息系统、第三级信息系统和第四级信息系统所有单元测评的内容，在章节上分别对应 GB/T 22239—2008 的第 5～8 章。在GB/T 22239—2008 第 5～8 章中，各章的二级目录都分为安全技术和安全管理两部分，三级目录从安全层面（如物理安全、网络安全、主机安全等）进行划分和描述，四级目录按照安全控制点进行划分和描述（如主机安全层面下分为身份鉴别、访问控制、安全审计等），第五级目录是每一个安全控制点下面包括的具体安全要求项（以下简称要求项，这些要求项在本标准中被称为测评指标）。GB/T 28448—2012 中针对每一个安全控制点的测评就构成一个单元测评，单元测评中的每一个具体测评实施要求项（以下简称测评要求项）是与安全控制点下面所包括的要求项（测评指标）相对应的。在对每一要求项进行测评时，可能用到访谈、检查和测试 3 种测试方法，也可能用到其中一种或两种，为了描述简洁，在测评要求项中，没有针对每一个要求项分别进行描述，而是对具有相同测评方法的多个要求项进行了合并描述，但测评实施的内容完全覆盖了 GB/T 22239—2008 中所有要求项的测评要求，使用时，应当从单元测评的测评实施中抽取出对于 GB/T 22239—2008 中每一个要求项的测评要求，并按照这些测评要求开发测评指导书，以规范和指导安全等级测评活动。

测评过程中，测评人员应注意对测评记录和证据的采集、处理、存储和销毁，保护其在测期间免遭破坏、更改或遗失，并保守秘密。

测评的最终输出是测评报告，测评报告应结合 5.2.8 的要求给出等级测评结论。

5.2.6 信息系统单元测评

信息系统单元测评分为第一级信息系统单元测评、第二级信息系统单元测评、第三级信息系统单元测评、第四级信息系统单元测评、第五级信息系统单元测评。

每一级信息系统单元单元测评分为安全技术测评和安全管理测评两部分。而每级安全技术测评又包括物理安全、网络安全、主机安全、应用安全和数据安全及备份恢复 5 个方面。每一级的安全管理测评包括安全管理制度、安全管理机构、人员安全管理、系统安全管理和系统运维管理 5 个方面。

物理安全包括物理位置的选择、物理访问控制、防盗窃和防破坏、防雷击、防火、防水和防潮、防静电、温湿度控制、电力供应、电磁防护等方面。

网络安全的定义是：网络系统的硬件、软件及其系统中的数据受到保护，不因偶然的或者恶意的原因而遭受到破坏、更改、泄露，系统连续可靠正常地运行，网络服务不中断。网络安全包括结构安全、访问控制、安全审计、边界完整性检查、入侵防范、恶意代码防范、网络设备防护等方面。

主机安全主要包括身份鉴别、安全标记、访问控制、可信路径、安全审计、剩余信息保护、入侵防范、恶意代码防范、资源控制等方面。

应用安全的定义是：针对应用程序或工具在使用过程中可能出现的计算、传输数据的泄露和失窃，通过其他安全工具或策略来消除隐患。应用安全具体包括身份鉴别、安全标记、访问控制、可信路径、安全审计、剩余信息保护、通信完整性、通信保密性、抗抵赖、软件容错、资源控制等方面。

数据安全及备份恢复包括数据完整性、数据保密性、备份和恢复几个方面。

安全管理制度包括管理制度、制定和发布、评审和修订等方面。

安全管理机构包括岗位设置、人员配备、授权和审批、沟通和合作、审核和检查等方面。

人员安全管理包括人员录用、人员离岗、人员考核、安全意识教育和培训、外部人员访问管理等方面。

系统建设管理包括系统定级、安全方案设计、产品采购和使用、自行软件开发、外包软件开发、工程实施、测试验收、系统交付、系统备案、安全服务商选择等。

系统运维管理包括环境管理、资产管理、介质管理、设备管理、监控管理和安全管理中心、网络安全管理、系统安全管理、恶意代码防范管理、密码管理、变更管理、备份与恢复管理、安全事件处置、应急预案管理。

以下给出第一级信息系统单元测评方法，其他级别信息系统单元测评框架请参考 GB/T 28448—2012。

第一级信息系统单元测评

一、安全技术测评

1．物理安全

1）物理访问控制

（1）测评指标。

见 GB/T 22239—2008 5.1.1.1。

（2）测评实施。

本项要求包括以下内容。

① 应检查机房出入口是否有专人负责控制人员出入。

② 应检查是否有来访人员进入机房的登记记录。

（3）结果判定。

如果（2）中①和②均为肯定，则信息系统符合本单元测评指标要求，否则，信息系统不符合或部分符合本单元测评指标要求。

2）防盗窃和防破坏

（1）测评指标。

见 GB/T 22239—2008 5.1.1.2。

（2）测评实施。

本项要求包括以下内容。

① 应检查关键设备是否放置在机房内。

② 应检查关键设备或主要部件是否固定。

③ 应检查关键设备或主要部件上是否设置明显的不易除去的标记。

（3）结果判定。

如果 2）的（2）中的①～③均为肯定，则信息系统符合本单元测评指标要求，否则，信息系统不符合或部分符合本单元测评指标要求。

3）防雷击

（1）测评指标。

见 GB/T 22239—2008 5.1.1.3。

（2）测评实施。

本项要求包括以下内容。

① 应访谈物理安全负责人，询问机房建筑是否设置了避雷装置，是否通过验收或国家有关部门的技术检测。

② 应检查机房建筑物的防雷验收文档是否设置避雷装置的说明。

（3）结果判定。

如果 3）的（2）中①和②均为肯定，则信息系统符合本单元测评指标要求，否则，信息系统不符合或部分符合本单元测评指标要求。

4）防火

（1）测评指标。

见 GB/T 22239—2008 5.1.1.4。

（2）测评实施。

应检查机房是否设置了灭火设备，灭火设备是否是经消防检测部门检测合格的产品，其有效期是否合格。

（3）结果判定。

如果 4）的（2）为肯定，则信息系统符合本单元测评指标要求，否则，信息系统不符合或部分符合本单元测评指标要求。

5）防水和防潮

（1）测评指标。

见 GB/T 22239—2008 5.1.1.5。

（2）测评实施。

本项要求包括以下内容。

① 应检查穿过主机房墙壁或楼板的给水排水管道是否采取必要的防渗漏和防结露等保护措施。

② 应检查机房的窗户、屋顶和墙壁等是否未出现过漏水、渗透和返潮现象，机房的窗户、屋顶和墙壁是否进行过防水防渗处理。

（3）结果判定。

如果 5）的（2）中①和②均为肯定，则信息系统符合本单元测评指标要求，否则，信息系统不符合或部分符合本单元测评指标要求。

6）温湿度控制

（1）测评指标。

见 GB/T 22239—2008 5.1.1.6。

（2）测评实施。

应检查机房内是否有温湿度控制设施，有温湿度控制设施是否正常运行，机房温度、相对湿度是否满足电子信息设备的使用要求。

（3）结果判定。

如果 6）的（2）为肯定，则信息系统符合本单元测评指标要求，否则，信息系统不符合或部分符合本单元测评指标要求。

7）电力供应

（1）测评指标。

见 GB/T 22239—2008 5.1.1.7。

（2）测评实施。

应检查机房的计算机系统供电线路上是否设置了稳压器和过电压防护设备，这些设备是否正常运行。

（3）结果判定。

如果 7）的（2）为肯定，则信息系统符合本单元测评指标要求，否则，信息系统不符合或部分符合本单元测评指标要求。

2．网络安全

1）结构安全

（1）测评指标。

见 GB/T 22239—2008 5.1.2.1。

（2）测评实施。

本项要求包括以下内容。

① 应访谈网络管理员，询问关键网络设备的业务处理能力是否满足基本业务需求。

② 应访谈网络管理员，询问接入网络及核心网络的带宽是否满足基本业务需要。

③ 应检查网络拓扑结构图，查看其与当前运行的实际网络系统是否一致。

（3）结果判定。

本项要求包括以下内容。

① 如果（2）的 ③中缺少网络拓扑结构图，则为否定。

② 如果（2）的 ①～③均为肯定，则信息系统符合本单元测评指标要求，否则，信息系统不符合或部分符合本单元测评指标要求。

2）访问控制

（1）测评指标。

见 GB/T 22239—2008 5.1.2.2。

（2）测评实施。

本项要求包括以下内容。

① 应访谈安全管理员，询问网络访问控制的措施有哪些；询问网络访问控制设备具备哪些访问控制功能。

② 应检查边界网络设备，查看是否有正确的访问控制列表，以通过源地址、目的地址、源端口、目的端口、协议等进行网络数据流控制，其控制粒度是否至少为用户组。

（3）结果判定。

如果（2）的②为肯定，则信息系统符合本单元测评指标要求，否则，信息系统不符合或部分符合本单元测评指标要求。

3）网络设备防护

（1）测评指标。

见 GB/T 22239—2008 5.1.2.3。

（2）测评实施。

本项要求包括以下内容。

① 应检查边界和关键网络设备的设备防护策略，查看是否配置了对登录用户进行身份鉴别的功能。

② 应检查边界和关键网络设备的设备防护策略，查看是否配置了鉴别失败处理功能,包括结束会话、限制非法登录次数、登录连接超时自动退出等。

③ 应检查边界和关键网络设备的设备防护策略，查看是否配置了对设备远程管理所产生的鉴别信息进行保护的功能。

（3）结果判定。

如果（2）的①～③均为肯定，则信息系统符合本单元测评指标要求，否则，信息系统不符合或部分符合本单元测评指标要求。

3．主机安全

1）身份鉴别

（1）测评指标。

见 GB/T 22239—2008 5.1.3.1。

（2）测评实施。

应检查关键服务器操作系统和关键数据库管理系统的身份鉴别策略，查看是否提供了身份鉴别措施。

（3）结果判定。

如果（2）为肯定，则信息系统符合本单元测评指标要求，否则，信息系统不符合或部分符合本单元测评指标要求。

2）访问控制

（1）测评指标。

见 GB/T 22239—2008 5.1.3.2。

（2）测评实施。

本项要求包括以下内容。

① 应检查关键服务器操作系统的安全策略，查看是否对重要文件的访问权限进行了限制，对系统不需要的服务、共享路径等进行了禁用或删除。

② 应检查关键服务器操作系统和关键数据库管理系统的访问控制策略，查看是否已禁用或者限制匿名/默认账户的访问权限，是否重命名系统默认账户、修改这些默认账户的口令。

③ 应检查关键服务器操作系统和关键数据库管理系统的访问控制策略，是否删除了系统中多余的、过期的以及共享的账户。

④ 应检查关键服务器操作系统和关键数据库管理系统的权限设置情况，查看是否依据安全策略对用户权限进行了限制。

（3）结果判定。

如果（2）的①～④均为肯定，则信息系统符合本单元测评指标要求，否则，信息系统不符合或部分符合本单元测评指标要求。

3）入侵防范

（1）测评指标。

见 GB/T 22239—2008 5.1.3.3。

（2）测评实施。

本项要求包括以下内容。

① 应访谈系统管理员，询问关键服务器操作系统和关键数据库管理系统中所安装的系统组件和应用程序是否都是必需的。

② 应检查关键服务器操作系统和关键数据库管理系统的补丁是否得到了及时更新。

（3）结果判定。

如果（2）的①和②均为肯定，则信息系统符合本单元测评指标要求，否则，信息系统不符合或部分符合本单元测评指标要求。

4）恶意代码防范

（1）测评指标。

见 GB/T 22239—2008 5.1.3.4。

（2）测评实施。

应检查关键服务器的恶意代码防范策略，查看是否安装了实时检测与查杀恶意代码的软件产品，并且及时更新了软件版本和恶意代码库。

（3）结果判定。

如果（2）为肯定，则信息系统符合本单元测评指标要求，否则，信息系统不符合或部分符合本单元测评指标要求。

4．应用安全

1）身份鉴别

（1）测评指标。

见 GB/T 22239—2008 5.1.4.1。

（2）测评实施。

本项要求包括以下内容。

① 应检查关键应用系统，查看其是否提供身份标识和鉴别功能。

② 应检查关键应用系统，查看其提供的登录失败处理功能，是否根据安全策略配置了相关参数。

（3）结果判定。

如果（2）的①和②均为肯定，则信息系统符合本单元测评指标要求，否则，信息系统不符合或部分符合本单元测评指标要求。

2）访问控制

（1）测评指标。

见 GB/T 22239—2008 5.1.4.2。

（2）测评实施。

本项要求包括以下内容。

① 应检查关键应用系统，查看系统是否提供访问控制功能控制用户组或用户对系统功能和用户数据的访问。

② 应检查关键应用系统，查看是否限制默认用户的访问权限，是否修改了这些账户的默认口令。

③ 应测试关键应用系统，查看是否删除多余的、过期的账户。

（3）结果判定。

如果（2）的①～③均为肯定，则信息系统符合本单元测评指标要求，否则，信息系统不符合或部分符合本单元测评指标要求。

3）通信完整性

（1）测评指标。

见 GB/T 22239—2008 5.1.4.3。

（2）测评实施。

应检查设计、验收文档或源代码，查看是否有关于保护通信完整性的描述。

（3）结果判定。

如果（2）的为肯定，则信息系统符合本单元测评指标要求，否则，信息系统不符合或部分符合本单元测评指标要求。

4）软件容错

（1）测评指标。

见 GB/T 22239—2008 5.1.4.4。

（2）测评实施。

本项要求包括以下内容。

① 应检查设计或验收文档，查看应用系统有对人机接口输入或通信接口输入的数据进行有效性检验功能的说明。

② 应检查关键应用系统，查看应用系统是否能明确拒绝不符合格式要求的数据。

（3）结果判定。

如果（2）的①和②均为肯定，则信息系统符合本单元测评指标要求，否则，信息系统不符合或部分符合本单元测评指标要求。

5. 数据安全及备份恢复

1）数据完整性

（1）测评指标。

见 GB/T 22239—2008 5.1.5.1。

（2）测评实施。

应检查应用系统的设计、验收文档或源代码，查看是否有关于能检测重要业务数据传输过程中完整性受到破坏的描述。

（3）结果判定。

如果（2）为肯定，则信息系统符合本单元测评指标要求，否则，信息系统不符合或部分符合本单元测评指标要求。

2）备份和恢复

（1）测评指标。

见 GB/T 22239—2008 5.1.5.2。

（2）测评实施。

应检查是否对关键网络设备、关键主机操作系统、关键数据库管理系统和关键应用系统的重要信息进行了备份，并定期进行恢复测试。

（3）结果判定

如果（2）为肯定，则信息系统符合本单元测评指标要求，否则，信息系统不符合或部分符合本单元测评指标要求。

二、安全管理测评

1. 安全管理制度

1）管理制度

（1）测评指标。

见 GB/T 22239—2008 5.2.1.1。

（2）测评实施。

应检查各项安全管理制度，查看是否覆盖物理、网络、主机系统、数据、应用、建设和管理等层面。

（3）结果判定。

如果（2）为肯定，则信息系统符合本单元测评指标要求，否则，信息系统不符合或部分符合本单元测评指标要求。

2）制定和发布

（1）测评指标。

见 GB/T 22239—2008 5.2.1.2。

（2）测评实施。

本项要求包括以下内容。

① 应访谈系统安全负责人，询问是否有专人负责制定安全管理制度。

② 应访谈系统安全负责人，询问安全管理制度是否能够发布到相关人员手中。

（3）结果判定。

如果（2）的①和②均为肯定，则信息系统符合本单元测评指标要求，否则，信息系统不符合或部分符合本单元测评指标要求。

2. 安全管理机构

1）岗位设置

（1）测评指标。

见 GB/T 22239—2008 5.2.2.1。

（2）测评实施。

本项要求包括以下内容。

① 应访谈系统安全负责人，询问信息系统是否设置了相关管理岗位，各个岗位的职责分工是否明确。

② 应检查岗位职责分工文档，查看是否明确了相关岗位的职责。

（3）结果判定。

如果（2）的①和②均为肯定，则信息系统符合本单元测评指标要求，否则，信息系统不符合或部分符合本单元测评指标要求。

2）人员配备

（1）测评指标。

见 GB/T 22239—2008 5.2.2.2。

（2）测评实施。

本项要求包括以下内容。

① 应访谈系统安全负责人，询问各个安全管理岗位是否配备了一定数量的人员。

② 应检查安全管理各岗位人员信息表，查看其是否明确相关岗位的人员信息。

（3）结果判定。

如果（2）的①和②均为肯定，则信息系统符合本单元测评指标要求，否则，信息系统不符合或部分符合本单元测评指标要求。

3）授权和审批

（1）测评指标。

见 GB/T 22239—2008 5.2.2.3。

（2）测评实施。

应访谈系统安全负责人，询问是否对信息系统中的关键活动进行审批，审批活动是否得到授权。

（3）结果判定。

如果（2）为肯定，则信息系统符合本单元测评指标要求，否则，信息系统不符合或部分符合本单元测评指标要求。

4）沟通和合作

（1）测评指标。

见 GB/T 22239—2008 5.2.2.4。

（2）测评实施。

本项要求包括以下内容。

① 应访谈系统安全负责人，询问是否与公安机关、电信公司和兄弟单位建立联系。

② 应检查外联单位说明文档，查看外联单位是否包含公安机关、电信公司及兄弟单位，是否说明外联单位的联系人和联系方式等内容。

（3）结果判定。

如果（2）的①和②均为肯定，则信息系统符合本单元测评指标要求，否则，信息系统不符合或部分符合本单元测评指标要求。

3. 人员安全管理

1）人员录用

（1）测评指标。

见 GB/T 22239—2008 5.2.3.1。

（2）测评实施。

本项要求包括以下内容。

① 应访谈人事负责人，询问是否有专门的部门或人员负责人员的录用工作。

② 应访谈人事负责人，询问在人员录用时是否对被录用人的身份和专业资格进行审查。

③ 应检查人员录用管理文档，查看是否说明录用人员应具备的条件（如学历、学位要求，技术人员应具备的专业技术水平，管理人员应具备的安全管理知识等）。

④ 应检查是否具有人员录用时对录用人身份、专业资格等进行审查的相关文档或记录等。

（3）结果判定。

如果（2）的①～④均为肯定，则信息系统符合本单元测评指标要求，否则，信息系统不符合或部分符合本单元测评指标要求。

2）人员离岗

（1）测评指标。

见 GB/T 22239—2008 5.2.3.2。

（2）测评实施。

本项要求包括以下内容。

① 应访谈系统安全负责人，询问是否及时终止离岗人员的所有访问权限，取回各种身份证件、钥匙、徽章以及机构提供的软硬件设备等。

② 应检查是否具有离岗人员交还身份证件、设备等的登记记录。

（3）结果判定。

如果（2）的①和②均为肯定，则信息系统符合本单元测评指标要求，否则，信息系统不符合或部分符合本单元测评指标要求。

3）安全意识教育和培训

（1）测评指标。

见 GB/T 22239—2008 5.2.3.3。

（2）测评实施。

应访谈系统安全负责人，询问是否对各个岗位人员进行安全教育和岗位技能培训，告知相关的安全知识、安全责任和惩戒措施。

（3）结果判定。

如果（2）为肯定，则信息系统符合本单元测评指标要求，否则，信息系统不符合或部分符合本单元测评指标要求。

4）外部人员访问管理

（1）测评指标。

见 GB/T 22239—2008 5.2.3.4。

（2）测评实施。

本项要求包括以下内容。

① 应访谈系统安全负责人，询问对外部人员访问重要区域（如访问机房、重要服务器或设备区等）是否需经有关部门或负责人批准。

② 应检查外部人员访问管理文档，查看是否具有规范外部人员访问机房等重要区域需经过相关部门或负责人批准的管理要求。

（3）结果判定。

如果（2）的①和②均为肯定，则信息系统符合本单元测评指标要求，否则，信息系统不符合或部分符合本单元测评指标要求。

4．系统建设管理

1）系统定级

（1）测评指标。

见 GB/T 22239—2008 5.2.4.1。

（2）测评实施。

本项要求包括以下内容。

① 应访谈系统建设负责人，询问是否参照定级指南确定信息系统安全保护等级。

② 应检查系统定级文档，查看文档是否明确信息系统的边界和信息系统的安全保护等级，是否说明定级的方法和理由，是否有相关部门或主管领导的盖章或签名。

（3）结果判定。

如果（2）的①和②均为肯定，则信息系统符合本单元测评指标要求，否则，信息系统不符合或部分符合本单元测评指标要求。

2）安全方案设计

（1）测评指标。

见 GB/T 22239—2008 5.2.4.2。

（2）测评实施。

本项要求包括以下内容。

① 应访谈系统建设负责人，询问是否依据风险分析的结果补充和调整安全措施，具体做过哪些调整。

② 应检查系统的安全方案，查看方案是否描述系统的安全保护等级，是否描述了系统的安全保护策略，是否根据系统的安全级别选择了安全措施。

③ 应检查系统的安全设计方案，查看是否详细描述安全措施的实现内容，是否有安全产品的功能、性能和部署等描述，是否有安全建设的费用和计划等。

（3）结果判定。

如果（2）的①～③均为肯定，则信息系统符合本单元测评指标要求，否则，信息系统不符合或部分符合本单元测评指标要求。

3）产品采购和使用

（1）测评指标。

见 GB/T 22239—2008 5.2.4.3。

（2）测评实施。

应访谈系统建设负责人，询问系统使用的有关信息安全产品是否符合国家的有关规定，如安全产品获得了销售许可证等。

（3）结果判定。

如果（2）为肯定，则信息系统符合本单元测评指标要求，否则，信息系统不符合或部分符合本单元测评指标要求。

4）自行软件开发

（1）测评指标。

见 GB/T 22239—2008 5.2.4.4。

（2）测评实施。

本项要求包括以下内容。

① 应访谈系统建设负责人，询问是否进行自主开发软件。

② 应访谈系统建设负责人，询问自主开发软件是否在独立的模拟环境中完成编码和调试，如相对独立的网络区域，询问软件设计相关文档是否由专人负责保管，负责人是何人。

③ 应检查网络拓扑图和实际开发环境，查看是否实际运行环境和开发环境有效隔离。

（3）结果判定。

如果（2）中的①～③均为肯定，则信息系统符合本单元测评指标要求，否则，信息系统不符合或部分符合本单元测评指标要求。

5）外包软件开发

（1）测评指标。

见 GB/T 22239—2008 5.2.4.5。

（2）测评实施。

本项要求包括以下内容。

① 应访谈系统建设负责人，询问软件交付前是否依据开发要求的技术指标对软件功能和性能等进行验收测试，软件安装之前是否检测软件中的恶意代码。

② 应检查是否具有软件开发的相关文档，如需求分析说明书、软件设计说明书等，是否具有软件操作手册或使用指南。

（3）结果判定。

如果（2）的①和②均为肯定，则信息系统符合本单元测评指标要求，否则，信息系统不符合或部分符合本单元测评指标要求。

6）工程实施

（1）测评指标。

见 GB/T 22239—2008 5.2.4.6。

（2）测评实施。

应访谈系统建设负责人，询问是否指定专门部门或人员对工程实施过程进行进度和质量控制，由何部门/何人负责。

（3）结果判定。

如果（2）为肯定，则信息系统符合本单元测评指标要求，否则，信息系统不符合或部分符合本单元测评指标要求。

7）测试验收

（1）测评指标。

见 GB/T 22239—2008 5.2.4.7。

（2）测评实施。

本项要求包括以下内容。

① 应访谈系统建设负责人，询问在信息系统建设完成后是否对其进行安全性测试验收。

② 应检查工程测试验收方案，查看其是否明确说明参与测试的部门、人员、测试验收内容、现场操作过程等内容。

③ 应检查是否具有系统测试验收报告。

（3）结果判定。

如果（2）中①～③均为肯定，则信息系统符合本单元测评指标要求，否则，信息系统不符合或部分符合本单元测评指标要求。

8）系统交付

（1）测评指标。

见 GB/T 22239—2008 5.2.4.8。

（2）测评实施。

本项要求包括以下内容。

① 应访谈系统建设负责人，询问系统交接工作是否根据交付清单对所交接的设备、文档、软件等进行清点。

② 应访谈系统建设负责人，询问系统正式运行前是否对运行维护人员进行过培训，针对哪些方面进行过培训。

③ 应检查是否具有系统交付清单，查看交付清单是否说明系统交付的各类设备、软件、文档等。

④ 应检查系统交付提交的文档，查看是否有指导用户进行系统运维的文档等。

（3）结果判定。

如果（2）的①～④均为肯定，则信息系统符合本单元测评指标要求，否则，信息系统不符合或部分符合本单元测评指标要求。

9）安全服务商选择

（1）测评指标。

见 GB/T 22239—2008 5.2.4.9。

（2）测评实施。

本项要求包括以下内容。

① 应访谈系统建设负责人，询问信息系统选择的安全服务商有哪些，是否符合国家有关规定。

② 应检查是否具有与安全服务商签订的安全责任合同书或保密协议等文档，查看其内容是否包含保密范围、安全责任、违约责任、协议的有效期限和责任人的签字等。

（3）结果判定。

如果（2）的①和②均为肯定，则信息系统符合本单元测评指标要求，否则，信息系统不符合或部分符合本单元测评指标要求。

5．系统运维管理

1）环境管理

（1）测评指标。

见 GB/T 22239—2008 5.2.5.1。

（2）测评实施。

本项要求包括以下内容。

① 应访谈系统运维负责人，询问是否有专门的部门或人员对机房供配电、空调、湿度控制等设施进行定期维护，由何部门/何人负责，维护周期多长。

② 应访谈系统运维负责人，询问是否有专门的部门或人员对机房的出入、服务器开机/关机进行管理。如何进行管理，由何部门/何人负责。

③ 应检查机房安全管理制度，查看其内容是否覆盖机房物理访问、物品带进/带出机房和机房环境安全等方面。

（3）结果判定。

如果（2）的①～③均为肯定，则信息系统符合本单元测评指标要求，否则，信息系统不符合或部分符合本单元测评指标要求。

2）资产管理

（1）测评指标。

见 GB/T 22239—2008 5.2.5.2。

（2）测评实施。

应检查是否有资产清单，查看其内容是否覆盖资产责任部门、责任人、所处位置和重要程度等方面。

（3）结果判定。

如果（2）为肯定，则信息系统符合本单元测评指标要求，否则，信息系统不符合或部分符合本单元测评指标要求。

3）介质管理

（1）测评指标。

见 GB/T 22239—2008 5.2.5.3。

（2）测评实施。

本项要求包括以下内容。

① 应访谈资产管理员，询问介质的存放环境是否采取保护措施防止介质被盗、被毁等。

② 应访谈资产管理员，询问是否根据介质的目录清单对介质的使用现状进行定期检查。

③ 应检查介质使用管理记录，查看其是否记录介质归档和使用等情况。

（3）结果判定。

如果（2）的 ①～③均为肯定，则信息系统符合本单元测评指标要求，否则，信息系统不符合或部分符合本单元测评指标要求。

4）设备管理

（1）测评指标。

见 GB/T 22239—2008 5.2.5.4。

（2）测评实施。

本项要求包括以下内容。

① 应访谈系统运维负责人，询问是否有专门的部门或人员对各种设备、线路进行定期维护，由何部门/何人负责，维护周期多长。

② 应检查设备安全管理制度，查看其内容是否对各种软硬件设备的选型、采购、发放和领用等环节进行规定。

（3）结果判定。

如果（2）中 ①和②均为肯定，则信息系统符合本单元测评指标要求，否则，信息系统不符合或部分符合本单元测评指标要求。

5）网络安全管理

（1）测评指标。

见 GB/T 22239—2008 5.2.5.5。

（2）测评实施。

本项要求包括以下内容。

① 应访谈系统运维负责人，询问是否指定专门的部门或人员负责网络管理、网络维护运行日志、监控记录和分析处理报警信息等。

② 应访谈网络管理员，询问是否定期对网络设备进行漏洞扫描，扫描周期多长，发现漏洞是否及时修补。

③ 应检查网络漏洞扫描报告，检查扫描时间间隔与扫描周期是否一致。

（3）结果判定。

如果（2）中的 ①～③均为肯定，则信息系统符合本单元测评指标要求，否则，信息系统不符合或部分符合本单元测评指标要求。

6）系统安全管理

（1）测评指标。

见 GB/T 22239—2008 5.2.5.6。

（2）测评实施。

本项要求包括以下内容。

① 应访谈系统运维负责人，询问是否指定专门的部门或人员负责系统管理，如根据业务需求和系统安全分析制定系统的访问控制策略，控制分配文件及服务的访问权限。

② 应访谈安全管理员，询问是否定期对系统进行漏洞扫描，扫描周期多长，发现漏洞是否及时修补，在安装系统补丁前是否对重要文件进行备份。

③ 应检查是否有系统漏洞扫描报告，检查扫描时间间隔与扫描周期是否一致。

（3）结果判定。

如果（2）的 ①～③均为肯定，则信息系统符合本单元测评指标要求，否则，信息系统不符合或部分符合本单元测评指标要求。

7）恶意代码防范管理

（1）测评指标。

见 GB/T 22239—2008 5.2.5.7。

（2）测评实施。

应访谈系统运维负责人，询问是否对员工进行基本恶意代码防范意识的教育，是否告知应及时升级软件版本，使用外来设备、网络上接收文件和外来计算机或存储设备接入网络系统之前应进行病毒检查等。

（3）结果判定。

如果（2）为肯定，则信息系统符合本单元测评指标要求，否则，信息系统不符合或部分符合本单元测评指标要求。

8）备份与恢复管理

（1）测评指标。

见 GB/T 22239—2008 5.2.5.8。

（2）测评实施。

本项要求包括以下内容。

① 应访谈系统运维负责人，询问是否识别出需要定期备份的业务信息、系统数据和软件系统，主要有哪些。

② 应检查备份管理文档，查看其是否明确备份方式、备份频度、存储介质和保存期等方面内容。

（3）结果判定。

如果（2）的①和②为肯定，则信息系统符合本单元测评指标要求，否则，信息系统不符合或部分符合本单元测评指标要求。

9）安全事件处置

（1）测评指标。

见 GB/T 22239—2008 5.2.5.9。

（2）测评实施。

本项要求包括以下内容。

① 应访谈系统运维负责人，询问是否告知用户在发现安全弱点和可疑事件时应及时报告。

② 应检查是否有安全事件报告和处置管理制度，查看其是否明确安全事件的现场处理、事件报告和后期恢复等内容。

（3）结果判定。

如果（2）的①和②为肯定，则信息系统符合本单元测评指标要求，否则，信息系统不符合或部分符合本单元测评指标要求。

5.2.7 信息系统整体测评

1. 概述

GB/T 22239—2008 中的要求项，是为了对抗相应等级的威胁或具备相应等级的恢复能力而设计的，但由于安全措施的实现方式多种多样，安全技术也在不断发展，信息系统的运行使用单位所采用的安全措施和技术并不一定和 GB/T 22239—2008 的要求项完全一致。因此，需要从信息系统整体上是否能够对抗相应等级威胁的角度，对单元测评中的不符合项和部分符合项进行综合分析，分析这些不符合项或部分符合项是否会影响到信息系统整体安全保护能力的缺失。信息系统的整体测评，就是在单元测评的基础上，评价信息系统的整体安全保护能力有没有缺失，是否能够对抗相应等级的安全威胁。

信息系统整体测评应从安全控制点间、层面间和区域间等方面进行安全分析和测评，并最后从系统结构安全方面进行综合分析，对系统结构进行安全测评。

安全控制点间安全测评是指对同一区域同一层面内的两个或者两个以上不同安全控制点间的关联进行测评分析，其目的是确定这些关联对信息系统整体安全保护能力的影响。

层面间安全测评是指对同一区域内的两个或者两个以上不同层面的关联进行测评分析，其目的是确定这些关联对信息系统整体安全保护能力的影响。

区域间安全测评是指对两个或者两个以上不同物理或逻辑区域间的关联进行测评分析，其目的是确定这些关联对信息系统整体安全保护能力的影响。

2．安全控制点间测评

在单元测评完成后，如果信息系统的某个安全控制点中的要求项存在不符合项或部分符合项，应进行安全控制点间测评，应分析在同一功能区域同一层面内，是否存在其他安全控制点对该安全控制点具有补充作用（如物理访问控制和防盗窃、安全审计和抗抵赖等）。同时，分析是否存在其他的安全措施或技术与该要求项具有相似的安全功能。

根据测评分析结果，综合判断该安全控制点所对应的系统安全保护能力是否缺失，如果经过综合分析，单元测评中的不符合项或部分符合项不造成系统整体安全保护能力的缺失，则该安全控制点对应的单元测评结论应调整为符合。

3．层面间测评

在单元测评完成后，如果信息系统的某个安全控制点中的要求项存在不符合项或部分符合项，应进行层面间安全测评，重点分析其他层面上功能相同或相似的安全控制点是否对本安全控制点存在补充作用（如应用层加密与网络层加密、主机层与应用层上的身份鉴别等），以及技术与管理上各层面的关联关系（如主机安全与系统运维管理、应用安全与系统运维管理等）。

根据测评分析结果，综合判断该安全控制点所对应的系统安全保护能力是否缺失，如果经过综合分析，单元测评中的不符合项或部分符合项不造成系统整体安全保护能力的缺失，则该安全控制点对应的单元测评结论应调整为符合。

4．区域间测评

在单元测评完成后，如果信息系统的某个安全控制点中的要求项存在不符合项或部分符合项，应进行区域间安全测评，重点分析系统中访问控制路径（如不同功能区域间的数据流流向和控制方式），是否存在区域间安全功能的相互补充。

根据测评分析结果，综合判断该安全控制点所对应的系统安全保护能力是否缺失，如果经过综合分析，单元测评中的不符合项或部分符合项不造成系统整体安全保护能力的缺失，则该安全控制点对应的单元测评结论应调整为符合。

5.2.8　等级测评结论

1．各层面的测评结论

等级测评报告应给出信息系统在安全技术和安全管理各个层面的测评结论。

汇总单元测评结果，可以给出安全技术和安全管理上各个层面的等级测评结论。在安全技术 5 个层面的等级测评结论中，通常物理安全测评结论应重点给出信息系统在防范各种自然灾害和人为物理破坏方面安全控制措施的落实情况；网络安全测评结论应重点给出信息系统在网络结构安全、网络访问控制和入侵检测、防范等方面安全控制措施的落实情况；主机安全测评结论应重点给出身份鉴别、安全审计和恶意代码防范等方面安全控制措施的落实情况；应用安全测评结论应重点给出身份鉴别、访问控制和通信保密等方面的安全控制措施的落实情况；数据安全及备份恢复测评结论应重点给出数据保密性和备份恢复功能安全控制措施的落实情况等。在安全管理5个方面的等级测评结论中，通常安全管理制度应重点给出管理制度体系的完备性和制修订的及时性等方面的测评结论；安全管理机构应重点给出机构、岗位设置和人员配备等方面的测评结论；人员安全管理应重点给出人员录用、离岗和培训等方面的测评结论；系统建设管理可重点给出安全方案设计、产品采购、系统的测试验收和交付等方面的测评结论；系统运维管理可重点给出系统监控管理、网络和系统安全管理、恶意代码防范管理、密码管理以及应急预案管理等方面的测评结论。

不同等级信息系统在不同层面上会有不同的关注点，应反映到相应层面的等级测评结论中。

2．风险分析和评价

等级测评报告中应对整体测评之后单元测评结果中的不符合项或部分符合项进行风险分析和评价。

采用风险分析的方法对单元测评结果中存在的不符合项或部分符合项分析所产生的安全问题被威胁利用的可能性，判断其被威胁利用后对业务信息安全和系统服务安全造成影响的程度，综合评价这些不符合项或部分符合项对信息系统造成的安全风险。

3．测评结论

等级测评报告应给出信息系统整体保护能力的测评结论，确认信息系统达到相应等级保护要求的程度。

应结合各层面的测评结论和对单元测评结果的风险分析给出等级测评结论。

（1）如果单元测评结果中没有不符合项或部分符合项，则测评结论为"符合"。

（2）如果单元测评结果存在不符合项或部分符合项，但所产生的安全问题不会导致信息系统存在高等级安全风险，则测评结论为"基本符合"。

（3）如果单元测评结果存在不符合项或部分符合项，且所产生的安全问题导致信息系统存在高等级安全风险，则测评结论为"不符合"。

5.3　信息系统安全测评流程

信息系统安全测评包括资料审查、核查测试、综合评估3个阶段。测评流程如图5-2所示。

1．资料审查

（1）被测用户应向安全测评机构提交测评申请，并提交相关资料。

（2）安全测评机构收到用户系统测评申请后，根据用户测评申请提供的资料，进行形式化审查，审查用户资料是否满足测评要求。

（3）向用户提供形式化审查报告。

2．核查测试

（1）测评机构依据本规范和用户提供的资料，制订系统安全测评计划。

（2）召开系统安全测评协调会，测评双方共同确认系统安全测评计划。

（3）依据系统安全测评计划制定系统安全测评方案。

（4）依据系统安全测评方案实施现场核查测试。

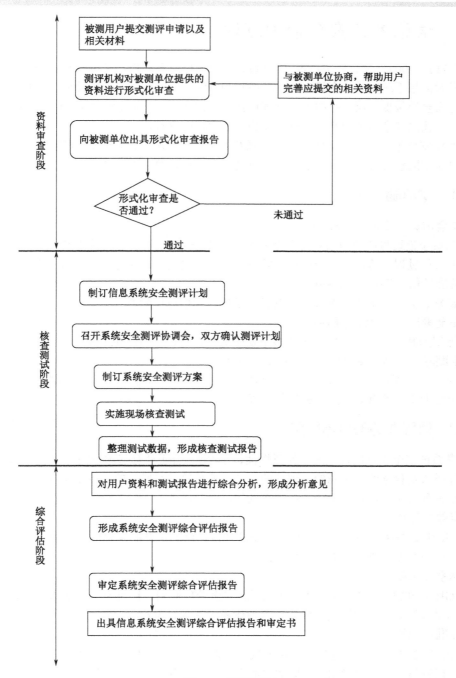

图 5-2　测评流程

（5）对核查测试结果进行数据整理记录，并形成核查测试报告。

3. 综合评估

（1）依据本规范，对用户资料和测试报告进行综合分析，形成分析意见。

（2）就分析意见与用户沟通确认，最终形成系统安全测评综合评估报告。

（3）对系统安全测评综合评估报告进行审定。

（4）出具信息系统安全测评综合评估报告和审定书。

5.4　信息系统安全管理测评

GA/T 713—2007《信息安全技术　信息系统安全管理测评》规定了按照 GB 17859—1999 等级划分的要求对信息系统实施安全管理评估的原则和方法。该标准适用于相关组织机构（部门）对信息系统实施安全等级保护所进行的安全管理评估与自评估。对于涉及国家秘密的信息和信息系统的保密管理，应按照国家有关保密管理规定和相关测评标准执行。

信息系统安全管理评估的主体包括信息系统的主管领导部门、信息安全监管机构、第三方评估机构、信息系统的管理者等，对应的评估可以是检查评估、第三方评估或自评估。

5.4.1　术语和定义

1．安全审计（Security Audit）

对信息系统记录与活动的独立的审查和检查，以测试系统控制的充分程度，确保符合已建立的安全策略和操作过程，检测出安全违规，并对在控制、安全策略和过程中指示的变化提出建议。

2．风险评估（Risk Assessment）

风险识别、分析、估值的全过程，其目标是确定和估算风险值。

3．安全策略（Security Policy）

一个组织为其运转而规定的一个或多个安全规则、规程、惯例和指南。

4．监测验证（Validate by Inspect and Test）

通过对与安全管理有关的监测信息（包括审计信息以及各种监测、监控机制收集的信息）的分析，对安全管理实施的有效性进行验证的过程。

5.4.2　管理评估的基本原则

对信息系统安全管理的评估应坚持科学性、有效性、公正性等基本原则，即评估的原理、方法、流程、具体要求是科学的、正确的；评估的方法、流程等是可操作的，成本和效率等方面可接受；评估结果是客观公正的，评估机构是中立权威的。除此以外，还应遵循以下原则。

1．有效性原则

根据 GB/T 20269—2006 充分考虑信息系统功能、信息资产的重要性、可能受到的威胁及面临的风险，评估整个安全管理体系的有效性。

2．体系化原则

根据 GB/T 20269—2006 中 4.2 的信息系统安全管理原则，针对安全管理体系基本要素，评估安全管理体系是否完整。比较完整的安全管理体系应基本涵盖 GB/T 20269—2006 中 4.1 的各项。

3．标准化原则

根据 GB/T 20269—2006 各保护等级的安全管理目标，重点检查、评估安全管理标准化工作情况；识别和理解信息安全保障相互关联的层面和过程，采用管理和技术结合的方法，提高实现安全保障目标的有效性和效率。

4．一致性原则

根据 GB/T 20269—2006 各保护等级系统的安全管理应贯穿整个信息系统的生存周期，评估时重点检查信息系统设计、开发、部署、运维各个阶段的安全管理措施是否都到位。

5．风险可控性原则

信息安全管理工作是信息系统安全稳定运行的基础，安全管理的安全性直接决定了信息与信息系统的安全性，在评估管理体系时，应注意相关安全管理的可靠性、可控性，确保管理行为和风险得到控制。

6．安全管理保证原则

根据 GB/T 20269—2006 各保护等级安全管理条款，要求评估时应根据信息系统安全管理工作的保证情况，实事求是地根据实际保证证据决定是否达到相应保护等级安全管理要求的标准。

7．客观性和公正性原则

评估工作应摆脱自身偏见，避免主观臆断，坚持实事求是，按照评估工作相关各方相互认可的评估计划和方案，基于明确定义的评估要求，开展评估工作，给出可靠结论。

5.4.3　评估方法

1．调查性访谈

（1）调查性访谈的主要对象。

调查性访谈的主要对象一般可以包括以下几类。

① 组织的领导、信息化主管领导、信息部门领导。

② 物理安全主管及资产管理、机房值守、机房维护人员。

③ 运行维护主管及网络管理、系统管理、数据库管理、应用软件维护、硬件维护、文档介质管理人员。

④ 信息安全主管及安全管理、审计管理人员。

⑤ 系统建设主管及建设管理、软件开发、系统集成人员。

⑥ 外包服务方主管及外包方运行、维护人员。

⑦ 业务部门主管，以及应用管理、业务应用、业务操作人员。

⑧ 人事部门主管，以及人事管理、应用培训人员等。

（2）调查性访谈准备。

调查性访谈前，应准备调查问卷，提高访谈效率。针对信息系统安全管理体系各安全保护等级的要求准备调查问卷时应保证结构清晰、系统、详细，确保问题的答案是"是／否／不确定"。对等级要求明确的内容应建立检查表，确保检查表结构清晰，提高数据取得的一致性。

（3）调查性访谈阶段划分。

调查性访谈是从被评估单位相关组织中的成员以及其他机构获得评估证据的一种方法。实施调查性访谈时，应明确评估不同阶段的目标和任务。调查性访谈应划分为以下阶段。

① 初步访谈。初步访谈用于收集信息安全管理体系的一般信息，策划后续各种访谈战略。

② 实事收集访谈。实事收集访谈是主要用于根据安全管理体系特定要求，针对特定对象的访谈。

③ 后续深入访谈。后续深入访谈主要是在对事实收集访谈收集到的信息进行分析并发现问题后进行的，目的是寻找解决问题的答案。

④ 结案性访谈。结案性访谈是指评估工作结束时的会议，通过与被评估单位进行会议讨论，保证评估结论、评估发现、建议的正确性。

（4）调查性访谈质量控制。

对调查性访谈的质量，应从访谈对象的广度和访谈内容的深度进行控制。根据不同安全等级的不同要求，调查性访谈的质量控制分为以下几级。

① 一级控制，包括下列要求：访谈对象以负责人为主；进行一般性访谈，内容可简要，对安全管理规范、安全管理机制以及安全管理工作相关的基本情况有一个广泛、大致了解。

② 二级控制，包括下列要求：访谈对象以负责人、技术人员为主，必要时可选择操作人员；进行重点访谈，内容应充分，对安全管理规范、安全管理机制以及安全管理工作相关的具体情况有较深入了解。

③ 三级控制，包括下列要求：访谈对象以负责人、技术人员、操作人员为主，必要时可选择其他相关人员；进行全面访谈，内容应覆盖各方面，对安全管理规范、安全管理机制以及安全管理工作的具体情况有全面了解。

④ 四级控制，包括下列要求：访谈对象以负责人、技术人员、操作人员为主，并选择其他相关人员；进行全面访谈，访谈内容应覆盖各方面，对安全管理体系相关的具体方面进行研究性或探究性讨论，力求准确、全面掌握安全管理要求落实情况细节。

⑤ 五级控制，包括下列要求：访谈对象以负责人、技术人员、操作人员为主，并选择保密部门及其他相关人员；进行全面访谈，访谈内容应覆盖各方面，或设定专项内容，对安全管理体系的具体方面进行研究性或探究性讨论，应准确、全面掌握安全管理要求落实情况细节。

2. 符合性检查

（1）符合性检查的主要对象。

符合性检查的主要对象包括以下几类。

① 信息安全方针、政策、计划、规程、系统要求文档。

② 系统设计和接口规格文档。

③ 系统操作、使用、管理及各类日志管理的相关规定。

④ 备份操作、安全应急及复审和意外防范计划演练的相关文档。

⑤ 安全配置设定的有关文档。

⑥ 技术手册和用户/管理员指南。

⑦ 其他需要进行符合性检查的内容。

（2）符合性检查方法。

符合性检查可以采用以下方法。

① 根据安全管理标准和被评估单位的安全管理体系相关文件的要求，检查安全管理运行过程或各个环节的文档的具体规定是否与有关要求相一致，必要时可以对相关的材料（如记录、日志、报告、检验/评估/审计结果等）进行评价。

② 为了减少评估对象的工作量，评估人员应尽最大可能重复使用以前的安全管理控制评价的结果和证据（当有这样的结果可供使用的时候，信息系统应该没有发生过有可能造成结果无效的重大变更，而且应证明这些结果是可靠的）。

（3）符合性检查质量控制。

对符合性检查的质量，应从检查对象的广度和检查内容的深度进行控制。根据不同安全等级的不同要求，符合性检查的质量控制分为以下几级。

① 一级控制，包括下列要求：对符合性检查的对象的种类和数量上抽样，种类和数量都较少；进行一般检查，利用有限证据或文件对安全管理控制进行概要的高层次检查、观察或核查，这类检查通常是利用规范、机制或活动的功能层面描述进行的。

② 二级控制，包括下列要求：对符合性检查的对象的种类和数量上抽样，种类和数量都较多；进行重点检查，利用大量证据或文件对安全管理控制进行详细分析检查，这类检查通常是利用规范、机制、活动的功能层面描述或者高层次设计信息进行的。

③ 三级控制，包括下列要求：对符合性检查的对象的种类和数量上抽样，基本覆盖；进行较全面检查，在重点检查的基础上，对主要安全管理控制措施实施的相关信息进行检查。

④ 四级控制，包括下列要求：对符合性检查的对象应逐项进行检查；进行全面检查，在重点检查的基础上，对各项安全管理控制措施实施的相关信息进行检查。

⑤ 五级控制，包括下列要求：对符合性检查的对象应逐项检查，或设定专项内容；进行全面深入检查，在重点检查的基础上，对各项安全管理控制措施实施的相关信息进行检查，对设定专项

内容进行专门检查。

3. 有效性验证

（1）有效性验证的主要对象。

有效性验证的对象主要是安全管理机制，具体对象如下。

① 针对访问控制策略、制度，采用验证工具进行功能性验证。

② 针对标识与鉴别和审计机制的功能检验。

③ 针对安全配置设定的功能检验。

④ 针对物理访问控制的功能检验。

⑤ 针对信息系统备份操作的功能检验。

⑥ 针对事件响应和意外防范规划能力的检验。

（2）有效性验证方法。

针对被评估组织确立的安全管理目标，通过对管理活动的实际考查，验证安全管理体系的运行效果，以及能否获得预期的目标。有效性验证方法及评价主要包括以下内容。

① 检查信息系统的管理者是否已经按 GB/T 20269—2006 的要求建立了文件化的安全管理体系，即过程已经被确定，过程程序已经恰当地形成了文件。

② 检查被确定的过程是否已经得到了充分的展开，即按过程程序的要求得到了贯彻实施。

③ 检查过程程序的贯彻实施是否取得了预期期望的结果，并以此证明过程是有效的。

④ 有效性可从以下方面进行评价：管理控制措施，如方针策略、业务目标、安全意识等方面；业务流程，如风险评估和处理、选择控制措施等；运营措施，如操作程序、备份、防范恶意代码、存储介质等方面；技术控制措施，如防火墙、入侵检测、内容过滤、补丁管理等；审核、回顾和测试，如内审、外审、技术符合性等。

（3）有效性验证质量控制。

对有效性验证的质量，应从验证对象的广度和验证内容的深度进行控制。根据不同安全等级的不同要求，有效性验证的质量控制分为以下几级。

① 一级控制，包括下列要求：必要时可进行简要验证，以验证信息系统安全管理体系相关文件材料的完整性和可操作性为主，对贯彻实施的情况有初步的了解；对有效性验证的对象以验证管理控制措施为主。

② 二级控制，包括下列要求：应进行简要验证，以验证信息系统安全管理体系相关文件材料的完整性和可操作性为主，对贯彻实施的情况有基本的了解；对有效性验证的对象以验证管理控制措施为主，兼顾其他方面。

③ 三级控制，包括下列要求：应进行充分验证，在简要验证的基础上，以验证信息系统安全管理体系相关文件得到贯彻实施为主，对贯彻实施的效果有充分的了解；对有效性验证的对象以验证管理控制措施、业务流程、运营措施、技术控制措施为主，兼顾其他方面。

④ 四级控制，包括下列要求：应进行较全面验证，在充分验证的基础上，以验证贯彻实施是否取得了预期期望的结果，对贯彻实施的效果有较全面的了解；对有效性验证的对象以验证管理控制措施、业务流程、运营措施、技术控制措施为主，还应验证内审、外审、技术符合性等方面。

⑤ 五级控制，包括下列要求：应进行全面验证，或设定专项验证，以验证贯彻实施是否取得了预期期望的结果，对贯彻实施的效果有全面的了解；对有效性验证的对象以验证管理控制措施、业务流程、运营措施、技术控制措施为主，还应验证内审、外审、技术符合性等方面，对设定专项内容进行专门验证。

4. 监测验证

（1）监测验证的主要依据。

安全管理监测验证的主要依据是与安全管理有关的审计信息和监测、监控信息，包括如下内容。

① 信息系统的各种审计信息，如操作系统、数据库管理系统、应用系统、网络设备、安全专用设备以及终端设备等生成的安全审计信息。

② 信息系统的各种安全监测、监控信息，包括独立监测、监控设备和集中管控的监测、监控设备所收集的信息。

③ 信息系统的物理环境的有关的安全监测、监控信息，如门禁系统、机房屏蔽系统、温湿度控制系统、供电系统、接地系统、防雷系统等收集的安全监测、监控信息。

④ 其他涉及信息系统安全管理方面的监测、监控信息。

（2）监测验证方法。

安全管理监测验证的方法包括以下几种。

① 以对安全管理的有关信息的分析为依据，对安全策略、操作规程和规章制度的符合性、一致性程度逐一进行评价。

② 安全管理监测验证分为：简单的监测验证；充分的监测验证；全面的监测验证。

③ 安全管理监测验证的过程，包括搜集素材、加工整理、综合评价、把握主题，以及形成报告等。

（3）监测验证质量控制。

对监测信息验证的质量，应从监测验证的广度和监测验证的深度进行控制。根据不同安全等级的不同要求，监测验证的质量控制分为以下几级。

① 一级控制，包括下列要求：可进行简单的监测验证，通过对规章制度的符合性进行典型分析，了解安全管理实施的基本情况；以操作系统、数据库管理系统的审计信息为基本依据，进行监测验证；可通过对特定时段的审计信息的分析进行监测验证。

② 二级控制，包括下列要求：应进行简单的监测验证，通过对操作规程和规章制度的符合性进行分析，了解安全管理实施的主要情况；应以操作系统、数据库管理系统、应用系统、网络设备、安全专用设备等的审计信息为主要依据进行监测验证；应通过对特定时段的监测信息的分析进行检测验证。

③ 三级控制，包括下列要求：应进行充分的监测验证，通过对安全策略、操作规程和规章制度的符合性进行综合性分析，充分了解安全管理实施的效果；应以操作系统、数据库管理系统、应用系统、网络设备、安全专用设备等的审计信息，信息系统的部分安全监测、监控信息，以及部分物理环境的安全监测、监控信息为依据，通过对这些信息的分析进行监测验证；应通过对较长的特定时段的监测信息的分析进行检测验证。

④ 四级控制，包括下列要求：应进行较全面的监测验证，通过对安全策略、操作规程和规章制度的符合性、一致性进行综合性分析，验证安全管理实施是否取得了预期的结果，较全面地了解安全管理实施的效果；应以操作系统、数据库管理系统、应用系统、网络设备、安全专用设备、端设备等的审计信息，信息系统的各种安全监测、监控信息，以及物理环境的安全监测、监控信息为依据，通过对这些信息的分析进行较全面的监测验证；应通过对较长时段的连续监测信息的分析进行检测验证。

⑤ 五级控制，包括下列要求：应进行全面的监测验证，通过对安全策略、操作规程和规章制度的符合性、一致性进行综合性分析，以及对设定专项进行专题分析，验证安全管理实施是否取得了预期期望的结果，全面了解安全管理实施的效果；应以操作系统、数据库管理系统、网络设备系

统、应用系统、安全专用设备、端设备等的审计信息，信息系统的各种安全监测、监控信息，以及物理环境的安全监测、监控信息为依据，通过对这些信息的分析进行全面的监测验证；应通过对长期的连续监测信息的分析进行监测验证。

5.4.4　评估实施

1．确定评估目标

信息系统安全管理评估的目标是，根据已经确定的安全管理等级，按照 GB/T 20269—2006 相应等级的管理内容及管理水平进行符合性、有效性检查和验证，检验信息系统安全管理体系和管理水平是否满足确定等级的管理要求。

具体实施安全管理评估时，应明确描述所涉及的被评估对象，确定每一个具体的被评估对象的安全管理等级，以及需要达到的安全管理评估的具体目标。

2．控制评估过程

信息系统安全管理评估过程可从以下方面进行控制。

（1）确定安全管理评估的范围，包括根据安全方针政策、安全工作计划、安全方案等相关文件中描述的安全管理控制，并依据系统的使命、业务、组织管理结构、技术平台、物理网络基础设施，以及相关政策、法律、法规等，确定评估的范围。

（2）建立安全管理控制措施的评估规程，包括以下内容。

① 应在充分考虑信息系统的安全目标和安全要求的基础上，明确各种安全管理控制措施的各项评估规程，并编入评估计划。

② 对于每种安全管理控制，评估人员都应逐项建立对应的评估规程，明确评估规程相关的目标、步骤。

③ 评估规程相关步骤的数量会因信息系统、信息系统安全不同等级要求不同，体现了评估过程精确度和强度。

④ 根据 GB/T 20269—2006 相应等级的安全管理要求，针对特定管理对象进行裁剪时，应对各种增减的措施进行标明，对新增的安全管理控制编制评估操作规程，确保评估的有效性。

⑤ 根据安全管理控制的变化，可能会对信息系统中其他管理控制产生影响，对影响评估这些控制措施的效果所需要的评估规程和规程步骤进行必要调整。

（3）优化评估规程以确保评估质量，包括以下内容。

① 在评估信息系统的安全管理控制时，为了节省时间、降低评估成本，应充分利用以往的评估结果。

② 针对特定系统的安全管理控制措施的评估规程进行检查，在可能或可行的情况下结合或合并一些规程步骤，要充分考虑优化 GB/T 20269—2006 所列各个安全管理控制类别的可能性。

③ 应给评估人员在实施评估计划的过程中以很大的灵活性，确保评估工作的效率和效果。

（4）收集以往的评估结果，包括以下内容。

① 根据前次评估的时间、评估的深度和广度，以及负责评估的评估人员或评估小组的能力和独立性等情况，评估人员可通过分析以前的评估结果，获得对信息系统安全管理控制情况的深入了解。

② 有关安全评估计划是否使用或接受以往的评估结果，需要与单位相关负责人共同讨论、确认后决定，确保相关结果的采用不与国家或主管部门法律、法规、政策、标准冲突。

（5）形成安全管理评估计划并获准执行，包括以下内容。

① 在完成评估规程的编制、优化后，形成安全管理评估计划的正式文件，其中要明确执行评

估工作的各个时间节点和评估过程各项重要工作完成的时间表。

② 安全管理评估计划应与被评估单位的安全目标、安全风险评估及与评估工作资源配置相关的成本效益要求保持一致；评估计划文件完成编制后，需呈交相关管理部门审批，以 GA/T 713—2007 确保计划的严肃性；如果属于自评估，评估计划的审批步骤可以省略。

③ 安全管理评估计划正式成文并得到批准后，评估人员或安全评估小组方可开始安全评估工作；评估人员或评估小组根据已经达成一致意见的重要事件时间表执行安全评估计划。

（6）评估实施过程中采取的调查性访谈、符合性检查、有效性验证及监测验证，应根据安全管理评估计划有序进行。

3. 处理评估结果

信息系统安全管理评估应按下列要求对评估结果进行处理。

（1）评估结果应按照规定的报告格式记录在案，报告内容的分类应与所进行的安全控制评估相一致，评估记录应及时归档。

（2）应对评估记录进行分析，确定某一特定安全控制的总体效果，说明控制是否按确定的目标正确实施，并达到要求的预期结果。

（3）评估人员所给出的评估应能导致做出下列判断。

① 完全满足：表明对特定要求，按照评估规程，通过评估后认为相关的安全管理控制产生了完全可以接受的结果。

② 部分满足：表明通过评估后的安全管理措施产生了可部分接受但不能完全接受的结果，并能指出哪些安全管理控制措施尚未实施，以及信息系统的哪些脆弱性可能导致了这种情况的出现。

③ 不满足：表明通过评估，发现安全管理措施不能达到安全管理目标要求，产生了不可接受的结果，并能指出哪些安全管理控制措施尚未落实或实施，以及信息系统的哪些脆弱性可能导致了这种情况的出现。

（4）评估人员应识别并记录由于一个或多个安全管理控制的部分失效或完全失效带给信息系统的任何脆弱性，可用于以下方面。

① 作为一项重要内容纳入单位的安全规划或重要整改建议中，为纠正安全控制缺陷提供详细的线路图。

② 提供信息安全主管领导和相关信息系统支持单位可利用评估结果和有关信息系统残余脆弱性信息来确定本单位信息系统运行和相关资产面临的总体风险。

4. 建立保障证据

保障证据用来证明安全管理措施选择得当，并正确实施，以及安全管理体系按照既定目标运行，并符合信息系统安全要求的预期结果。建立保障证据的工作包括以下几项。

（1）在评估过程中收集证据，以支持被评估机构信息安全决策责任人就信息系统做出采用的基于风险的安全控制行之有效的决定。

（2）收集从各种来源获得的保障证据，主要来源是信息系统相关人员，如信息系统开发者、系统集成方、认证机构、信息系统拥有者、审计人员、安全检察人员和机构的信息安全人员等提供的系统安全性评估结果。

（3）收集来自产品层面的评估结果，进行系统层面的评估，用以确定信息系统采用的安全控制的总体效果，其中也会反映安全管理体系运行的总体效果。

（4）从不同详细程度和范围的评估中获取信息，包括使用全部评估方法和规程进行认证和认可的全面评估以及其他类型评估（如监管机构评估、自评估、审计和检查）提供有用的信息。

（5）了解并记录评估人员的资格。

5.5　信息安全等级保护与等级测评

5.5.1　信息安全等级保护

1．概述

信息安全等级保护是国家信息安全保障的基本制度、基本策略、基本方法。开展信息安全等级保护工作是保护信息化发展、维护国家信息安全的根本保障，是信息安全保障工作中国家意志的体现。

2．相关法律法规

1994 年，《中华人民共和国计算机信息系统安全保护条例》规定，"计算机信息系统实行安全等级保护，安全等级的划分标准和安全等级保护的具体办法，由公安部会同有关部门制定"。

1999 年，强制性国家标准——《计算机信息系统安全保护等级划分准则》。

2003 年，中办、国办转发的《国家信息化领导小组关于加强信息安全保障工作的意见》（中办发〔2003〕27 号）明确指出"实行信息安全等级保护"，"要重点保护基础信息网络和关系国家安全、经济命脉、社会稳定等方面的重要信息系统，抓紧建立信息安全等级保护制度，制定信息安全等级保护的管理办法和技术指南"。

2004 年，公安部、国家保密局、国家密码管理局、国信办联合印发了《关于信息安全等级保护工作的实施意见》（66 号文件）。

2006 年 1 月，公安部、国家保密局、国家密码管理局、国信办联合制定了《信息安全等级保护管理办法》（公通字〔2006〕7 号）。

2011 年 9 月，国家电监会印发《关于组织开展电力行业重要管理信息安全等级保护测评试点工作的通知》，要求统一组织开展重要管理信息系统试点测评。

2011 年，《电力行业信息系统安全等级保护基本要求》出台，至今已更新至 V11.0。

3．定级原则

国家信息安全等级保护坚持"自主定级、自主保护"与国家监管相结合的原则。信息系统的安全保护等级应当根据信息系统在国家安全、经济建设、社会生活中的重要程度，信息系统遭到破坏后对国家安全、社会秩序、公共利益以及公民、法人和其他组织的合法权益的危害程度等因素确定。

4．定级原理

1）信息系统安全保护等级

根据等级保护相关管理文件，信息系统的安全保护等级分为以下 5 级。

第一级，信息系统受到破坏后，会对公民、法人和其他组织的合法权益造成损害，但不损害国家安全、社会秩序和公共利益。

第二级，信息系统受到破坏后，会对公民、法人和其他组织的合法权益产生严重损害，或者对社会秩序和公共利益造成损害，但不损害国家安全。

第三级，信息系统受到破坏后，会对社会秩序和公共利益造成严重损害，或者对国家安全造成损害。

第四级，信息系统受到破坏后，会对社会秩序和公共利益造成特别严重损害，或者对国家安全造成严重损害。

第五级，信息系统受到破坏后，会对国家安全造成特别严重损害。

2）信息系统安全保护等级的定级要素

信息系统的安全保护等级由两个定级要素决定：等级保护对象受到破坏时所侵害的客体和对客体造成侵害的程度。

（1）受侵害的客体。

等级保护对象受到破坏时所侵害的客体包括以下 3 个方面。

① 公民、法人和其他组织的合法权益。

② 社会秩序、公共利益。

③ 国家安全。

（2）对客体的侵害程度。

对客体的侵害程度由客观方面的不同外在表现综合决定。由于对客体的侵害是通过对等级保护对象的破坏实现的，因此，对客体的侵害外在表现为对等级保护对象的破坏，通过危害方式、危害后果和危害程度加以描述。

等级保护对象受到破坏后对客体造成侵害的程度归结为以下 3 种。

① 造成一般损害。

② 造成严重损害。

③ 造成特别严重损害。

3）定级要素与等级的关系

定级要素与信息系统安全保护等级的关系如表 5-1 所示。

表 5-1　定级要素与安全保护等级的关系

受侵害的客体	对客体的侵害程度		
	一般损害	严重损害	特别严重损害
公民、法人和其他组织的合法权益	第一级	第二级	第三级
社会秩序、公共利益	第二级	第三级	第四级
国家安全	第三级	第四级	第五级

5．定级方法

1）定级的一般流程

信息系统安全包括业务信息安全和系统服务安全，与之相关的受侵害客体和对客体的侵害程度可能不同，因此，信息系统定级也应由业务信息安全和系统服务安全两方面确定。从业务信息安全角度反映的信息系统安全保护等级称业务信息安全保护等级。从系统服务安全角度反映的信息系统安全保护等级称系统服务安全保护等级。确定信息系统安全保护等级的一般流程如下。

（1）确定作为定级对象的信息系统。

（2）确定业务信息安全受到破坏时所侵害的客体。

（3）根据不同的受侵害客体，从多个方面综合评定业务信息安全被破坏对客体的侵害程度。

（4）依据表 5-2，得到业务信息安全保护等级。

（5）确定系统服务安全受到破坏时所侵害的客体。

（6）根据不同的受侵害客体，从多个方面综合评定系统服务安全被破坏对客体的侵害程度。

（7）依据表 5-3，得到系统服务安全保护等级。

（8）将业务信息安全保护等级和系统服务安全保护等级的较高者确定为定级对象的安全保护等级。

按上述步骤确定等级的一般流程如图 5-3 所示。

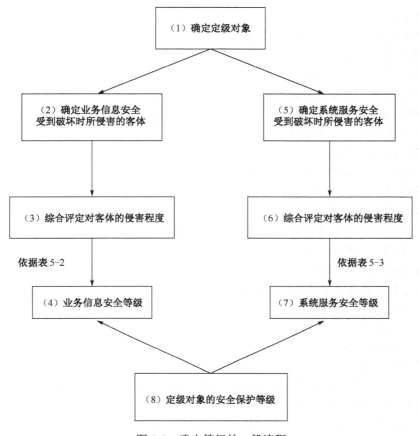

图 5-3　确定等级的一般流程

2）确定定级对象

一个单位内运行的信息系统可能比较庞大，为了体现重要部分重点保护，有效控制信息安全建设成本，优化信息安全资源配置的等级保护原则，可将较大的信息系统划分为若干个较小的、可能具有不同安全保护等级的定级对象。

作为定级对象的信息系统应具有如下基本特征。

（1）具有唯一确定的安全责任单位。作为定级对象的信息系统应能够唯一地确定其安全责任单位。如果一个单位的某个下级单位负责信息系统安全建设、运行维护等过程的全部安全责任，则这个下级单位可以成为信息系统的安全责任单位；如果一个单位中的不同下级单位分别承担信息系统不同方面的安全责任，则该信息系统的安全责任单位应是这些下级单位共同所属的单位。

（2）具有信息系统的基本要素。作为定级对象的信息系统应该是由相关的和配套的设备、设施按照一定的应用目标和规则组合而成的有形实体。应避免将某个单一的系统组件，如服务器、终端、网络设备等作为定级对象。

（3）承载单一或相对独立的业务应用。定级对象承载"单一"的业务应用是指该业务应用的业务流程独立，且与其他业务应用没有数据交换，且独享所有信息处理设备。定级对象承载"相对独立"的业务应用是指其业务应用的主要业务流程独立，同时与其他业务应用有少量的数据交换，定级对象可能会与其他业务应用共享一些设备，尤其是网络传输设备。

3）确定受侵害的客体

定级对象受到破坏时所侵害的客体包括国家安全、社会秩序、公众利益，以及公民、法人和其他组织的合法权益。

（1）侵害国家安全的事项包括以下方面。

① 影响国家政权稳固和国防实力。

② 影响国家统一、民族团结和社会安定。

③ 影响国家对外活动中的政治、经济利益。

④ 影响国家重要的安全保卫工作。

⑤ 影响国家经济竞争力和科技实力。

⑥ 其他影响国家安全的事项。

（2）侵害社会秩序的事项包括以下方面。

① 影响国家机关社会管理和公共服务的工作秩序。

② 影响各种类型的经济活动秩序。

③ 影响各行业的科研、生产秩序。

④ 影响公众在法律约束和道德规范下的正常生活秩序等。

⑤ 其他影响社会秩序的事项。

（3）影响公共利益的事项包括以下方面。

① 影响社会成员使用公共设施。

② 影响社会成员获取公开信息资源。

③ 影响社会成员接受公共服务等方面。

④ 其他影响公共利益的事项。

（4）影响公民、法人和其他组织的合法权益是指由法律确认的并受法律保护的公民、法人和其他组织所享有的一定的社会权利和利益。

确定作为定级对象的信息系统受到破坏后所侵害的客体时，应首先判断是否侵害国家安全，然后判断是否侵害社会秩序或公众利益，最后判断是否侵害公民、法人和其他组织的合法权益。

各行业可根据本行业业务特点，分析各类信息和各类信息系统与国家安全、社会秩序、公共利益以及公民、法人和其他组织的合法权益的关系，从而确定本行业各类信息和各类信息系统受到破坏时所侵害的客体。

4）确定对客体的侵害程度

（1）侵害的客观方面。

在客观方面，对客体的侵害外在表现为对定级对象的破坏，其危害方式表现为对信息安全的破坏和对信息系统服务的破坏，其中信息安全是指确保信息系统内信息的保密性、完整性和可用性等，系统服务安全是指确保信息系统可以及时、有效地提供服务，以完成预定的业务目标。由于业务信息安全和系统服务安全受到破坏所侵害的客体和对客体的侵害程度可能会有所不同，在定级过程中，需要分别处理这两种危害方式。

信息安全和系统服务安全受到破坏后，可能产生以下危害后果。

① 影响行使工作职能。

② 导致业务能力下降。

③ 引起法律纠纷。

④ 导致财产损失。

⑤ 造成社会不良影响。

⑥ 对其他组织和个人造成损失。

⑦ 其他影响。

（2）综合判定侵害程度。

侵害程度是客观方面的不同外在表现的综合体现，因此，应首先根据不同的受侵害客体、不同危害后果分别确定其危害程度。对不同危害后果确定其危害程度所采取的方法和所考虑的角度可能不同，如系统服务安全被破坏导致业务能力下降的程度可以从信息系统服务覆盖的区域范围、用户人数或业务量等不同方面确定，业务信息安全被破坏导致的财物损失可以从直接的资金损失大小、间接的信息恢复费用等方面进行确定。

在针对不同的受侵害客体进行侵害程度的判断时，应参照以下不同的判别基准。

① 如果受侵害客体是公民、法人或其他组织的合法权益，则以本人或本单位的总体利益作为判断侵害程度的基准。

② 如果受侵害客体是社会秩序、公共利益或国家安全，则应以整个行业或国家的总体利益作为判断侵害程度的基准。

不同危害后果的 3 种危害程度描述如下。

① 一般损害：工作职能受到局部影响，业务能力有所降低但不影响主要功能的执行，出现较轻的法律问题，较低的财产损失，有限的社会不良影响，对其他组织和个人造成较低损害。

② 严重损害：工作职能受到严重影响，业务能力显著下降且严重影响主要功能执行，出现较严重的法律问题，较高的财产损失，较大范围的社会不良影响，对其他组织和个人造成较严重损害。

③ 特别严重损害：工作职能受到特别严重影响或丧失行使能力，业务能力严重下降且或功能无法执行，出现极其严重的法律问题，极高的财产损失，大范围的社会不良影响，对其他组织和个人造成非常严重损害。

信息安全和系统服务安全被破坏后对客体的侵害程度，由对不同危害结果的危害程度进行综合评定得出。由于各行业信息系统所处理的信息种类和系统服务特点各不相同，信息安全和系统服务安全受到破坏后关注的危害结果、危害程度的计算方式均可能不同，各行业可根据本行业信息特点和系统服务特点，制定危害程度的综合评定方法，并给出侵害不同客体造成一般损害、严重损害、特别严重损害的具体定义。

5）确定定级对象的安全保护等级

根据业务信息安全被破坏时所侵害的客体以及对相应客体的侵害程度，依据表 5-2，即可得到业务信息安全保护等级。

表 5-2　业务信息安全保护等级矩阵表

业务信息安全被破坏时所侵害的客体	对相应客体的侵害程度		
	一般损害	严重损害	特别严重损害
公民、法人和其他组织的合法权益	第一级	第二级	第二级
社会秩序、公共利益	第二级	第三级	第四级
国家安全	第三级	第四级	第五级

根据系统服务安全被破坏时所侵害的客体及对相应客体的侵害程度，依据表 5-3，即可得到系统服务安全保护等级。

表 5-3　系统服务安全保护等级矩阵表

系统服务安全被破坏时所侵害的客体	对相应客体的侵害程度		
	一般损害	严重损害	特别严重损害
公民、法人和其他组织的合法权益	第一级	第二级	第二级
社会秩序、公共利益	第二级	第三级	第四级
国家安全	第三级	第四级	第五级

作为定级对象的信息系统的安全保护等级由业务信息安全保护等级和系统服务安全保护等级的较高者决定。

5.5.2　信息安全等级测评

1．概述

等级测评是指测评机构依据国家信息安全等级保护制度规定，按照有关管理规范和技术标准，对非涉及国家秘密信息系统安全等级保护状况进行检测评估的活动。等级保护与等级测评相关的系列标准包括[本节中凡是注明日期的引用文件，其随后所有的修改单（不包括勘误的内容）或修订版均不适用于本节内容。凡是不注明日期的引用文件，其最新版本适用于本标准]以下几个。

（1）GB/T 22240—2008《信息安全技术　信息系统安全等级保护定级指南》。

（2）GB/T 22239—2008《信息安全技术　信息系统安全等级保护基本要求》。

（3）GB/T 25058—2010《信息安全技术　信息系统安全等级保护实施指南》。

（4）GB/T 28448—2012《信息安全技术　信息系统安全等级保护测评要求》。

1）等级测评的作用

依据《信息安全等级保护管理办法》（公通字〔2007〕43号），信息系统运营、使用单位在进行信息系统备案后，都应当选择测评机构进行等级测评。等级测评是测评机构依据《信息系统安全等级保护测评要求》等管理规范和技术标准，检测评估信息系统安全等级保护状况是否达到相应等级基本要求的过程，是落实信息安全等级保护制度的重要环节。在信息系统建设、整改时，信息系统运营、使用单位通过等级测评进行现状分析，确定系统的安全保护现状和存在的安全问题，并在此基础上确定系统的整改安全需求。

在信息系统运维过程中，信息系统运营、使用单位定期委托测评机构开展等级测评，对信息系统安全等级保护状况进行安全测试，对信息安全管控能力进行考察和评价，从而判定信息系统是否具备 GB/T 22239—2008 中相应等级安全保护能力。而且，等级测评报告是信息系统开展整改加固的重要指导性文件，也是信息系统备案的重要附件材料。等级测评结论为信息系统未达到相应等级的基本安全保护能力的，运营、使用单位应当根据等级测评报告，制定方案进行整改，尽快达到相应等级的安全保护能力。

2）等级测评执行主体

可以为三级及以上等级信息系统实施等级测评的等级测评执行主体应具备如下条件：在中华人民共和国境内注册成立（港澳台地区除外）；由中国公民投资、中国法人投资或者国家投资的企事业单位（港澳台地区除外）；从事相关检测评估工作两年以上，无违法记录；工作人员仅限于中国公民；法人及主要业务、技术人员无犯罪记录；使用的技术装备、设施应当符合《信息安全等级保护管理办法》（公通字〔2007〕43号）对信息安全产品的要求；具有完备的保密管理、项目管理、质量管理、人员管理和培训教育等安全管理制度；对国家安全、社会秩序、公共利益不构成威胁。[摘自《信息安全等级保护管理办法》（公通字〔2007〕43号）]。

等级测评执行主体应履行如下义务：遵守国家有关法律法规和技术标准，提供安全、客观、公正的检测评估服务，保证测评的质量和效果；保守在测评活动中知悉的国家秘密、商业秘密和个人隐私，防范测评风险；对测评人员进行安全保密教育，与其签订安全保密责任书，规定应当履行的安全保密义务和承担的法律责任，并负责检查落实。

3）等级测评风险

等级测评实施过程中，被测系统可能面临以下风险。

（1）验证测试影响系统正常运行。

在现场测评时，需要对设备和系统进行一定的验证测试工作，部分测试内容需要上机查看一些信息，这就可能对系统的运行造成一定的影响，甚至存在误操作的可能。

（2）工具测试影响系统正常运行。

在现场测评时，会使用一些技术测试工具进行漏洞扫描测试、性能测试甚至抗渗透能力测试。测试可能会对系统的负载造成一定的影响，漏洞扫描测试和渗透测试可能对服务器和网络通信造成一定影响甚至伤害。

（3）敏感信息泄漏。

泄漏被测系统状态信息，如网络拓扑、IP 地址、业务流程、安全机制、安全隐患和有关文档信息。

4）等级测评过程

等级测评过程分为 4 个基本测评活动：测评准备活动、方案编制活动、现场测评活动、分析及报告编制活动。

（1）测评准备活动：本活动是开展等级测评工作的前提和基础，是整个等级测评过程有效性的保证。测评准备工作是否充分直接关系到后续工作能否顺利开展。本活动的主要任务是掌握被测系统的详细情况，准备测试工具，为编制测评方案做好准备。

（2）方案编制活动：本活动是开展等级测评工作的关键活动，为现场测评提供最基本的文档和指导方案。本活动的主要任务是确定与被测信息系统相适应的测评对象、测评指标及测评内容等，并根据需要重用或开发测评指导书，形成测评方案。

（3）现场测评活动：本活动是开展等级测评工作的核心活动。本活动的主要任务是按照测评方案的总体要求，严格执行测评指导书，分步实施所有测评项目，包括单元测评和整体测评两个方面，以了解系统的真实保护情况，获取足够证据，发现系统存在的安全问题。

（4）分析及报告编制活动：本活动是给出等级测评工作结果的活动，是总结被测系统整体安全保护能力的综合评价活动。本活动的主要任务是根据现场测评结果和 GB/T 25058—2010 的有关要求，通过单项测评结果判定、单元测评结果判定、整体测评和风险分析等方法，找出整个系统的安全保护现状与相应等级的保护要求之间的差距，并分析这些差距导致被测系统面临的风险，从而给出等级测评结论，形成测评报告文本。

2．测评准备活动

1）测评准备活动的工作流程

测评准备活动的目标是顺利启动测评项目，准备测评所需的相关资料，为顺利编制测评方案打下良好的基础。测评准备活动包括项目启动、信息收集和分析、工具和表单准备 3 项主要任务。这 3 项任务的基本工作流程如图 5-4 所示。

2）测评准备活动的主要任务

（1）项目启动。

在项目启动任务中，测评机构组建等级测评项目组，获取测评委托单位及被测系统的基本情况，从基本资料、人员、计划安排等方面为整个等级测评项目的实施做基本准备。

输入：委托测评协议书。

任务描述如下。

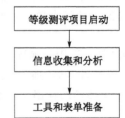

图 5-4　测评准备活动的基本工作流程

① 根据测评双方签订的委托测评协议书和系统规模，测评机构组建测评项目组，从人员方面做好准备，并编制项目计划书。项目计划书应包含项目概述、工作依据、技术思路、工作内容和项目组织等。

② 测评机构要求测评委托单位提供基本资料，包括被测系统总体描述文件，详细描述文件，

安全保护等级定级报告，系统验收报告，安全需求分析报告，安全总体方案，自查或上次等级测评报告（如果有），测评委托单位的信息化建设状况与发展以及联络方式等。

输出/产品：项目计划书。

（2）信息收集和分析。

测评机构通过查阅被测系统已有资料或使用调查表格的方式，了解整个系统的构成和保护情况，为编写测评方案和开展现场测评工作奠定基础。

输入：调查表格，被测系统总体描述文件，详细描述文件，安全保护等级定级报告，系统验收报告，安全需求分析报告，安全总体方案，自查或上次等级测评报告（如果有）。

任务描述如下。

① 测评机构收集等级测评需要的各种资料，包括测评委托单位的各种方针文件、规章制度及相关过程管理记录、被测系统总体描述文件、详细描述文件、安全保护等级定级报告、安全需求分析报告、安全总体方案、安全现状评价报告、安全详细设计方案、用户指南、运行步骤、网络图表、配置管理文档等。

② 测评机构将调查表格提交给测评委托单位，督促被测系统相关人员准确填写调查表格。

③ 测评机构收回填写完成的调查表格，并分析调查结果，了解和熟悉被测系统的实际情况。分析的内容包括被测系统的基本信息、物理位置、行业特征、管理框架、管理策略、网络及设备部署、软硬件重要性及部署情况、范围及边界、业务种类及重要性、业务流程、业务数据及重要性、业务安全保护等级、用户范围、用户类型、被测系统所处的运行环境及面临的威胁等。这些信息可以重用自查或上次等级测评报告中的可信结果。

④ 如果调查表格填写不准确或不完善或存在相互矛盾的地方较多，测评机构应安排现场调查，与被测系统相关人员进行面对面的沟通和了解。

输出/产品：填好的调查表格。

（3）工具和表单准备。

测评项目组成员在进行现场测评之前，应熟悉与被测系统相关的各种组件、调试测评工具、准备各种表单等。

输入：各种与被测系统相关的技术资料。

任务描述如下。

① 测评人员调试本次测评过程中将用到的测评工具，包括漏洞扫描工具、渗透性测试工具、性能测试工具和协议分析工具等。

② 测评人员模拟被测系统搭建测评环境。

③ 准备和打印表单，主要包括现场测评授权书、文档交接单、会议记录表单、会议签到表单等。

输出/产品：选用的测评工具清单，打印的各类表单。

3）测评准备活动的输出文档

测评准备活动的输出文档及其内容如表 5-4 所示。

表 5-4　测评准备活动的输出文档及其内容

任　　务	输 出 文 档	文　档　内　容
项目启动	项目计划书	项目概述、工作依据、技术思路、工作内容和项目组织等
信息收集和分析	填好的调查表格	被测系统的安全保护等级、业务情况、数据情况、软硬件情况、管理模式和相关部门及角色等

续表

任　　务	输 出 文 档	文 档 内 容
工具和表单准备	选用的测评工具清单； 打印的各类表单：现场测评授权书、文档交接单、会议记录表单、会议签到表单	现场测评授权、交接的文档名称、会议记录项目、会议签到项目

4）测评准备活动中双方的职责

（1）测评机构的职责。

① 组建等级测评项目组。

② 指出测评委托单位应提供的基本资料。

③ 准备被测系统基本情况调查表格，并提交给测评委托单位。

④ 向测评委托单位介绍安全测评工作流程和方法。

⑤ 向测评委托单位说明测评工作可能带来的风险和规避方法。

⑥ 了解测评委托单位的信息化建设状况与发展，以及被测系统的基本情况。

⑦ 初步分析系统的安全情况。

⑧ 准备测评工具和文档。

（2）测评委托单位的职责。

① 向测评机构介绍本单位的信息化建设状况与发展情况。

② 准备测评机构需要的资料。

③ 为测评人员的信息收集提供支持和协调。

④ 准确填写调查表格。

⑤ 根据被测系统的具体情况，如业务运行高峰期、网络布置情况等，为测评时间安排提供适宜的建议。

⑥ 制定应急预案。

3．方案编制活动

1）方案编制活动的工作流程

方案编制活动的目标是整理测评准备活动中获取的信息系统相关资料，为现场测评活动提供最基本的文档和指导方案。方案编制活动包括测评对象确定、测评指标确定、测试工具接入点确定、测评内容确定、测评指导书开发及测评方案编制 6 项主要任务。这 6 项任务的基本工作流程如图 5-5 所示。

2）方案编制活动的主要任务

（1）测评对象确定。

根据已经了解到的被测系统信息，分析整个被测系统及其涉及的业务应用系统，确定出本次测评的测评对象。

输入：填好的调查表格。

任务描述如下

① 识别并描述被测系统的整体结构。

根据调查表格获得的被测系统基本情况，识别出被测系统的整体结构并加以描述。描述内容应包括被测系统的标识（名称）、物理环境、网络拓扑结构和外部边界连接情况等，并给出网络拓扑图。

② 识别并描述被测系统的边界。

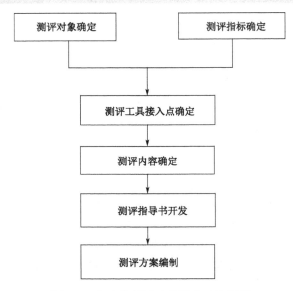

图 5-5 方案编制活动的基本工作流程

根据填好的调查表格,识别出被测系统边界并加以描述。描述内容应包括:被测系统与其他网络进行外部连接的边界连接方式,如采用光纤、无线和专线等;描述各边界主要设备,如防火墙、路由器或服务器等。如果在被测系统边界连接处有共用设备,一般可以把该设备划到等级较高的那个信息系统中。

③ 识别并描述被测系统的网络区域。

一般信息系统都会根据业务类型及其重要程度将信息系统划分为不同的区域。对于没有进行区域划分的系统,应首先根据被测系统实际情况进行大致划分并加以描述。描述内容主要包括区域划分、每个区域内的主要业务应用、业务流程、区域的边界以及它们之间的连接情况等。

④ 识别并描述被测系统的重要节点。

描述系统节点时可以以区域为线索,具体描述各个区域内包括的计算机硬件设备(包括服务器设备、客户端设备、打印机及存储器等外围设备)、网络硬件设备(包括交换机、路由器、各种适配器等)等,并说明各个节点之间的主要连接情况和节点上安装的应用系统软件情况等。

⑤ 描述被测系统。

对上述描述内容进行整理,确定被测系统并加以描述。描述被测系统时,一般以被测系统的网络拓扑结构为基础,采用总分式的描述方法,先说明整体结构,然后描述外部边界连接情况和边界主要设备,最后介绍被测系统的网络区域组成、主要业务功能及相关的设备节点等。

⑥ 确定测评对象。

分析各个作为定级对象的信息系统,包括信息系统的重要程度及其相关设备、组件,在此基础上,确定出各测评对象。

⑦ 描述测评对象。

描述测评对象时,一般针对每个定级对象分门别类加以描述,包括机房、业务应用软件、主机操作系统、数据库管理系统、网络互联设备及其操作系统、安全设备及其操作系统、访谈人员及其安全管理文档等。在对每类测评对象进行描述时则一般采用列表的方式,包括测评对象所属区域、设备名称、用途、设备信息等内容。

输出/产品:测评方案的测评对象部分。

(2)测评指标确定。

根据已经了解到的被测系统定级结果，确定出本次测评的测评指标。

输入：填好的调查表格，GB/T 22239—2008。

任务描述如下。

① 根据被测系统调查表格，得出被测系统的定级结果，包括业务信息安全保护等级和系统服务安全保护等级，从而得出被测系统应采取的安全保护措施 ASG 组合情况。

② 从 GB/T 22239—2008 中选择相应等级的安全要求作为测评指标，包括对 ASG 三类安全要求的选择。举例来说，假设某信息系统的定级结果为：安全保护等级为 3 级，业务信息安全保护等级为 2 级，系统服务安全保护等级为 3 级；则该系统的测评指标将包括 GB/T 22239—2008 "技术要求"中的 3 级通用安全保护类要求（G3）、2 级业务信息安全类要求（S2）、3 级系统服务保证类要求（A3），以及第 3 级 "管理要求"中的所有要求。

③ 对于由多个不同等级的信息系统组成的被测系统，应分别确定各个定级对象的测评指标。如果多个定级对象共用物理环境或管理体系，而且测评指标不能分开，则不能分开的这些测评指标应采用就高原则。

④ 分别针对每个定级对象加以描述，包括系统的定级结果、指标选择两部分。其中，指标选择可以列表的形式给出。例如，一个安全保护等级和系统服务安全保护等级均为 3 级、业务信息安全保护等级为 2 级的定级对象，测评指标可以列出如表 5-5 所示。

表 5-5　测评指标

技术/管理	层　面	测评指标			
		数　量			
		S 类（2 级）	A 类（3 级）	G 类（3 级）	小计
安全技术	物理安全	1	1	8	10
	网络安全	1	0	6	7
	主机安全	2	1	3	6
	应用安全	4	2	2	8
	数据安全	2	1	0	3
安全管理	安全管理制度	0	0	3	3
	安全管理机构	0	0	5	5
	人员安全管理	0	0	5	5
	系统建设管理	0	0	11	11
	系统运维管理	0	0	13	13
合　计					71（类）

（3）测试工具接入点确定。

在等级测评中，对 2 级和 2 级以上的信息系统应进行工具测试，工具测试可能用到漏洞扫描器、渗透测试工具集、协议分析仪等测试工具。

输入：填好的调查表格，GB/T 28448—2012。

任务描述如下。

① 确定需要进行工具测试的测评对象。

② 选择测试路径。一般来说，测试工具的接入采取从外到内，从其他网络到本地网段的逐步逐点接入，即测试工具从被测系统边界外接入、在被测系统内部与测评对象不同网段及同一网段内接入等几种方式。

③ 根据测试路径，确定测试工具的接入点。

从被测系统边界外接入时，测试工具一般接在系统边界设备（通常为交换设备）上。在该点接入漏洞扫描器，扫描探测被测系统的主机、网络设备对外暴露的安全漏洞情况。在该接入点接入协议分析仪，可以捕获应用程序的网络数据包，查看其安全加密和完整性保护情况。在该接入点使用渗透测试工具集，试图利用被测试系统的主机或网络设备的安全漏洞，跨过系统边界，侵入被测系统主机或网络设备。

从系统内部与测评对象不同网段接入时，测试工具一般接在与被测对象不在同一网段的内部核心交换设备上。在该点接入扫描器，可以直接扫描测试内部各主机和网络设备对本单位其他不同网络所暴露的安全漏洞情况。在该接入点接入网络拓扑发现工具，可以探测信息系统的网络拓扑情况。在系统内部与测评对象同一网段内接入时，测试工具一般接在与被测对象在同一网段的交换设备上。在该点接入扫描器，可以在本地直接测试各被测主机、网络设备对本地网络暴露的安全漏洞情况。一般来说，该点扫描探测出的漏洞数应该是最多的，它说明主机、网络设备在没有网络安全保护措施下的安全状况。如果该接入点所在网段有大量用户终端设备，则可以在该接入点接入非法外联检测设备，测试各终端设备是否出现过非法外联情况。

④ 结合网络拓扑图，采用图示的方式描述测试工具的接入点、测试目的、测试途径和测试对象等相关内容。

输出/产品：测评方案的测评内容中关于测评工具接入点部分。

（4）测评内容确定。

本部分确定现场测评的具体实施内容，即单元测评内容。

输入：填好的调查表格，测评方案的测评对象、测评指标及测评工具接入点部分。

任务描述如下。

① 确定单元测评内容。

依据 GB/T 28448—2012，将前面已经得到的测评指标和测评对象结合起来，然后将测评对象与具体的测评方法结合起来，这也是编制测评指导书测评指导书的第一步。

具体做法就是把各层面上的测评指标结合到具体测评对象上，并说明具体的测评方法，如此构成一个个可以具体实施测评的单元。参照 GB/T 28448—2012，结合已选定的测评指标和测评对象，概要说明现场单元测评实施的工作内容；涉及工具测试部分，应根据确定的测试工具接入点，编制相应的测试内容。

在测评方案中，现场单元测评实施内容通常以表格的形式给出，表格包括测评指标、测评内容描述等内容。现场测评实施内容是项目组每个成员开发测评指导书的基础。

现场单元测评实施内容表格描述的基本格式之一如表 5-6 所示。

表 5-6 ××（如物理安全）单元测评实施内容

序　号	测评指标	测评内容描述
1	测评指标 1	测评对象、测评方法、测评实施概述
2	测评指标 2	
3	测评指标 3	
……	……	

（5）测评指导书开发。

测评指导书是具体指导测评人员如何进行测评活动的文件，是现场测评的工具、方法和操作步骤等的详细描述，是保证测评活动可以重现的根本。因此，测评指导书应当尽可能详尽、充分。

输入：测评方案的测试工具接入点、单元测评实施部分。

任务描述如下。

① 描述单个测评对象，包括测评对象的名称、IP 地址、用途、管理人员等信息。

② 根据 GB/T 28448—2012 的单元测评实施确定测评活动，包括测评项、测评方法、操作步骤和预期结果四部分。

测评项是指 GB/T 22239—2008 中对该测评对象在该用例中的要求，在 GB/T 28448—2012 中对应每个测评单元中的"测评指标"的具体要求项。测评方法是指访谈、检查和测试 3 种方法，具体到测评对象上可细化为文档审查、配置检查、工具测试和实地察看等多种方法，每个测评项可能对应多个测评方法。操作步骤是指在现场测评活动中应执行的命令或步骤，是按照 GB/T 28448—2012 中的每个"测评实施"项目开发的操作步骤，涉及工具测试时，应描述工具测试路径及接入点等。预期结果是指按照操作步骤在正常的情况下应得到的结果和获取的证据。

③ 单元测评一般以表格形式设计和描述测评项、测评方法、操作步骤和预期结果等内容。整体测评则一般以文字描述的方式表述，可以以测评用例的方式进行组织。

单元测评的测评指导书描述的基本格式如表 5-7 所示。

表 5-7　××（测评对象，如核心交换机）单元测评指导书

序　号	测 评 指 标		操 作 步 骤	预 期 结 果
1	测评指标 1	测评项 a	1.……	1.……
2		测评项 b	2.……	2.……
3		测评项 c	……	……
4		……	……	……
5	测评指标 2	测评项 a	……	……
6		……	……	……
……	……	……	……	……

输出/产品：测评指导书，测评结果记录表格。

（6）测评方案编制。

测评方案是等级测评工作实施的基础，指导等级测评工作的现场实施活动。测评方案应包括但不局限于以下内容：项目概述、测评对象、测评指标、测评工具的接入点以及单元测评实施等。

输入：委托测评协议书，填好的调研表格，GB/T 22239—2008 中相应等级的基本要求，测评方案的测评对象、测评指标、测试工具接入点、测评内容部分。

任务描述如下。

① 根据委托测评协议书和填好的调研表格，提取项目来源、测评委托单位整体信息化建设情况及被测系统与单位其他系统之间的连接情况等。

② 根据等级保护过程中的等级测评实施要求，将测评活动所依据的标准罗列出来。

③ 依据委托测评协议书和被测系统情况，估算现场测评工作量。工作量可以根据配置检查的节点数量和工具测试的接入点及测试内容等情况进行估算。

④ 根据测评项目组成员安排，编制工作安排情况。

⑤ 根据以往测评经验及被测系统规模，编制具体测评计划，包括现场工作人员的分工和时间安排。在进行时间计划安排时，应尽量避开被测系统的业务高峰期，避免给被测系统带来影响。同时，在测评计划中应将具体测评所需条件及测评需要的配合人员也一并给出，便于测评实施之前双方沟通协调、合理安排。

⑥ 汇总上述内容及方案编制活动的其他任务获取的内容形成测评方案文稿。

⑦ 评审和提交测评方案。测评方案初稿应通过测评项目组全体成员评审，修改完成后形成提交稿。然后，测评机构将测评方案提交给测评委托单位签字认可。

输出/产品：经过评审和确认的测评方案文本。

3）方案编制活动的输出文档

方案编制活动的输出文档及其内容如表 5-8 所示。

表 5-8　方案编制活动的输出文档及其内容

任　务	输 出 文 档	文 档 内 容
测评对象确定	测评方案的测评对象部分	被测系统的整体结构、边界、网络区域、重要节点、测评对象等
测评指标确定	测评方案的测评指标部分	被测系统定级结果、测评指标
测评工具接入点确定	测评方案的测评工具接入点部分	测试工具接入点及测试方法
测评内容确定	测评方案的单元测评实施部分	单元测评实施内容
测评指导书开发	测评指导书	各测评对象的测评内容及方法
测评方案编制	测评方案文本	项目概述、测评对象、测评指标、测试工具接入点、单元测评实施内容等

4）方案编制活动中双方的职责

（1）测评机构的职责。

① 详细分析被测系统的整体结构、边界、网络区域、重要节点等。

② 初步判断被测系统的安全薄弱点。

③ 分析确定测评对象、测评指标和测试工具接入点，确定测评内容及方法。

④ 编制测评方案文本，并对其进行内部评审，并提交被测机构签字确认。

（2）测评委托单位的职责。

对测评方案进行认可，并签字确认。

4．现场测评活动

1）现场测评活动的工作流程

现场测评活动通过与测评委托单位进行沟通和协调，为现场测评的顺利开展打下良好基础，然后依据测评方案实施现场测评工作，将测评方案和测评工具等具体落实到现场测评活动中。现场测评工作应取得分析与报告编制活动所需的、足够的证据和资料。

现场测评活动包括现场测评准备、现场测评和结果记录、结果确认和资料归还 3 项主要任务。这 3 项任务的基本工作流程如图 5-6 所示。

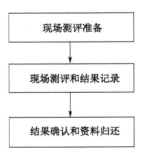

图 5-6　现场测评活动的基本工作流程

2）现场测评活动的主要任务

（1）现场测评准备。

本任务启动现场测评，是保证测评机构能够顺利实施测评的前提。

输入：现场测评授权书，测评方案。

任务描述如下。

① 测评委托单位签署现场测评授权书。

② 召开测评现场首次会议，测评机构介绍测评工作，交流测评信息，进一步明确测评计划和方案中的内容，说明测评过程中具体的实施工作内容、测评时间安排等，以便于后面的测评工作的开展。

③ 测评双方确认现场测评需要的各种资源，包括测评委托单位的配合人员和需要提供的测评条件等，确认被测系统已备份过系统及数据。

④ 测评人员根据会议沟通结果，对测评结果记录表单和测评程序进行必要的更新。

输出/产品：会议记录，更新后的测评计划和测评程序，确认的测评授权书等。

（2）现场测评和结果记录。

现场测评一般包括访谈、文档审查、配置检查、工具测试和实地查看 5 个方面。

① 访谈。

输入：测评指导书，技术安全和管理安全测评的测评结果记录表格。

任务描述如下。

测评人员与被测系统有关人员（个人/群体）进行交流、讨论等活动，获取相关证据，了解有关信息。在访谈范围上，不同等级信息系统在测评时有不同的要求，一般应基本覆盖所有的安全相关人员类型，在数量上可以抽样。具体可参照 GB/T 28448—2012 中的各级要求。

输出/产品：技术安全和管理安全测评的测评结果记录或录音。

② 文档审查。

输入：安全方针文件，安全管理制度，安全管理的执行过程文档，系统设计方案，网络设备的技术资料，系统和产品的实际配置说明，系统的各种运行记录文档，机房建设相关资料，机房出入记录等过程记录文档，测评指导书，管理安全测评的测评结果记录表格。

任务描述如下。

① 检查 GB/T 22239—2008 中规定的必须具有的制度、策略、操作规程等文档是否齐备。

② 检查是否有完整的制度执行情况记录，如机房出入登记记录、电子记录、高等级系统的关键设备的使用登记记录等。

③ 对上述文档进行审核与分析，检查它们的完整性和这些文件之间的内部一致性。

下面列出对不同等级信息系统在测评实施时的不同强度要求。

一级：满足 GB/T 22239—2008 中的一级要求。

二级：满足 GB/T 22239—2008 中的二级要求，并且所有文档之间应保持一致性，要求有执行过程记录的，过程记录文档的记录内容应与相应的管理制度和文档保持一致，与实际情况保持一致。

三级：满足 GB/T 22239—2008 中的三级要求，所有文档应具备且完整，并且所有文档之间应保持一致性，要求有执行过程记录的，过程记录文档的记录内容应与相应的管理制度和文档保持一致，与实际情况保持一致，安全管理过程应与系统设计方案保持一致且能够有效管理系统。

四级：满足 GB/T 22239—2008 中的四级要求，所有文档应具备且完整，并且所有文档之间应保持一致性，要求有执行过程记录的，过程记录文档的记录内容应与相应的管理制度和文档保持一致，与实际情况保持一致，安全管理过程应与系统设计方案保持一致且能够有效管理系统。

输出/产品：管理安全测评的测评结果记录。

④ 配置检查。

输入：测评指导书，技术安全测评的网络、主机、应用测评结果记录表格。

任务描述如下。

根据测评结果记录表格内容，利用上机验证的方式检查应用系统、主机系统、数据库系统以及网络设备的配置是否正确，是否与文档、相关设备和部件保持一致，对文档审核的内容进行核实（包括日志审计等）。

如果系统在输入无效命令时不能完成其功能，将要对其进行错误测试。

针对网络连接，应对连接规则进行验证。

下面列出对不同等级信息系统在测评实施时的不同强度要求。

一级：满足 GB/T 22239—2008 中的一级要求。

二级：满足 GB/T 22239—2008 中的二级要求，测评其实施的正确性和有效性，检查配置的完整性，测试网络连接规则的一致性。

三级：满足 GB/T 22239—2008 中的三级要求，测评其实施的正确性和有效性，检查配置的完整性，测试网络连接规则的一致性，测试系统是否达到可用性和可靠性的要求。

四级：满足 GB/T 22239-2008 中的四级要求，测评其实施的正确性和有效性，检查配置的完整性，测试网络连接规则的一致性，测试系统是否达到可用性和可靠性的要求。

输出/产品：技术安全测评的网络、主机、应用测评结果记录。

⑤ 工具测试。

输入：测评指导书，技术安全测评的网络、主机、应用测评结果记录表格。

任务描述如下。

根据测评指导书，利用技术工具对系统进行测试，包括基于网络探测和基于主机审计的漏洞扫描、渗透性测试、性能测试、入侵检测和协议分析等。

备份测试结果。

下面列出对不同等级信息系统在测评实施时的不同强度要求。

一级：满足 GB/T 22239—2008 中的一级要求。

二级：满足 GB/T 22239—2008 中的二级要求，针对主机、服务器、关键网络设备、安全设备等设备进行漏洞扫描等。

三级：满足 GB/T 22239—2008 中的三级要求，针对主机、服务器、网络设备、安全设备等设备进行漏洞扫描，针对应用系统完整性和保密性要求进行协议分析，渗透测试应包括基于一般脆弱性的内部和外部渗透攻击。

四级：满足 GB/T 22239—2008 中的四级要求，针对主机、服务器、网络设备、安全设备等设备进行漏洞扫描，针对应用系统完整性和保密性要求进行协议分析，渗透测试应包括基于一般脆弱性的内部和外部渗透攻击。

输出/产品：技术安全测评的网络、主机、应用测评结果记录，工具测试完成后的电子输出记录，备份的测试结果文件。

⑥ 实地察看。

输入：测评指导书，技术安全测评的物理安全和管理安全测评结果记录表格。

任务描述如下。

根据被测系统的实际情况，测评人员到系统运行现场通过实地的观察人员行为、技术设施和物理环境状况判断人员的安全意识、业务操作、管理程序和系统物理环境等方面的安全情况，测评其是否达到了相应等级的安全要求。

下面列出对不同等级信息系统在测评实施时的不同强度要求。

一级：满足 GB/T 22239—2008 中的一级要求。

二级：满足 GB/T 22239—2008 中的二级要求。

三级：满足 GB/T 22239—2008 中的三级要求，判断实地观察到的情况与制度和文档中说明的情况是否一致，检查相关设备、设施的有效性和位置的正确性，与系统设计方案的一致性。

四级：满足 GB/T 22239—2008 中的四级要求，判断实地观察到的情况与制度和文档中说明的情况是否一致，检查相关设备、设施的有效性和位置的正确性，与系统设计方案的一致性。

输出/产品：技术安全测评的物理安全和管理安全测评结果记录。

（3）结果确认和资料归还。

输入：测评结果记录，工具测试完成后的电子输出记录。

任务描述如下。

① 测评人员在现场测评完成之后，应首先汇总现场测评的测评记录，对漏掉和需要进一步验证的内容实施补充测评。

② 召开测评现场结束会，测评双方对测评过程中发现的问题进行现场确认。

③ 测评机构归还测评过程中借阅的所有文档资料，并由测评委托单位文档资料提供者签字确认。输出/产品：现场测评中发现的问题汇总，证据和证据源记录，测评委托单位的书面认可文件。

3）现场测评活动的输出文档

现场测评活动的输出文档及其内容如表 5-9 所示。

表 5-9　现场测评活动的输出文档及其内容

任　务	输 出 文 档	文 档 内 容
现场测评准备	会议记录、确认的测评授权书、更新后的测评计划和测评程序	工作计划和内容安排，双方人员的协调，测评委托单位应提供的配合
访谈	技术安全和管理安全测评的测评结果记录或录音	访谈记录
文档审查	管理安全测评的测评结果记录	管理制度和管理执行过程文档的记录
配置检查	技术安全测评的网络、主机、应用测评结果记录	检查内容的记录
工具测试	技术安全测评的网络、主机、应用测评结果记录，工具测试完成后的电子输出记录，备份的测试结果文件	漏洞扫描、渗透性测试、性能测试、入侵检测和协议分析等内容的技术测试结果
实地查看	技术安全测评的物理安全和管理安全测评结果记录	检查内容的记录
测评结果确认	现场核查中发现的问题汇总、证据和证据源记录、测评委托单位的书面认可文件	测评活动中发现的问题、问题的证据和证据源、每项检查活动中测评委托单位配合人员的书面认可

4）现场测评活动中双方的职责

（1）测评机构的职责。

利用访谈、文档审查、配置检查、工具测试和实地察看的方法测评被测系统的保护措施情况，并获取相关证据。

（2）测评委托单位的职责。

① 测评前备份系统和数据，并确认被测设备状态完好。

② 协调被测系统内部相关人员的关系，配合测评工作的开展。

③ 签署现场测评授权书。

④ 相关人员回答测评人员的问询，对某些需要验证的内容上机进行操作。

⑤ 相关人员确认测试前协助测评人员实施工具测试并提供有效建议，降低安全测评对系统运行的影响。

⑥ 相关人员协助测评人员完成业务相关内容的问询、验证和测试。

⑦ 相关人员对测评结果进行确认。

⑧ 相关人员确认测试后被测设备状态完好。

5．分析与报告编制活动

1）分析与报告编制活动的工作流程

在现场测评工作结束后，测评机构应对现场测评获得的测评结果（或称测评证据）进行汇总分析，形成等级测评结论，并编制测评报告。

测评人员在初步判定单元测评结果后，还需进行整体测评，经过整体测评后，有的单元测评结果可能会有所变化，需进一步修订单元测评结果，而后进行风险分析和评价，形成等级测评结论。分析与报告编制活动包括单项测评结果判定、单元测评结果判定、整体测评、风险分析、等级测评结论形成及测评报告编制 6 项主要任务。这 6 项任务的基本工作流程如图 5-7 所示。

2）分析与报告编制活动的主要任务

（1）单项测评结果判定。

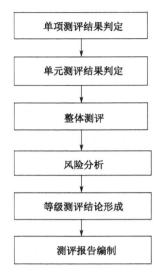

图 5-7　分析与报告编制活动的基本工作流程

本任务主要是针对测评指标中的单个测评项，结合具体测评对象，客观、准确地分析测评证据，形成初步单项测评结果，单项测评结果是形成等级测评结论的基础。

输入：技术安全和管理安全的单项测评结果记录，测评指导书。

任务描述如下。

① 针对每个测评项，分析该测评项所对抗的威胁在被测系统中是否存在，如果不存在，则该测评项应标为不适用项。

② 分析单个测评项是否有多方面的要求内容，针对每一方面的要求内容，从一个或多个测评证据中选择出"优势证据"，并将"优势证据"与要求内容的预期测评结果相比较。

③ 如果测评证据表明所有要求内容与预期测评结果一致，则判定该测评项的单项测评结果为符合；如果测评证据表明所有要求内容与预期测评结果不一致，判定该测评项的单项测评结果为不符合；否则判定该测评项的单项测评结果为部分符合。

根据"优势证据"的定义，具体从测评方式上来看，针对物理安全测评，实地察看证据相比文档审查证据为优势证据，文档审查证据相比访谈证据为优势证据；针对技术安全的其他方面测评，工具测试证据相比配置检查证据为优势证据，配置检查证据相比访谈证据为优势证据；针对管理安全测评，优势证据不确定，需根据实际情况分析确定优势证据。

输出/产品：测评报告的单元测评的结果记录部分。

（2）单元测评结果判定。

本任务主要是将单项测评结果进行汇总，分别统计不同测评对象的单项测评结果，从而判定单元测评结果，并以表格的形式逐一列出。

输入：测评报告的单元测评的结果记录部分。

任务描述如下。

① 按层面分别汇总不同测评对象对应测评指标的单项测评结果情况，包括测评多少项、符合要求的多少项等内容，一般以表格形式列出。

汇总统计分析的基本表格形式如表 5-10 所示。

表 5-10　××安全单元测评结果汇总表

序　号	测 评 对 象	测 评 指 标			
		测评指标 1	测评指标 2	测评指标 3	……
1	对象 1	√（或×或△或 N/A）符合项数/在对象 1 上测评的测评指标 1 包含的测评项总数			
2	对象 2				
3	对象 3				
……	……				
	小计	符合项数/在上述对象上测评的测评指标 1 包含的测评项总数			

注："√"表示"符合"，"△"表示部分符合，"×"表示"不符合"，"N/A"表示"不适用"。

表 5-10 中的符号即为测评对象对应的单元测评结果。测评对象在某个测评指标的单元测评结果判别原则如下。

① 测评指标包含的所有适用测评项的单项测评结果均为符合，则该测评对象对应该测评指标的单元测评结果为符合。

② 测评指标包含的所有适用测评项的单项测评结果均为不符合，则该测评对象对应该测评指标的单元测评结果为不符合。

③ 测评指标包含的所有测评项均为不适用项，则该测评对象对应该测评指标的单元测评结果为不适用。

④ 测评指标包含的所有适用测评项的单项测评结果不全为符合或不符合，则该测评对象对应该测评指标的单元测评结果为部分符合。

输出/产品：测评报告的单元测评的结果汇总部分。

（3）整体测评。

针对单项测评结果的不符合项，采取逐条判定的方法，从安全控制间、层面间和区域间出发考虑，给出整体测评的具体结果，并对系统结构进行整体安全测评。

输入：测评报告的单元测评的结果汇总部分。

任务描述如下。

① 针对测评对象"部分符合"及"不符合"要求的单个测评项，分析与该测评项相关的其他测评项能否和它发生关联关系，发生什么样的关联关系，这些关联关系产生的作用是否可以"弥补"该测评项的不足，以及该测评项的不足是否会影响与其有关联关系的其他测评项的测评结果。

② 针对测评对象"部分符合"及"不符合"要求的单个测评项，分析与该测评项相关的其他层面的测评对象能否和它发生关联关系，发生什么样的关联关系，这些关联关系产生的作用是否可以"弥补"该测评项的不足，以及该测评项的不足是否会影响与其有关联关系的其他测评项的测评结果。

③ 针对测评对象"部分符合"及"不符合"要求的单个测评项，分析与该测评项相关的其他区域的测评对象能否和它发生关联关系，发生什么样的关联关系，这些关联关系产生的作用是否可以"弥补"该测评项的不足，以及该测评项的不足是否会影响与其有关联关系的其他测评项的测评结果。

④ 从安全角度分析被测系统整体结构的安全性，从系统角度分析被测系统整体安全防范的合理性。

⑤ 汇总上述分析结论，形成表格。

表格基本形式如表 5-11 所示。

表 5-11　整体测评结果

序　号	安 全 控 制	测 评 对 象	单项判定不符合项	能否进行关联互补	说　明
1	测评指标 1	对象 1			
		对象 2			
		……			
2	测评指标 1	对象 1			
		……			
……	……	……			
项目小计					

输出/产品：测评报告的整体测评部分。

（4）风险分析。

测评人员依据等级保护的相关规范和标准，采用风险分析的方法分析等级测评结果中存在的安全问题可能对被测系统安全造成的影响。

输入：填好的调查表格，测评报告的单元测评的结果汇总及整体测评部分。

任务描述如下。

① 结合单元测评的结果汇总和整体测评结果，将物理安全、网络安全、主机安全、应用安全等层面中各个测评对象的测评结果再次汇总分析，统计符合情况。一般可以表格的形式描述。

表格的基本形式可以如表 5-12 所示。

表 5-12　××系统测评结果汇总

序　号	层面（类）	测评指标	符 合 情 况			
1	网络安全	测评指标 1	符合	部分符合	不符合	不适用
……		……				
……	……	……				
统计						

② 判断测评结果汇总中部分符合项或不符合项所产生的安全问题被威胁利用的可能性，可能性的取值范围为高、中和低。

③ 判断测评结果汇总中部分符合项或不符合项所产生的安全问题被威胁利用后，对被测系统的业务信息安全和系统服务安全造成的影响程度，影响程度取值范围为高、中和低。

④ 综合②和③的结果，对被测系统面临的安全风险进行赋值，风险值的取值范围为高、中和低。

⑤ 结合被测系统的安全保护等级对风险分析结果进行评价，即对国家安全、社会秩序、公共利益，以及公民、法人和其他组织的合法权益造成的风险。

输出：测评报告的测评结果汇总及风险分析和评价部分。

（5）等级测评结论形成。

测评人员在测评结果汇总的基础上，找出系统保护现状与等级保护基本要求之间的差距，并形成等级测评结论。

输入：测评报告的测评结果汇总部分。

任务描述如下。

根据表 5-12，如果部分符合和不符合项的统计结果不全为 0，则该信息系统未达到相应等级的基本安全保护能力；如果部分符合和不符合项的统计结果全为 0，则该信息系统达到了相应等级的基本安全保护能力。

输出/产品：测评报告的等级测评结论部分。

（6）测评报告编制。

测评报告应包括但不局限于以下内容：概述、被测系统描述、测评对象说明、测评指标说明、测评内容和方法说明、单元测评、整体测评、测评结果汇总、风险分析和评价、等级测评结论、整改建议等。其中，概述部分描述被测系统的总体情况、本次测评的主要测评目的和依据；被测系统描述、测评对象、测评指标、测评内容和方法等部分内容编制时可以参考测评方案相关部分内容，有改动的地方应根据实际测评情况进行修改。

输入：测评方案，单元测评的结果记录和结果汇总部分，整体测评部分，风险分析和评价部分，等级测评结论部分。

任务描述如下。

① 测评人员整理前面几项任务的输出/产品，编制测评报告相应部分。一个测评委托单位应形成一份测评报告，如果一个测评委托单位内有多个被测系统，报告中应分别描述每一个被测系统的等级测评情况。

② 针对被测系统存在的安全隐患，从系统安全角度提出相应的改进建议，编制测评报告的安全建设整改建议部分。

③ 列表给出现场测评的文档清单和单项测评记录，以及对各个测评项的单项测评结果判定情况，编制测评报告的单元测评的结果记录和问题分析部分。

④ 测评报告编制完成后，测评机构应根据测评协议书、测评委托单位提交的相关文档、测评原始记录和其他辅助信息，对测评报告进行评审。

⑤ 评审通过后，由项目负责人签字确认并提交给测评委托单位。

输出/产品：经过评审和确认的被测系统等级测评报告。

3）分析与报告编制活动的输出文档

分析与报告编制活动的输出文档及其内容如表 5-13 所示。

表 5-13　分析与报告编制活动的输出文档及其内容

任　　务	输　出　文　档	文　档　内　容
单项测评结果判定	等级测评报告的单元测评的结果记录部分	分析被测系统的安全现状（各个层面的基本安全状况）与标准中相应等级的基本要求的符合情况，给出单元测评结果
单项测评结果汇总分析	等级测评报告的单元测评的结果汇总部分	汇总统计单项测评结果，给出针对每个对象的单元测评结果
整体测评	等级测评报告的整体测评部分	分析被测系统整体安全状况及对单元测评结果的修订情况
风险分析	等级测评报告的风险分析和评价部分	分析被测系统存在的风险情况
等级测评结论形成	等级测评报告的等级测评结论部分	对测评结果进行分析，形成等级测评结论
测评报告编制	等级测评报告	单元测评记录和结果，单元测评结果汇总，整体测评过程及结果，风险分析过程及结果，等级测评结论，安全建设整改建议等。

4）分析与报告编制活动中双方的职责

（1）测评机构的职责。

① 分析并判定单项测评结果和整体测评结果。

② 分析评价被测系统存在的风险情况。

③ 根据测评结果形成等级测评结论。

④ 编制等级测评报告，说明系统存在的安全隐患和缺陷，并给出改进建议。

⑤ 评审等级测评报告，并将评审过的等级测评报告按照分发范围进行分发。

⑥ 将生成的过程文档归档保存，并将测评过程中生成的电子文档清除。

（2）测评委托单位的职责。

签收测评报告。

5.6　等级测评实例

信息系统安全等级测评报告模板如下。

报告编号：<u>XXXXXXXXXXX-XXXXX-XX-XXXX-XX</u>

信息系统安全等级测评报告

模板（2015 年版）

系统名称：_____

委托单位：_____

测评单位：_____

报告时间：_____ 年 ____ 月 ____ 日

报告编号　　　　　　　　　　　　　　　　　　　　　[2015 版]

说明：

一、每个备案信息系统单独出具测评报告。

二、测评报告编号为 4 组数据。各组含义和编码规则如下。

第一组为信息系统备案表编号，由 2 段 16 位数字组成，可以从公安机关颁发的信息系统备案证明（或备案回执）上获得。第 1 段即备案证明编号的前 11 位（前 6 位为受理备案公安机关代码，后 5 位为受理备案的公安机关给出的备案单位的顺序编号）；第 2 段即备案证明编号的后 5 位（系统编号）。

第二组为年份，由 2 位数字组成，如 09 代表 2009 年。

第三组为测评机构代码，由 4 位数字组成。前两位为省级行政区划数字代码的前两位或行业主管部门编号：00 为公安部，11 为北京，12 为天津，13 为河北，14 为山西，15 为内蒙古，21 为辽宁，22 为吉林，23 为黑龙江，31 为上海，32 为江苏，33 为浙江，34 为安徽，35 为福建，36 为江西，37 为山东，41 为河南，42 为湖北，43 为湖南，44 为广东，45 为广西，46 为海南，50 为重庆，51 为四川，52 为贵州，53 为云南，54 为西藏，61 为陕西，62 为甘肃，63 为青海，64 为宁夏，65 为新疆，66 为新疆兵团，90 为国防科工局，91 为电监会，92 为教育部。后两位为公安机关或行业主管部门推荐的测评机构顺序号。

第四组为本年度信息系统测评次数，由两位构成。例如，02 表示该信息系统本年度测评 2 次。

信息系统等级测评基本信息表

信息系统			
系统名称		安全保护等级	
备案证明编号		测评结论	
被测单位			
单位名称			
单位地址		邮政编码	
联系人	姓名		职务/职称	
	所属部门		办公电话	
	移动电话		电子邮件	
测评单位			
单位名称		单位代码	
通信地址		邮政编码	
联系人	姓名		职务/职称	
	所属部门		办公电话	
	移动电话		电子邮件	
审核批准	编制人	(签名)	编制日期	
	审核人	(签名)	审核日期	
	批准人	(签名)	批准日期	

注：单位代码由受理测评机构备案的公安机关给出。

-1-

声明

　　（声明是测评机构对测评报告的有效性前提、测评结论的适用范围以及使用方 式等有关事项的陈述。针对特殊情况下的测评工作，测评机构可在以下建议内容的 基础上增加特殊声明）

　　本报告是 ×××信息系统的等级测评报告。

　　本报告测评结论的有效性建立在被测评单位提供相关证据的真实性基础之上。

　　本报告中给出的测评结论仅对被测信息系统当时的安全状态有效。当测评工作完成后，由于信息系统发生变更而涉及的系统构成组件（或子系统）都应重新进行等级测评，本报告不再适用。

　　本报告中给出的测评结论不能作为对信息系统内部署的相关系统构成组件（或产品）的测评结论。

　　在任何情况下，若需引用本报告中的测评结果或结论都应保持其原有的意义，不得对相关内容擅自进行增加、修改和伪造或掩盖事实。

　　　　　　　　　　　　　　　　　　单位名称（加盖单位公章）

　　　　　　　　　　　　　　　　　　　　年　　月

-2-

161

目录

报告编号 _____ [2015 版]

等级测评结论

测评结论与综合得分			
系统名称		保护等级	
系统简介	（简要描述被测信息系统承载的业务功能等基本情况。建议不超过 400 字）		
测评过程简介	（简要描述测评范围和主要内容。建议不超过 200 字）		
测评结论		综合得分	

-3-

166

总体评价

　　根据被测系统测评结果和测评过程中了解的相关信息，从用户角度对被测信息系统的安全保护状况进行评价。例如，可以从安全责任制、管理制度体系、基础设施与网络环境、安全控制措施、数据保护、系统规划与建设、系统运维管理、应急保障等方面分别评价描述信息系统安全保护状况。

　　综合上述评价结果，对信息系统的安全保护状况给出总括性结论。例如，信息系统总体安全保护状况较好。

报告编号 [2015 版]

主要安全问题

描述被测信息系统存在的主要安全问题及其可能导致的后果。

问题处置建议

针对系统存在的主要安全问题提出处置建议。

-6-

1 测评项目概述

1.1 测评目的

1.2 测评依据

列出开展测评活动所依据的文件、标准和合同等。

如果有行业标准的,行业标准的指标作为基本指标。报告中的特殊指标属于用户自愿增加的要求项。

1.3 测评过程

描述等级测评工作流程,包括测评工作流程图、各阶段完成的关键任务和工作的时间节点等内容。

1.4 报告分发范围

说明等级测评报告正本的份数与分发范围。

2 被测信息系统情况

参照备案信息简要描述信息系统。

2.1 承载的业务情况

描述信息系统承载的业务、应用等情况。

2.2 网络结构

给出被测信息系统的拓扑结构示意图,并基于示意图说明被测信息系统的网络结构基本情况,包括功能/安全区域划分、隔离与防护情况、关键网络和主机设备的部署情况和功能简介、与其他信息系统的互联情况和边界设备以及本地备份和灾备中心的情况。

2.3 系统资产

系统资产包括被测信息系统相关的所有软硬件、人员、数据及文档等。

2.3.1 机房

以列表形式给出被测信息系统的部署机房。

序号	机房名称	物理位置

2.3.2 网络设备

以列表形式给出被测信息系统中的网络设备。

序号	设备名称	操作系统	品牌	型号	用途	数量（台/套）	重要程度
...	...	...	...	...	...	...	...

2.3.3 安全设备

以列表形式给出被测信息系统中的安全设备。

序号	设备名称	操作系统	品牌	型号	用途	数量（台/套）	重要程度
...	...	...	...	...	...	...	...

2.3.4 服务器/存储设备

以列表形式给出被测信息系统中的服务器和存储设备，描述服务器和存储设备的项目包括设备名称、操作系统、数据库管理系统以及承载的业务应用软件系统。

序 号	设备名称[1]	操作系统/数据库管理系统	版本	业务应用软件	数量（台/套）	重要程度
...	...	...	...	...	...	...

1 设备名称在本报告中应唯一，如××业务主数据库服务器或××-svr-db-1。

171

序 号	设备名称	操作系统/数据库管理系统	版本	业务应用软件	数量（台/套）	重要程度

2.3.5 终端

以列表形式给出被测信息系统中的终端，包括业务管理终端、业务终端和运维终端等。

序号	设备名称	操作系统	用途	数量（台/套）	重要程度
...	...	...	...	...	...

2.3.6 业务应用软件

以列表的形式给出被测信息系统中的业务应用软件（包括含中间件等应用平台软件），描述项目包括软件名称、主要功能简介。

序号	软件名称	主要功能	开发厂商	重要程度
...	...	...	...	...

2.3.7 关键数据类别

以列表形式描述具有相近业务属性和安全需求的数据集合。

序号	数据类别[1]	所属业务应用	安全防护需求[2]	重要程度
...	...	...	...	...

2.3.8 安全相关人员

---

1 如鉴别数据、管理信息和业务数据等，而业务数据可从安全防护需求（保密、完整等）的角度进一步细分。

2 保密性、完整性等。

以列表形式给出与被测信息系统安全相关的人员情况。相关人员包括（但不限于）安全主管、系统建设负责人、系统运维负责人、网络（安全）管理员、主机（安全）管理员、数据库（安全）管理员、应用（安全）管理员、机房管理人员、资产管理员、业务操作员、安全审计人员等。

序号	姓名	岗位/角色	联系方式
...	...	...	...

2.3.9 安全管理文档

以列表形式给出与信息系统安全相关的文档，包括管理类文档、记录类文档和其他文档。

序号	文档名称	主要内容
...	...	...

2.4 安全服务

序号	安全服务名称[1]	安全服务商
...	...	...

2.5 安全环境威胁评估

描述被测信息系统的运行环境中与安全相关的部分，并以列表形式给出被测信息系统的威胁列表。

---

[1] 安全服务包括系统集成、安全集成、安全运维、安全测评、应急响应、安全监测等所有相关安全服务。

报告编号 [2015版]

序号	威胁分(子)类	描述
...	...	...

2.6 前次测评情况

简要描述前次等级测评发现的主要问题和测评结论。

3 等级测评范围与方法

3.1 测评指标

测评指标包括基本指标和特殊指标两部分。

3.1.1 基本指标

依据信息系统确定的业务信息安全保护等级和系统服务安全保护等级,选择《基本要求》中对应级别的安全要求作为等级测评的基本指标,以表格形式列出。

安全层面 [1]	安全控制点 [2]	测评项数
...	...	...

3.1.2 不适用指标

[1] 安全层面对应基本要求中的物理安全、网络安全、主机安全、应用安全、数据安全与备份恢复、安全管理制度、安全管理机构、人员安全管理、系统建设管理和系统运维管理等10个安全要求类别。
[2] 安全控制点是对安全层面的进一步细化,在《基本要求》目录级别中对应安全层面的下一级目录。

报告编号　　　　　　　　　　　　　　　　　　　　　　　　　[2015 版]

鉴于信息系统的复杂性和特殊性，《基本要求》的某些要求项可能不适用于整个信息系统，对于这些不适用项应在表后给出不适用原因。

安全层面	安全控制点	不适用项	原因说明
...	...	...	

3.1.3　特殊指标

结合被测评单位要求、被测信息系统的实际安全需求及安全最佳实践经验，以列表形式给出《基本要求》（或行业标准）未覆盖或者高于《基本要求》（或行业标准）的安全要求。

安全层面	安全控制点	特殊要求描述	测评项数
...	...	...	...

3.2　测评对象

3.2.1　测评对象选择方法

依据 GB/T 28449—2012 《信息安全技术　信息系统安全等级保护测评过程指南》的测评对象确定原则和方法，结合资产重要程度赋值结果，描述本报告中测评对象的选择规则和方法。

3.2.2　测评对象选择结果

1.　机房

序号	机房名称	物理位置	重要程度

2. 网络设备

序号	设备名称	操作系统	用途	重要程度
…	…	…	…	

3. 安全设备

序号	设备名称	操作系统	用途	重要程度
…	…	…	…	

4. 服务器/存储设备

序号	设备名称[1]	操作系统/数据库管理系统	业务应用软件	重要程度
…	…		…	

5. 终端

序号	设备名称	操作系统	用途	重要程度
…				

6. 数据库管理系统

序号	数据库系统名称	数据库管理系统类型	所在设备名称	重要程度
…	…	…	…	

7. 业务应用软件

序号	软件名称	主要功能	开发厂商	重要程度
…	…	…		

8. 访谈人员

---

1 设备名称在本报告中应唯一，如××业务主数据库服务器或××-svr-db-1。

报告编号　　　　　　　　　　　　　　　　　　　　　[2015 版]

序号	姓名	岗位/职责
…	…	…

9.　安全管理文档

序号	文档名称	主要内容
…	…	…

3.3 测评方法

描述等级测评工作中采用的访谈、检查、测试和风险分析等方法。

4　单元测评

单元测评内容包括"3.1.1　基本指标"及"3.1.3　特殊指标"中涉及的安全层面，内容由问题分析和结果汇总等两个部分构成，详细结果记录及符合程度参见附录。

4.1 物理安全

4.1.1 结果汇总

针对不同安全控制点对单个测评对象在物理安全层面的单项测评结果进行汇总和统计。

序号	测评对象	符合情况	安全控制点								
			物理位置的选择	物理访问控制	防盗窃和防破坏	防雷击	防火	防水和防潮	防静电	温湿度控制	电力供应	电磁屏蔽
1	对象1	符合										
		部分符合										

报告编号 [2015版]

续表

序号	测评对象	符合情况	安全控制点									
			物理位置的选择	物理访问控制	防盗窃和防破坏	防雷击	防火	防水和防潮	防静电	温湿度控制	电力供应	电磁屏蔽
		不符合										
		不适用										
…	…	…	…	…	…	…	…	…	…	…	…	…

4.1.2 结果分析

针对物理安全测评结果中存在的符合项加以分析说明,形成被测系统具备的安全保护措施描述。

针对物理安全测评结果中存在的部分符合项或不符合项加以汇总和分析,形成安全问题描述。

4.2 网络安全

4.2.1 结果汇总

针对不同安全控制点对单个测评对象在网络安全层面的单项测评结果进行汇总和统计。

4.2.2 结果分析

4.3 主机安全

4.3.1 结果汇总

针对不同安全控制点对单个测评对象在主机安全层面的单项测评结果进行汇总和统计。

4.3.2 结果分析

4.4 应用安全

4.4.1 结果汇总

4.4.2 结果分析

4.5 数据安全及备份恢复

4.5.1 结果汇总

4.5.2 结果分析

4.6 安全管理制度

4.6.1 结果汇总

4.6.2 结果分析

4.7 安全管理机构

4.7.1 结果汇总

4.7.2 结果分析

4.8 人员安全管理

4.8.1 结果汇总

4.8.2 结果分析

4.9 系统建设管理

4.9.1 结果汇总

4.9.2　结果分析

4.10　系统运维管理

4.10.1　结果汇总

4.10.2　结果分析

4.11　××××（特殊指标）

4.11.1　结果汇总

4.11.2　结果分析

4.12　单元测评小结

4.12.1　控制点符合情况汇总

根据附录中测评项的符合程度得分，以算术平均法合并多个测评对象在同一测评项的得分，得到各测评项的多对象平均分。

根据测评项权重（参见附件《测评项权重赋值表》，其他情况的权重赋值另行发布），以加权平均合并同一安全控制点下的所有测评项的符合程度得分，并按照控制点得分计算公式得到各安全控制点的 5 分制得分。

控制点得分，n 为同一控制点下的测评项数，不含不适用的控制点和测评项。

以表格形式汇总测评结果，表格以不同颜色对测评结果进行区分，部分符合（安全控制点得分在 0~5 分，不等于 0 分或 5 分）的安全控制点采用黄色标识，不符合（安全控制点得分为 0 分）的安全控制点采用红色标识。

序号	安全层面	安全控制点	安全控制点得分	符合情况			
				符合	部分符合	不符合	不适用
1	物理安全	物理位置的选择					
2		物理访问控制					

续表

序号	安全层面	安全控制点	安全控制点得分	符合情况			
				符合	部分符合	不符合	不适用
3		防盗窃和防破坏					
4		防雷击					
5		防火					
6		防水和防潮					
7		防静电					
8		温湿度控制					
9		电力供应					
10		电磁防护					
...	...			...	...	...	
统计							

4.12.2　安全问题汇总

针对单元测评结果中存在的部分符合项或不符合项加以汇总，形成安全问题列表并计算其严重程度值。依其严重程度取值为 1~5，最严重的取值为 5。安全问题严重程度值是基于对应的测评项权重并结合附录中对应测评项的符合程度进行的。具体计算公式如下：

安全问题严重程度值=（5-测评项符合程度得分）×测评项权重。

问题编号	安全问题	测评对象	安全层面	安全控制点	测评项	测评项权重	问题严重程度值
...		...		...			

5　整体测评

从安全控制间、层面间、区域间和验证测试等方面对单元测评的结果进行验证、分析和整体评价。

具体内容参见 GB/T 28448—2012《信息安全技术信息系统安全等级保护测评要求》。

5.1 安全控制间安全测评

5.2 层面间安全测评

5.3 区域间安全测评

5.4 验证测试

验证测试包括漏洞扫描、渗透测试等，验证测试发现的安全问题对应到相应的测评项的结果记录中。详细验证测试见附录。

若由于用户原因无法开展验证测试，应将用户签章的"自愿放弃验证测试声明"作为报告附件。

5.5 整体测评结果汇总

根据整体测评结果，修改安全问题汇总表中的问题严重程度值及对应的修正后测评项符合程度得分，并形成修改后的安全问题汇总表（仅包括有所修正的安全问题）。可根据整体测评安全控制措施对安全问题的弥补程度将修正因子设为0.5～0.9。

修正后问题严重程度值 [1]=修正前的问题严重程度值×修正因子。

修正后测评项符合程度=5-修正后问题严重程度值/测评项权重。

序号	问题编号 [2]	安全问题描述	测评项权重	整体测评描述	修正因子	修正后问题严重程度值	修正后测评项符合程度
	...						

---

1 问题严重程度值最高为5。

2 该处编号与4.12.2 安全问题汇总表中的问题编号一一对应。

续表

序号	问题编号	安全问题描述	测评项权重	整体测评描述	修正因子	修正后问严重程度值	修正后测评项符合程度

6　总体安全状况分析

6.1　系统安全保障评估

以表格形式汇总被测信息系统已采取的安全保护措施情况，并综合附录中的测评项符合程度得分及 5.5 章节中的修正后测评项符合程度得分（有修正的测评项以 5.5 章节中的修正后测评项符合程度得分带入计算），以算术平均法合并多个测评对象在同一测评项的得分，得到各测评项的多对象平均分。

根据测评项权重（见附件《测评项权重赋值表》，其他情况的权重赋值另行发布），以加权平均合并同一安全控制点下的所有测评项的符合程度得分，并按照控制点得分计算公式得到各安全控制点的 5 分制得分。计算方法如下。

控制点得分，n 为同一控制点下的测评项数，不含不适用的控制点和测评项。

以算术平均合并同一安全层面下的所有安全控制点得分，并转换为安全层面的百分制得分。根据表格内容描述被测信息系统已采取的有效保护措施和存在的主要安全问题情况。

序号	安全层面	安全控制点	安全控制点得分	安全层面得分
1		物理位置的选择		
2		物理访问控制		
3	物理安全	防盗窃和防破坏		
4		防雷击		
5		防火		
6		防水和防潮		
7		防静电		

报告编号 [2015 版]

续表

序号	安全层面	安全控制点	安全控制点得分	安全层面得分
8		温湿度控制		
9		电力供应		
10		电磁防护		
11	网络安全	结构安全		
12		访问控制		
13		安全审计		
14		边界完整性检查		
15		入侵防范		
16		恶意代码防范		
17		网络设备防护		
18	主机安全	身份鉴别		
19		安全标记		
20		访问控制		
21		可信路径		
22		安全审计		
23		剩余信息保护		
24		入侵防范		
25		恶意代码防范		
26		资源控制		
27	应用安全	身份鉴别		
28		安全标记		
29		访问控制		
30		可信路径		
31		安全审计		
32		剩余信息保护		
33		通信完整性		

-25-

报告编号　　　　　　　　　　　　　　　　　　　　　　　[2015 版]

续表

序号	安全层面	安全控制点	安全控制点得分	安全层面得分
34		通信保密性		
35		抗抵赖		
36		软件容错		
37		资源控制		
38	数据安全及备份恢复	数据完整性		
39		数据保密性		
40		备份和恢复		
41	安全管理制度	管理制度		
42		制定和发布		
43		评审和修订		
44	安全管理机构	岗位设置		
45		人员配备		
46		授权和审批		
47		沟通和合作		
48		审核和检查		
49	人员安全管理	人员录用		
50		人员离岗		
51		人员考核		
52		安全意识教育和培训		
53		外部人员访问管理		
54	系统建设管理	系统定级		
55		安全方案设计		
56		产品采购和使用		
57		自行软件开发		
58		外包软件开发		
59		工程实施		
60		测试验收		

续表

序号	安全层面	安全控制点	安全控制点得分	安全层面得分
61		系统交付		
62		系统备案		
63		等级测评		
64		安全服务商选择		
65		环境管理		
66		资产管理		
67		介质管理		
68		设备管理		
69		监控管理和安全管理中心		
70	系统运维管理	网络安全管理		
71		系统安全管理		
72		恶意代码防范管理		
73		密码管理		
74		变更管理		
75		备份与恢复管理		
76		安全事件处置		
77		应急预案管理		

6.2 安全问题风险评估

依据信息安全标准规范，采用风险分析的方法进行危害分析和风险等级判定。针对等级测评结果中存在的所有安全问题，结合关联资产和威胁分别分析安全危害，找出可能对信息系统、单位、社会及国家造成的最大安全危害（损失），并根据最大安全危害严重程度进一步确定信息系统面临的风险等级，结果为"高"、"中"或"低"。并以列表形式给出等级测评发现安全问题及风险分析和评价情况，见下表。

其中，最大安全危害（损失）结果应结合安全问题所影响业务的重要程度、相关系统组件的重要程度、安全问题严重程度及安全事件影响范围等进行综合分析。

问题编号	安全层面	问题描述	关联资产 [1]	关联威胁 [2]	危害分析结果	风险等级

6.3 等级测评结论

综合上述几章节的测评与风险分析结果，根据符合性判别依据给出等级测评结论，并计算信息系统的综合得分。

等级测评结论应表述为"符合"、"基本符合"或者"不符合"。

结论判定及综合得分计算方式见下表。

测评结论	符合性判别依据	综合得分计算公式
符合	信息系统中未发现安全问题，等级测评结果中所有测评项得分均为 5 分	100 分
基本符合	信统中存在安全问题，但不会导致信息系统面临高等级安全风险	p 为总测评项数，不含不适用的控制点和测评项，有修正的测评项以 5.5 章节中的修正后测评项符合程度得分带入计算
不符合	信息系统中存在安全问题，而且会导致信息系统面临高等级安全风险	l 为安全问题数，p 为总测评项数，不含不适用的控制点和测评项
注：修正后问题严重程度赋值结果取多对象中针对同一测评项的最大值。		

也可根据特殊指标重要程度为其赋予权重，并参照上述方法和综合得分计算公式，得出综合基本指标与特殊指标测评结果的综合得分。

7 问题处置建议

针对系统存在的安全问题提出处置建议。

报告编号 [2015 版]

附录　等级测评结果记录

（略）

本章小结

　　本章从信息系统安全测评原则、要求、流程，信息安全管理测评，信息系统等级保护与等级测评，等级测评实例几个方面详细介绍了信息系统安全测评的相关内容。信息系统安全测评可以确定信息系统的安全状况，提出安全整改需求；测评报告也是监督检查的依据。信息系统安全测评符合国家法律和政策的要求，通过信息系统安全测评可以掌握信息系统安全现状，降低内部重要信息系统的安全风险，提高组织管理层和技术人员的信息安全风险意识，全面提高信息安全保障水平。

习题

一、填空题

1. 信息系统安全测评原则包括_____、_____、_____和_____。
2. 信息系统安全测评包括_____、核查测试、_____3个阶段。

二、简答题

1. 请画出信息系统安全测评框架。
2. 信息系统安全管理评估的基本原则是什么？

第 6 章

业务连续性与灾难恢复

随着信息化程度的增强，信息系统灾难带来的损失日益增大。信息系统所支持的关键业务在灾害发生后，如果能及时恢复并继续运作，将会大大减少信息系统灾难对社会的危害和给人民财产带来的损失，因此成为信息安全管理的重要研究方向。本章将首先介绍业务连续性的概念、业务连续性管理体系，以及业务连续性管理中的部分重要环节；接着引出业务连续中的重要内容——灾难恢复和数据备份，并结合国家标准 GB/T 20988—2007《信息安全技术信息系统灾难恢复规范》介绍了灾难恢复的核心内容。

6.1 业务连续性

6.1.1 业务连续性概述

业务连续性是指组织有应对风险、自动调整和快速反应的能力，以保证组织业务的连续运转。为组织重要应用和流程提供业务连续性应该包括以下 3 个方面。

（1）高可用性（High Availability）。指提供在本地故障情况下，能继续访问应用的能力。无论这个故障是业务流程、物理设施，还是 IT 软硬件故障。

（2）连续操作（Continuous Operations）。指当所有设备无故障时保持业务连续运行的能力。用户不必仅仅因为正常的备份或维护而需要停止应用的能力。

（3）灾难恢复（Disaster Recovery）。指当灾难破坏生产中心时，在不同的地点恢复数据的能力。

同时，上述 3 个方面不是相互孤立的，是相互关联，而且有交叉的。

6.1.2 业务连续性管理概述及标准

业务连续性管理（Business Continuity Management，BCM）是对单位的潜在风险加以评估分析，确定其可能造成的威胁，并建立一个完善的管理机制来防止或减少灾难事件给单位带来的损失。业务连续管理是一项综合管理流程，它使组织机构认识到潜在的危机和相关影响，制订响应、业务和连续性的恢复计划，其总体目标是为了提高单位的风险防范与抗打击能力，以有效地减少业务破坏并降低不良影响，保障单位的业务得以持续运行。

业务连续性管理不仅包括来自于火灾、地震、全球气候异常等自然灾害带来的需求，还包括恐怖主义、黑客攻击、名族分裂势力、领土及边界争端、战争等人为因素造成的影响，而由于企业或组织的业务更多地受到诸如人为错误、流程缺陷等事件的威胁，同样需要业务连续性管理。

目前，业务连续性管理已成为应对危机管理事件的国际通用规则，它的重要性在全球范围内越来越受到社会的关注。BS 25999 是全球第一个业务持续管理的框架标准，分为 BS 25999-1 和 BS 25999-2 两部分，BS 25999-1 标准的前身是 2003 年发布的英国公共可用指南 PAS 56，在 2006 年年底升级为英国标准 BS 25999-1，并已于 2007 年推出相应的认证标准 BS 25999-2。

（1）BS 25999-1:2006《业务持续管理实践要点》（2006 年 11 月发布）——主要作为参考文档，提供广泛的业务持续管理实践要点，作为现行业务持续管理的最佳实践指南，但不作为评审与认证标准。

（2）BS 25999-2:2007《业务持续管理规范》——提供业务持续管理系统的建立、实施与文档化的具体要求，包括建立组织业务持续管理系统所需的 PDCA 管理框架和广泛的业务持续管理措施，同时作为认证标准。

国际标准化组织于 2012 年发布了的业务连续性管理的国际标准 ISO 22301《公共安全业务连续性管理体系要求》。该标准的前身就是国际公认英国 BS 25999。2012 年 9 月之后 BS 25999 标准正式被 ISO 22301 取代。

ISO 22301 管理体系框架能够帮助企业制订一套一体化的管理流程计划，使企业对潜在的灾难加以辨别分析，帮助其确定可能发生的冲击对企业运作造成的威胁，并提供一个有效的管理机制来阻止或抵消这些威胁，减少灾难事件给企业带来损失。与 BS 25559 相比，ISO 22301 拥有更高的国际认可度，它强调制定目标、监测表现和指标，对企业管理层提出了更加清晰的期望值，对业务连续性计划的制订提出了更高的要求。2013 年，我国的业务连续性管理体系 GB/T 30146—2013《公共安全 业务连续性管理体系 要求》发布实施，该标准采用的是翻译法，等同采用 ISO 22301:2012（英文版），并有部分编辑性修改。

6.1.3　业务连续性管理体系

构建业务连续管理体系，不仅需要着眼于信息系统的备份与恢复，更重要的是确定或构建嵌于组织生命周期的业务连续管理目标、策略、制度、组织和资源。行业标准组织——中国业务持续管理专委会制定了业务连续管理最佳实践的 10 个步骤。

（1）项目启动和管理。确定业务连续性计划（Business Continuity Planning，BCP）过程的需求，包括获得管理支持，以及组织和管理项目使其符合时间和预算的限制。

（2）风险评估和控制。确定可能造成机构及其设施中断和灾难、具有负面影响的事件和周边环境因素，以及事件可能造成的损失、防止或减少潜在损失影响的控制措施。提供成本效益分析以调整控制措施方面的投资达到消减风险的目的。

（3）业务影响分析。确定由于中断和预期灾难可能对机构造成的影响，以及用来定量和定性分析这种影响的技术。确定关键功能、其恢复优先顺序和相关性，以便确定恢复时间目标。

（4）制定业务连续性策略。确定和指导备用业务恢复运行策略的选择，以便在恢复时间目标范围内恢复业务和信息技术，并维持机构的关键功能。

（5）应急响应和运作。制定和实施用于事件响应及稳定事件所引起状况的规程，包括建立和管理紧急事件运作中心，该中心用于在紧急事件中发布命令。

（6）制订和实施业务连续性计划。设计、制订和实施业务连续性计划，以便在恢复时间目标范围内完成恢复。

（7）意识培养和培训项目。准备建立对机构人员进行意识培养和技能培训的项目，以便业务连续性计划能够得到制订、实施、维护和执行。

（8）维护和演练业务连续性计划。对预先计划和计划间的协调性进行演练，并评估和记录计划演练的结果。制定维持连续性能力和业务连续性计划文档更新状态的方法使其与机构的策略方向保持一致。通过与适当标准的比较来验证业务连续性计划的效率，并使用简明的语言报告验证的结果。

（9）公共关系和危机通信。制订、协调、评价和演练在危机情况下与媒体交流的计划。制订、协调、评价和演练与员工及其家庭、主要客户、关键供应商、业主/股东，以及机构管理层进行沟通和在必要情况下提供心理辅导的计划。确保所有利益群体能够得到所需的信息。

（10）与公共当局的协调。建立适用的规程和策略用于同地方当局协调响应、连续性和恢复活动以确保符合现行的法令和法规。

我国的业务连续性管理体系 GB/T 30146—2013 中定义了类似的步骤。GB/T 30146—2013 将这些步骤划分到实施、绩效评估、改进 3 个阶段，其中实施阶段包括实施的策划和控制，业务影响分析和风险评估，业务连续性策略，建立和实施业务连续性程序，演练和测试；绩效评估阶段包括监视、测量、分析和评价，内部审核，管理评审；改进阶段包括不符合和纠正措施，持续改进。下面对部分关键步骤进行详细说明。

6.1.4　业务影响分析

业务影响分析（Business Impact Analysis，BIA）是整个业务连续性管理流程的工作基础，实质上是对关键性的企业功能，以及当这些功能一旦失去作用时可能造成的损失和影响的分析，以确定单位关键业务功能及其相关性，确定支持各种业务功能的资源，明确相关信息的保密性、完整性和可用性要求，确定这些业务系统的恢复需求，为下一阶段制定业务连续性管理策略提供基础和依据。

业务影响分析从识别可能引起业务中断的事件开始，如从设备故障、洪灾和火灾等事件开始，随后进行风险评估，以确定业务中断造成的影响（根据破坏的规模和恢复的时间）。进行这两项活动，都应有业务资源和过程管理的所有者的普遍参与。

应当根据风险评估的结果，决定将采取的策略。决定策略并不容易，须仔细考虑组织业务目标、资源、文化、流程及投入成本。一般来说，处理风险的策略有避免风险、降低风险、转移风险和接受风险 4 种。

6.1.5　制订和实施业务连续性计划

业务连续性计划是一套事先被定义和文档化的计划，明确定义了恢复业务所需的关键人员、资源、行动、任务和数据。需要考虑的问题包括关键业务数据被彻底破坏，只能用昨天的备份恢复，该怎么办？服务器瘫痪，该怎么办？技术更新换代，怎么样对业务影响最小？发生了灾难事件，该怎么办？IT 系统恢复是否就可以开放业务运营？

业务连续性计划的内容不应该只局限在 IT 方面，应该涵盖如下几个方面：应急响应计划（业务连续性管理组织结构、应急初始评估流程、灾难宣布流程、灾难评估流程）；容灾恢复计划（IT 切换流程/步骤/启用条件、IT 回切流程/步骤/启用条件）；运维恢复计划；业务恢复计划。

6.1.6　意识培养和培训项目

创建业务连续计划后，需要通过培训和演练使相关人员了解他们各自的角色和责任，以便在公司中实施该计划。

培训的主要目的是确保员工了解业务连续性策略和规程，为此就需要设计培训计划。培训计划的目的是确保下列内容。

① 参与业务恢复的关键人员了解在计划中制定的策略和步骤。

② 员工了解在灾难发生时要遵循的步骤。

③ 员工了解如何在灾难恢复中使用灾难管理设备。

④ 员工了解他们在灾难恢复中的角色和责任。

对员工进行灾难恢复培训时，必须包括下列方面的信息。

① 威胁、危险和保护行动。

② 通知、警告和通信规程。

③ 应急响应规程。

④ 评价、掩蔽和责任规程。

⑤ 通用应急设备的位置和用法。

⑥ 应急停工规程。

应当定期培训员工有关恢复步骤的知识，并可以采用各种方法来实施培训计划。此外，还必须在培训活动中包括社区响应人员。

除了进行培训以外，还可以进行撤离练习和全面的演习。演练之前充分准备，遵守相关流程，从而保持业务连续性计划的有效性。演练的关键点在于通过真实的演练来检验并提高，演练规划要详细、模块化，演习手册要能满足指挥员和操作员不同的需求，演习结果要量化衡量。每次演练都有新的问题发生，在事前不要给领导 100%的预期，因为演练的目的是要成长和提高，通常实现 80%的目标就已经是一种成功。这将确保整个公司对该计划充满自信并有能力实现该计划。

6.1.7　测试和维护计划

业务连续计划在测试阶段时会面临失败的可能性。通常是由于假设错误、疏忽，或设备、人员的变动。因此，应定期测试，确保符合最新状况及有效性。这类测试还应确保复原小组的所有成员以及其他相关人员了解计划内容。业务连续计划的测试时间表应指出各部分计划的检查方式和时间。建议经常对计划各部分进行测试，应采用各种技术确保计划能在实际状况中运作。这些技术包括针对各种情况进行沙盘推演、状况模拟、复原测试、测试异地复原、测试供货商的设施和服务、完整演练。在计划的维护和重新评鉴方面，应通过定期审查和更新方式来维护业务连续计划，确保其持续有效；应在组织的变更管理计划中加入计划的维护程序，以确保业务连续计划的主要项目得到适当处理；各个业务连续计划的定期审查应分配责任；若发现业务连续计划尚未反应业务操作的变更时，应对计划做适当的更新，正式的变更管制应确保所公布的计划都是最新版本，并且利用对整体计划的定期审查来确保计划处于最新状况。

6.2　灾难恢复

为了维持业务连续性，应通过预防和灾难恢复控制措施相结合的模式将灾难和安全事件引起的业务中断和系统破坏减少到可以接受的程度，保护关键业务过程免受故障或灾难的影响。并且，信息社会的发展使信息资源成为宝贵的财富，当意外事件出现时，其影响小到仅仅使人因为丢失重要数据而烦恼，大到完全破坏业务，致使灾难事件发生。

由于灾难大量存于 IT 领域，如自然灾害、链接和电力故障、犯罪活动和破坏活动等，组织无法完全抵御灾难的冲击，所以它必须要慎重考虑灾难恢复问题。灾难恢复也是在灾难发生时确保组织正常经营保持连续性的过程。

6.2.1　灾难恢复的概念

灾难是一种具有破坏性的突发事件，会造成信息服务的中断和延迟，致使业务无法正常运行。现阶段，我国很多行业正处在快速发展阶段，很多生产流程和制度仍不完善，加之普遍缺乏应对灾难的经验，这方面的损失屡见不鲜。信息系统灾难恢复工作已经引起了国家、社会、单位的高度重视。2007 年 6 月，国家质量监督检验检疫总局以国家标准的形式正式发布了 GB/T 20988—2007《信

息安全技术　信息系统灾难恢复规范》，该标准于 2007 年 11 月正式实施。该规范对灾难恢复的工作流程、灾难备份中心的等级划分及灾难恢复预案的制定进行了详细的阐述，已成为指导我国进行灾难恢复工作的指南针。

GB/T 20988—2007 将灾难定义为：由于人为或自然的原因，造成信息系统严重故障或瘫痪，使信息系统支持的业务功能停顿或服务水平不可接受、达到特定的时间的突发性事件。通常导致信息系统需要切换到灾难备份中心运行。典型的灾难事件包括自然灾害，如火灾、洪水、地震、飓风、龙卷风和台风等，还有技术风险和提供给业务运营所需服务的中断，如设备故障、软件错误、通信网络中断和电力故障等；此外，人为的因素往往也会酿成大祸，如操作员错误、植入有害代码和恐怖袭击等。

灾难恢复是指将信息系统从灾难造成的故障或瘫痪状态恢复到可正常运行状态，并将其支持的业务功能从灾难造成的不正常状态恢复到可接受状态，而设计的活动和流程。它的目的是减轻灾难对单位和社会带来的不良影响，保证信息系统所支持的关键业务功能在灾难发生后能及时恢复和继续运作。

区分业务连续性和灾难恢复是很必要的。严格地说，灾难恢复是恢复数据的能力，解决信息系统灾难恢复问题，是业务连续性计划的一部分。而业务连续性强调的是组织业务的不间断能力，即在灾难、意外发生的情况下，组织无论是组织结构、业务操作或信息系统，都可以以适当的备用方式继续业务运行。

6.2.2　灾难恢复的工作范围

信息系统的灾难恢复工作，包括灾难恢复规划和灾难备份中心的日常运行、关键业务功能在灾难备份中心的恢复和重续运行，以及主系统的灾后重建和回退工作，还涉及突发事件发生后的应急响应。其中，灾难恢复规划是一个周而复始、持续改进的过程，包含以下几个阶段。

（1）灾难恢复需求的确定。

（2）灾难恢复策略的制定。

（3）灾难恢复策略的实现。

（4）灾难恢复预案的制定、落实和管理。

6.2.3　灾难恢复需求的确定

1．风险分析

信息安全风险评估是确定灾难恢复需求的重要环节，不同风险的事件对应不同的灾难恢复等级，相应应采用不同的灾难恢复措施。通过风险评估，标识信息系统的资产价值，识别信息系统面临的自然的和人为的威胁，识别信息系统的脆弱性，分析各种威胁发生的可能性，并定量或定性描述可能造成的损失。通过技术和管理手段，防范或控制信息系统的风险。依据防范或控制风险的可行性和残余风险的可接受程度，确定对风险的防范和控制措施。

2．业务影响分析

（1）分析业务功能和相关资源配置。

对组织的各项业务功能及各项业务功能之间的相关性进行分析，确定支持各种业务功能的相应信息系统资源及其他资源，明确相关信息的保密性、完整性和可用性要求。

（2）评估中断影响。

应采用定量和/或定性的方法，对各种业务功能的中断造成的影响进行评估。

① 定量分析：以量化方法，评估业务功能的中断可能给组织带来的直接经济损失和间接经济

损失。

② 定性分析：运用归纳与演绎、分析与综合及抽象与概括等方法，评估业务功能的中断可能给组织带来的非经济损失，包括组织的声誉、顾客的忠诚度、员工的信心、社会和政治影响等。

3. 确定灾难恢复目标

根据风险分析和业务影响分析的结果，确定灾难恢复目标，包括：关键业务功能及恢复的优先顺序；灾难恢复时间范围。即恢复时间目标和恢复点目标的范围。恢复时间目标是信息安全事件发生后，信息系统或业务功能从停顿到必须恢复的时间要求。恢复点目标是信息安全事件发生后，系统和数据必须恢复到的时间点要求。

恢复时间目标针对的是服务丢失，而恢复点目标针对的是数据丢失，二者没有必然的关联性。恢复时间目标和恢复点目标的确定必须在进行风险分析和业务影响分析后根据不同的业务需求确定。对于不同企业的同一种业务，恢复时间目标和恢复点目标的需求也会有所不同。

6.2.4 灾难恢复策略的制定

GB/T 20988—2007中，灾难恢复策略包括以下两个方面的内容：灾难恢复资源的获取方式；灾难恢复等级各要素的具体要求。

本节主要介绍灾难恢复策略的制定过程、灾难恢复策略包含的资源要素要求及这些资源要素的获取方式。

1. 灾难恢复策略制定的过程

（1）灾难恢复资源要素。

GB/T 20988—2007 将支持灾难恢复各个等级所需的资源（以下简称灾难恢复资源）分为 7 个要素，制定灾难恢复策略时，应根据灾难恢复需求确定灾难恢复等级，并依照灾难恢复等级要求确定各资源要素的具体要求。GB/T 20988—2007 中所列的 7 个资源要素如下。

① 数据备份系统：一般由数据备份的硬件、软件和数据备份介质组成，如果是依靠电子传输的数据备份系统，还包括数据备份线路和相应的通信设备。

② 备用数据处理系统：泛指灾难恢复所需的全部数据处理设备。

③ 备用网络系统：最终用户用来访问备用数据处理系统的网络，包含备用网络通信设备和备用数据通信线路。

④ 备用基础设施：灾难恢复所需的、支持灾难备份系统运行的建筑、设备和组织，包括介质的场外存放场所、备用的机房及灾难恢复工作辅助设施，以及容许灾难恢复人员连续停留的生活设施。

⑤ 技术支持能力：对灾难恢复系统的运转提供支撑和综合保障的能力，以实现灾难恢复系统的预期目标。包括硬件、系统软件和应用软件的问题分析和处理能力、网络系统安全运行管理能力、沟通协调能力等。

⑥ 运行维护管理能力：包括运行环境管理、系统管理、安全管理和变更管理等。

⑦ 灾难恢复预案：定义信息系统灾难恢复过程中所需的任务、行动、数据和资源的文件。用于指导相关人员在预定的灾难恢复目标内恢复信息系统支持的关键业务功能。

（2）成本风险分析和策略的确定。

按照灾难恢复资源的成本与风险可能造成的损失之间取得平衡的原则确定每项关键业务功能的灾难恢复策略，不同的业务功能可采用不同的灾难恢复策略。灾难恢复策略包括：灾难恢复资源的获取方式；灾难恢复等级各要素的具体要求。

2. 灾难恢复资源的获取方式

灾难恢复资源的获取方式是指组织采用哪种方式获取上述7个资源要素，不同的资源要素的获取方式不同，灾难恢复策略应明确不同资源要素的获取方式。

（1）数据备份系统。

数据备份系统可由组织自行建设，也可通过租用其他机构的系统而获取。

（2）备用数据处理系统。

备用数据处理系统的获取方式有以下几种。

① 事先与厂商签订紧急供货协议。

② 事先购买所需的数据处理设备并存放在灾难备份中心或安全的设备仓库。

③ 利用商业化灾难备份中心或签有互惠协议的机构已有的兼容设备。

（3）备用网络系统。

备用网络系统包含备用网络通信设备和备用数据通信线路，备用网络通信设备可采用的获取方式与备用数据处理系统相同；备用数据通信线路可采用使用自有数据通信线路或租用公用数据通信线路的方式。

（4）备用基础设施。

备用基础设施可采用的获取方式有以下几种。

① 由组织所有或运行。

② 多方共建或通过互惠协议获取。

③ 租用商业化灾难备份中心的基础设施。

（5）技术支持能力。

技术支持能力可采用的获取方式有以下几种。

① 灾难备份中心设置专职技术支持人员。

② 与厂商签订技术支持或服务合同。

③ 由主中心（指正常情况下支持组织日常运作的信息系统所在的数据中心）技术支持人员兼任；但对于恢复时间目标较短的关键业务功能，应考虑到灾难发生时交通和通信的不正常，造成技术支持人员无法提供有效支持的情况。

（6）运行维护管理能力。

可选用以下对灾难备份中心的运行维护管理模式。

① 自行运行和维护。

② 委托其他机构运行和维护。

（7）灾难恢复预案。

可采用以下方式，完成灾难恢复预案的制定、落实和管理。

① 由组织独立完成。

② 聘请外部专家指导完成。

③ 委托外部机构完成。

3. 灾难恢复资源的要求

为满足灾难恢复的需求，达到灾难恢复的目标，对上述 7 个灾难恢复资源要素，组织应以成本风险平衡原则逐一确定它们应满足的要求。灾难恢复策略应明确这些要求。不同灾难恢复资源要求所包含的内容如下。

（1）数据备份系统。

数据备份系统的要求通常包含以下内容。

① 数据备份的范围。

② 数据备份的时间间隔。

③ 数据备份的技术及介质。

④ 数据备份线路的速率及相关通信设备的规格和要求。

（2）备用数据处理系统。

备用数据处理系统的要求通常包含以下内容。

① 数据处理能力。

② 与主系统的兼容性要求。

③ 平时处于就绪还是运行状态。

组织应根据关键业务功能的灾难恢复对备用数据处理系统的要求和未来发展的需要，按照成本风险平衡原则，确定备用数据处理系统的要求。

（3）备用网络系统。

备用网络系统的要求通常包含以下内容。

① 备用网络通信设备的技术要求。

② 备用网络通信设备的功能要求、吞吐能力。

③ 备用数据通信线路的材料、带宽和容错能力。

组织应根据关键业务功能的灾难恢复对网络容量及切换时间的要求和未来发展的需要，按照成本风险平衡原则，确定备用网络系统的要求。

（4）备用基础设施。

备用基础设施的要求通常包括以下几项。

① 与主中心的距离要求。

② 场地和环境（如面积、温度、湿度、防火、电力和工作时间等）要求。

③ 运行维护和管理要求。

组织应根据灾难恢复目标，按照成本风险平衡原则，确定对备用基础设施的要求。

（5）技术支持能力。

技术支持能力是为实现灾难恢复系统的预期目标，对灾难恢复系统的运转提供支撑和综合保障的能力。包括硬件、系统软件和应用软件的问题分析和处理能力，网络系统安全运行管理能力，沟通协调能力等。组织应根据灾难恢复目标，按照成本风险平衡原则，确定灾难备份中心在软件、硬件和网络等方面的技术支持要求，通常包括以下几项。

① 技术支持的组织架构。

② 各类技术支持人员的数量和素质。

③ 各类技术支持人员能力要求。

（6）运行维护管理能力。

组织应根据灾难恢复目标，按照成本风险平衡原则，确定灾难备份中心运行维护管理要求，包括以下几项。

① 运行维护管理组织架构。

② 人员的数量和素质。

③ 运行维护管理制度。

（7）灾难恢复预案。

灾难恢复预案是定义信息系统灾难恢复过程中所需的任务、行动、数据和资源的文件。用于指导相关人员在预定的灾难恢复目标内恢复信息系统支持的关键业务功能。组织应根据需求分析的结果，按照成本风险平衡原则，明确灾难恢复预案的各项要求，灾难恢复预案的要求包括以下几项。

① 整体要求。

② 制定过程的要求。

③ 教育、培训和演练要求。

④ 管理要求。

6.2.5　灾难恢复策略的实现

1．灾难备份系统技术方案的实现

灾难备份系统是用于灾难恢复目的，由数据备份系统、备用数据处理系统和备用的网络系统组成的信息系统。灾难备份系统技术方案的实现是灾难恢复工作的重要环节。

（1）技术方案的设计。

根据灾难恢复策略制定相应的灾难备份系统技术方案，包含数据备份系统、备用数据处理系统和备用的网络系统。技术方案中所设计的系统，应获得同主系统相当的安全保护且具有可扩展性。

（2）技术方案的验证、确认和系统开发。

为确保技术方案满足灾难恢复策略的要求，应由组织的相关部门对技术方案进行确认和验证，并记录和保存验证及确认的结果。

按照确认的灾难备份系统技术方案进行开发，实现所要求的数据备份系统、备用数据处理系统和备用网络系统。

（3）系统安装和测试。

按照经过确认的技术方案，灾难恢复规划实施组应制订各阶段的系统安装及测试计划，以及支持不同关键业务功能的系统安装及测试计划，并组织最终用户共同进行测试。确认以下各项功能可正确实现。

① 数据备份及数据恢复功能。

② 在限定的时间内，利用备份数据正确恢复系统、应用软件及各类数据，并可正确恢复各项关键业务功能。

③ 客户端可与备用数据处理系统通信正常。

2．灾难备份中心的选择和建设

灾难备份中心是用于灾难发生后接替主系统进行数据处理和支持关键业务功能运作的场所，可提供灾难备份系统、备用的基础设施和技术支持及运行维护管理能力，此场所内或周边可提供备用的生活设施。灾难恢复中心是灾难恢复工作能否成功完成的重要保障。

（1）选址原则。

选择或建设灾难备份中心时，应根据风险分析的结果，避免灾难备份中心与主中心同时遭受同类风险。灾难备份中心还应具有方便灾难恢复人员或设备到达的交通条件，以及数据备份和灾难恢复所需的通信、电力等资源。

灾难备份中心应根据资源共享、平战结合的原则，合理地布局。

（2）基础设施的要求。

新建或选用灾难备份中心的基础设施时，计算机机房应符合有关国家标准的要求，工作辅助设施和生活设施应符合灾难恢复目标的要求。

3．技术支持能力的实现

组织应根据灾难恢复策略的要求，获取对灾难备份系统的技术支持能力。灾难备份中心应建立相应的技术支持组织，定期对技术支持人员进行技能培训。

4．运行维护管理能力的实现

为了达到灾难恢复目标，灾难备份中心应建立各种操作和管理制度，用以保证数据备份的及时性和有效性，备用数据处理系统和备用网络系统处于正常状态，并与主系统的参数保持一致、有效的应急响应、处理能力。

5．灾难恢复预案的实现

灾难恢复的每个等级均应按 6.2.6 节的具体要求制定相应的灾难恢复预案，并进行落实和管理。

6.2.6 灾难恢复预案的制定、落实和管理

灾难恢复预案是定义信息系统灾难恢复过程中所需的任务、行动、数据和资源的文件。用于指导相关人员在预定的灾难恢复目标内恢复信息系统支持的关键业务功能。组织应在风险分析和业务影响分析的基础上，按照成本风险平衡原则，制定灾难恢复预案，并加强灾难恢复预案的教育、培训、演练和管理。

1. 灾难恢复预案的制定

（1）灾难恢复预案的制定原则。

① 完整性：灾难恢复预案应包含灾难恢复的整个过程，以及灾难恢复所需的尽可能全面的数据和资料。

② 易用性：预案应运用易于理解的语言和图表，并适合在紧急情况下使用。

③ 明确性：预案应采用清晰的结构，对资源进行清楚的描述，工作内容和步骤应具体，每项工作应有明确的责任人。

④ 有效性：预案应尽可能满足灾难发生时进行恢复的实际需要，并保持与实际系统和人员组织的同步更新。

⑤ 兼容性：灾难恢复预案应与其他应急预案体系有机结合。

（2）灾难恢复预案的制定过程。

① 起草：参照灾难恢复预案框架，按照风险分析和业务影响分析所确定的灾难恢复内容，根据灾难恢复等级的要求，结合组织其他相关的应急预案，撰写出灾难恢复预案的初稿。

② 评审：组织应对灾难恢复预案初稿的完整性、易用性、明确性、有效性和兼容性进行严格的评审。评审应有相应的流程保证。

③ 测试：应预先制订测试计划，在计划中说明测试的案例。测试应包含基本单元测试、关联测试和整体测试。测试的整个过程应有详细的记录，并形成测试报告。

④ 修订：根据评审和测试结果，对预案进行修订，纠正在初稿评审过程和测试中发现的问题和缺陷，形成预案的报批稿。

⑤ 审核和批准：由灾难恢复领导小组对报批稿进行审核和批准，确定为预案的执行稿。

2. 灾难恢复预案的教育、培训和演练

为了使相关人员了解信息系统灾难恢复的目标和流程，熟悉灾难恢复的操作规程，组织应按以下要求，组织灾难恢复预案的教育、培训和演练。

（1）在灾难恢复规划的初期就应开始灾难恢复观念的宣传教育工作。

（2）应预先对培训需求进行评估，开发和落实相应的培训/教育课程，保证课程内容与预案的要求相一致。

（3）应事先确定培训的频次和范围，事后保留培训的记录。

（4）预先制订演练计划，在计划中说明演练的场景。

（5）演练的整个过程应有详细的记录，并形成报告。

（6）每年应至少完成一次有最终用户参与的完全演练。

3. 灾难恢复预案的管理

灾难恢复预案管理包括以下内容。

（1）保存与分发。

经过审核和批准的灾难恢复预案，保存与分发时应注意如下问题。

① 由专人负责保存与分发。

② 具有多份备份在不同的地点保存。

③ 分发给参与灾难恢复工作的所有人员。

④ 在每次修订后所有备份统一更新，并保留一套，以备查阅，原分发的旧版本应予销毁。

（2）维护和变更管理。

为了保证灾难恢复预案的有效性，应从以下方面对灾难恢复预案进行严格的维护和变更管理。

① 业务流程的变化、信息系统的变更、人员的变更都应在灾难恢复预案中及时反映。

② 预案在测试、演练和灾难发生后实际执行时，其过程均应有详细的记录，并应对测试、演练和执行的效果进行评估，同时对预案进行相应的修订。

③ 灾难恢复预案应定期评审和修订，至少每年一次。

6.2.7　灾难恢复的等级划分

GB/T 20988—2007 依据灾难恢复的系统和数据的完整性要求及时间要求等要素将灾难恢复划分为 6 个等级，不同等级在 7 个资源要素上的要求各不相同，只有同时满足某级别的 7 个要素要求，方能视为达到该级别。灾难备份中心的等级等于其可支持的灾难恢复最高等级，如可支持 1～5 级的灾难备份中心的级别为 5 级。GB/T 20988—2007 中描述的 6 个等级自低到高如下。

① 第 1 级——基本支持。

② 第 2 级——备用场地支持。

③ 第 3 级——电子传输和部分设备支持。

④ 第 4 级——电子传输和完整设备支持。

⑤ 第 5 级——实施数据传输和完整设备支持。

⑥ 第 6 级——数据零丢失和远程集群支持。

上述 6 个级别对 7 个资源要素的要求分别如表 6-1～表 6-6 所示。

表 6-1　第 1 级——基本支持

要　　素	要　　求
数据备份系统	（1）完全数据备份至少每周一次 （2）备份介质场外存放
备用数据处理系统	—
备用网络系统	—
备用基础设施	有符合介质存放条件的场地
技术支持	—
运行维护支持	（1）有介质存取、验证和转储管理制度 （2）按介质特性对备份数据进行定期的有效性验证
灾难恢复预案	有相应的经过完整测试和演练的灾难恢复预案

注："—"表示不做要求。

表 6-2　第 2 级——备用场地支持

要　　素	要　　求
数据备份系统	（1）完全数据备份至少每周一次 （2）备份介质场外存放
备用数据处理系统	灾难发生后能在预定时间内调配所需的数据处理设备到备用场地
备用网络系统	灾难发生后能在预定时间内调配所需的通信线路和网络设备到备用场地

续表

要　素	要　求
备用基础设施	（1）有符合介质存放条件的场地 （2）有满足信息系统和关键业务功能恢复运作要求的场地
技术支持	—
运行维护支持	（1）有介质存取、验证和转储管理制度 （2）按介质特性对备份数据进行定期的有效性验证 （3）有备用站点管理制度 （4）与相关厂商有符合灾难恢复时间要求的紧急供货协议 （5）与相关运营商有符合灾难恢复时间要求的备用通信线路协议
灾难恢复预案	有相应的经过完整测试和演练的灾难恢复预案

注："—"表示不做要求。

表6-3　第3级——电子传输和部分设备支持

要　素	要　求
数据备份系统	（1）完全数据备份至少每天一次 （2）备份介质场外存放 （3）每天多次利用通信网络将关键数据定时批量传送至备用场地
备用数据处理系统	配备灾难恢复所需的部分数据处理设备
备用网络系统	配备部分通信线路和相应的网络设备
备用基础设施	（1）有符合介质存放条件的场地 （2）有满足信息系统和关键业务功能恢复运作要求的场地
技术支持	在灾难备份中心有专职的计算机机房运行管理人员
运行维护支持	（1）按介质特性对备份数据进行定期的有效性验证 （2）有介质存取、验证和转储管理制度 （3）有备用计算机机房管理制度 （4）有备用数据处理设备硬件维护管理制度 （5）有电子传输数据备份系统运行管理制度
灾难恢复预案	有相应的经过完整测试和演练的灾难恢复预案

表6-4　第4级——电子传输及完整设备支持

要　素	要　求
数据备份系统	（1）完全数据备份至少每天一次 （2）备份介质场外存放 （3）每天多次利用通信网络将关键数据定时批量传送至备用场地
备用数据处理系统	配备灾难恢复所需的全部数据处理设备，并处于就绪状态或运行状态
备用网络系统	（1）配备灾难恢复所需的通信线路 （2）配备灾难恢复所需的网络设备，并处于就绪状态
备用基础设施	（1）有符合介质存放条件的场地 （2）有符合备用数据处理系统和备用网络设备运行要求的场地 （3）有满足关键业务功能恢复运作要求的场地 （4）以上场地应保持7×24小时运作

续表

要　素	要　求
技术支持	在灾难备份中心有以下人员 （1）7×24 小时专职计算机机房管理人员 （2）专职数据备份技术支持人员 （3）专职硬件、网络技术支持人员
运行维护支持	（1）有介质存取、验证和转储管理制度 （2）按介质特性对备份数据进行定期的有效性验证 （3）有备用计算机机房运行管理制度 （4）有硬件和网络运行管理制度 （5）有电子传输数据备份系统运行管理制度
灾难恢复预案	有相应的经过完整测试和演练的灾难恢复预案

表 6-5　第 5 级——实时数据传输和完整设备支持

要　素	要　求
数据备份系统	（1）完全数据备份至少每天一次 （2）备份介质场外存放 （3）采用远程数据复制技术，并利用通信网络将关键数据实时复制到备用场地
备用数据处理系统	配备灾难恢复所需的全部数据处理设备，并处于就绪或运行状态
备用网络系统	（1）配备灾难恢复所需的通信线路 （2）配备灾难恢复所需的网络设备，并处于就绪状态 （3）具备通信网络自动或集中切换能力
备用基础设施	（1）有符合介质存放条件的场地 （2）有符合备用数据处理系统和备用网络设备运行要求的场地 （3）有满足关键业务功能恢复运作要求的场地 （4）以上场地应保持 7×24 小时运作
技术支持	在灾难备份中心 7×24 小时有以下专职人员 （1）计算机机房管理人员 （2）数据备份技术支持人员 （3）硬件、网络技术支持人员
运行维护支持	（1）有介质存取、验证和转储管理制度 （2）按介质特性对备份数据进行定期的有效性验证 （3）有备用计算机机房运行管理制度 （4）有硬件和网络运行管理制度 （5）有实时数据备份系统运行管理制度
灾难恢复预案	有相应的经过完整测试和演练的灾难恢复预案

表 6-6　第 6 级——数据零丢失和远程集群支持

要　素	要　求
数据备份系统	（1）完全数据备份至少每天一次 （2）备份介质场外存放 （3）远程实时备份，实现数据零丢失

要　　素	要　　求
备用数据处理系统	（1）备用数据处理系统具备与生产数据处理系统一致的处理能力并完全兼容 （2）应用软件是"集群的"，可实时无缝切换 （3）具备远程集群系统的实时监控和自动切换能力
备用网络系统	（1）配备与主系统相同等级的通信线路和网络设备 （2）备用网络处于运行状态 （3）最终用户可通过网络同时接入主、备中心
备用基础设施	（1）有符合介质存放条件的场地 （2）有符合备用数据处理系统和备用网络设备运行要求的场地 （3）有满足关键业务功能恢复运作要求的场地 （4）以上场地应保持 7×24 小时运作
技术支持	在灾难备份中心 7×24 小时有以下专职人员 （1）计算机机房管理人员 （2）专职数据备份技术支持人员 （3）专职硬件、网络技术支持人员 （4）专职操作系统、数据库和应用软件技术支持人员
运行维护支持	（1）有介质存取、验证和转储管理制度 （2）按介质特性对备份数据进行定期的有效性验证 （3）有备用计算机机房运行管理制度 （4）有硬件和网络运行管理制度 （5）有实时数据备份系统运行管理制度 （6）有操作系统、数据库和应用软件运行管理制度
灾难恢复预案	有相应的经过完整测试和演练的灾难恢复预案

6.2.8　灾难恢复与灾难备份、数据备份的关系

灾难备份是灾难恢复的基础。在灾难发生前通过建立灾难备份系统，对主系统进行备份并加强管理，保证其完整性和可用性；在灾难发生后，利用备份数据，实现主系统的还原恢复。这是灾难恢复的有效手段。

灾难备份是指利用技术、管理手段及相关资源确保既定的关键数据、关键数据处理系统和关键业务在灾难发生后可以恢复的过程。一个完整的灾难备份系统主要由数据备份系统、备份数据处理系统、备份通信网络系统和完善的灾难恢复计划（Disaster Recovery Plan，DRP）所组成。在灾难备份系统建设中，数据备份是关键，如何将数据（包含系统、应用和业务等数据）完整地实时复制到灾难备份中心，是企业灾难备份建设中需要重点考虑的事项。如今随着 IT 技术不断发展，灾难备份技术日趋成熟，有多种数据实时复制技术可供我们选择。

6.3　数据备份与恢复

数据备份是为了达到数据恢复和重建目标所进行的一系列备份步骤和行为。在灾难发生前通过对主系统进行备份并加强管理保证其完整性和可用性，在灾难发生后，利用备份数据，实现主系统的还原恢复。

6.3.1　备份策略

目前经常采用的备份策略主要有以下几种。

1．完全备份

完全备份就是每天对自己的系统进行完全备份。例如，星期一用一盘磁带对整个系统进行备份，星期二再用另一盘磁带对整个系统进行备份，以此类推。这种备份策略的好处是：当发生数据丢失的灾难时，只要用一盘磁带（即灾难发生前一天的备份磁带），就可以恢复丢失的数据。然而它的不足之处是：首先，由于每天都对整个系统进行完全备份，造成备份的数据大量重复。这些重复的数据占用了大量的磁带空间，这对用户来说就意味着增加成本；其次，由于需要备份的数据量较大，因此备份所需的时间也就较长，对于那些业务繁忙、备份时间有限的单位来说，选择这种备份策略是不合适的。

2．增量备份

在星期天进行一次完全备份，然后在接下来的 6 天里只对当天新的或被修改过的数据进行备份。这种备份策略的优点是节省了磁带空间，缩短了备份时间。但它的缺点在于，当灾难发生时，数据的恢复比较麻烦。例如，系统在星期三的早晨发生故障，丢失了大量的数据，那么现在就要将系统恢复到星期二晚上时的状态。这时系统管理员就要首先找出星期天的那盘完全备份磁带进行系统恢复，然后找出星期一的磁带来恢复星期一的数据，再找出星期二的磁带来恢复星期二的数据。很明显，这种方式很烦琐。另外，这种备份的可靠性也很差。在这种备份方式下，各盘磁带间的关系就像链子一样，一环套一环，其中任何一盘磁带出了问题都会导致整条链子脱节。例如，在上例中，若星期二的磁带出了故障，那么管理员最多只能将系统恢复到星期一晚上时的状态。

3．差分备份

管理员先在星期天进行一次系统完全备份，然后在接下来的几天里，管理员再将当天所有与星期天不同的数据（新的或修改过的）备份到磁带上。差分备份策略在避免了以上两种策略的缺陷的同时，又具有了它们的所有优点。首先，它无须每天都对系统做完全备份，因此备份所需时间短，并节省了磁带空间；其次，它的灾难恢复也很方便。系统管理员只需两盘磁带，即星期一的磁带与灾难发生前一天的磁带，就可以将系统恢复。

4．综合型完全备份

综合型完全备份是在当备份时间较短时进行的。在进行综合完全备份时，会从完全备份、差分备份和增量备份中读取信息，然后创建一个新的完全备份。这使得完全备份可以离线进行并且网络还是在继续使用，不会降低系统性能或者妨碍网络中的用户。

在实际应用中，备份策略通常是以上 4 种的结合。例如，每周一至周六进行一次增量备份或差分备份，每周日、每月月底和每年年底进行一次全备份。

此外，决定采用何种备份方式取决于两个重要因素：备份窗口和恢复窗口。

一个备份窗口指的是完成一次给定备份所需的时间。这个备份窗口由需要备份数据的总量和处理数据的网络构架的速度来决定。对于有些组织来说，备份窗口根本不是什么问题。这些组织可以在非工作时间来进行备份。

不过，随着数据容量的增加，完成备份所需的时间也会增加，这样不久备份就将占用工作时间。进一步讲，当代的许多公司都没有非工作时间——他们需要每周 7×24 小时的网络访问能力，这样留下的备份窗口就非常短，或者根本就不存在。

有许多解决备份窗口问题的方法，最后选择的标准将取决于公司的需要、预算及必须备份数据的容量。一些在备份窗口内使用方法包括采用差分备份和增量备份、快照、硬件和构架升级、免服务器和免局域网的备份方法。

恢复窗口就是恢复整个系统所需的时间。恢复窗口的长短取决于网络的负载和磁带库的性能及速度。

在实际应用中，必须根据备份窗口和恢复窗口的大小，以及整个数据量，决定采用何种备份方式。一般来说，差分备份避免了完全备份与增量备份的缺陷又具有它们的优点，差分备份无须每天都做系统完全备份，并且灾难恢复也很方便，只需上一次全备份磁带和灾难发生前一天磁带，因此采用完全备份结合差分备份的方式较为适宜。

6.3.2 备份分类

备份分类的方式有多种，不同的分类方式分类结果不同，常见的分类方式及分类结果如下。

1. 依据备份的策略分类

按备份的策略来说，有完全备份、增量备份、差分备份与综合型完全备份 4 种，详见 6.3.1。

2. 依据备份状态分类

按备份状态来划分，有物理备份和逻辑备份两种。

物理备份是指将实际物理数据从一处复制到另一处的备份，如对数据库的冷备份、热备份都属于物理备份。所谓冷备份，也称脱机（Offline）备份，是指以正常方式关闭数据库，并对数据库的所有文件进行备份。其缺点是需要一定的时间来完成，在恢复期间，最终用户无法访问数据库，而且这种方法不易做到实时的备份。所谓热备份，也称联机（Online）备份，是指在数据库打开和用户对数据库进行操作的装填下进行的备份；也指通过使用数据库系统的复制服务器，连接正在运行的主数据库服务器和热备份服务器，当主数据库的数据修改时，变化的数据通过复制服务器可以传递到备份数据库服务器中，保证两个服务器中的数据一致。这种热备份方式实际上是一种实时备份，两个数据库分别运行在不同的机器上，并且每个数据库都写到不同的数据设备中。

逻辑备份就是将某个数据库的记录读出并将其写入一个文件中，这是经常使用的一种备份方式。MS-SQL 和 Oracle 等都提供 Export/Import 工具来用于数据库的逻辑备份。

3. 依据备份层次分类

从备份的层次上划分，可分为硬件级备份和软件级备份。硬件级备份是通过硬件冗余来实现的，目前的硬件冗余技术有双机容错、磁盘双工、磁盘阵列与磁盘镜像等多种形式。硬件冗余技术的使用使系统据有充分的容错能力，对于提高系统的可靠性非常有效，如双机容错（热备份）可较好地解决系统连续运行的问题，磁盘阵列技术的使用提高了系统运行的可靠性。硬件冗余也有它的不足：一是不能解决因病毒或人为误操作引起的数据丢失及系统瘫痪等灾难；二是如果错误数据也写入备份磁盘，硬件冗余也会无能为力。理想的备份系统应使用硬件容错来防止硬件障碍，使用软件备份和硬件容错相结合的方式来解决软件故障或人为误操作造成的数据丢失。

4. 依据备份地点分类

从备份的地点来划分，数据备份还可分为本地备份和异地备份。对本地备份，备份的数据、文件存放在本地，其缺点是若本地发生地震、火灾等重大灾难，备份数据可能会与原始数据一同被破坏，不能起到备份作用；而异地备份则把备份的数据、文件异地存放，因而具有更高的安全性，能使系统在遇到地震、水灾、火灾等重大灾害的情形下进行恢复，但实现成本要高。

5. 依据灾难恢复的层次分类

根据灾难恢复的层次，备份可分为数据级备份、系统级备份和应用级备份。

（1）数据级备份。

数据级备份是通过建立一个异地或本地的数据备份系统，用以对主系统关键业务数据进行备份。数据级备份只要求保证业务数据的完整性、可靠性和安全性，而对系统的可用性不进行保护。对于提供实时服务的信息系统，用户的服务请求在灾难中会中断。由于数据级备份只是对业务数据备份，不对系统数据与应用程序进行备份，需要通过安装盘重新安装来进行系统的恢复。

（2）系统级备份。

系统级备份不但进行业务数据的备份，而且要对信息系统的系统数据、运行场景、用户设置、系统参数、应用程序和数据库系统等信息进行备份，以便迅速恢复整个系统。系统级备份要求同时保证业务数据和系统数据的完整性、可靠性和安全性。在网络环境中，系统和应用程序安装起来并不是那么简单的，必须找出所有的安装盘和原来的安装记录进行安装，然后重新设置各种参数、用户信息、权限等，这个过程可能要持续好几天。因此，最有效的方法是对整个系统进行备份。这样，无论系统遇到多大的灾难，都能够应付自如。

系统级备份同数据级备份的最大区别在于：在整个系统都失效时，用灾难恢复措施能够迅速恢复系统；而数据级备份则不行，因为如果系统发生了失效，在开始数据恢复之前，必须先进行重装系统、设置参数等系列操作，这些操作可能需要很长时间。数据级备份只能处理狭义的数据失效，而系统级备份则可以处理广义的数据失效。

（3）应用级备份。

应用级备份的目标是向用户提供不间断的应用服务。在灾难发生时，让用户的服务请求能够透明（用户对灾难的发生毫无觉察）地继续运行，保证信息系统所提供服务的完整性、可靠性和安全性。应用级备份要同时进行业务数据和业务应用的异地备份。当某地方的一个应用节点突然停掉时，能够自动地在另外一个地方启动相同的应用。这就需要建立一个同主系统功能完全一致（包括数据与应用的一致）的备份系统。在未发生灾难的情况下，主系统提供信息服务，备份系统则实时跟踪主系统的处理，备份主系统的相关信息，保证在灾难发生时，能将信息服务功能切换到备份系统，承担主系统的职责，抵御灾难，而且服务对于用户完全透明，没有任何损失和影响。应用级备份是在数据级备份和系统级备份的基础上，增加对整个应用的实时备份，使得实现的难度大、费用高，因此一般用于对业务连续性要求很高的系统（如银行业务系统）中。

6.3.3　备份技术

常用的备份技术包括数据复制技术、冗余技术等。

1．数据复制技术

数据复制，顾名思义就是将一个位置的数据复制到另外一个不同的位置上的过程。数据复制技术是当前数据备份的主要方式。

（1）数据复制的方式。

数据复制的方式有同步方式和异步方式。

同步方式数据复制就是通过将本地生产数据以完全同步的方式复制到异地，每一本地 I/O（Input/Output，输入/输出）交易均需等待远程复制的完成方予以释放。这种复制方式基本可以做到零数据丢失。

异步方式数据复制指将本地生产数据以后台同步的方式复制到异地，每一本地 I/O 交易均正常释放，无须等待远程复制的完成。这种复制方式，在灾难发生时，会有少量数据丢失，这与网络带宽、网络延迟、I/O 吞吐量相关。

无论同步复制还是异步复制都要保证数据的完整性和一致性，特别是对于异步复制模式，必须保证复制的先后顺序，才能保证数据的完整性，而使用 Timestamp 技术能有效地保证数据的一致性。对于磁盘级别的复制，使用 Snapshot 技术可以有效地提高复制的速度。为了实现对海量数据的实时远程复制，通过多线程的方式，在保证数据完整性的同时，可以大大缩短海量数据的同步时间。对于数据库级的复制和业务级复制的研究较多，相关的算法也较多，常见的复制算法包括主动复制（Active Replication）、被动复制（Passive Replication）以及在此基础上的半主动复制（Semi-Active

Replication）和半被动复制（Semi-Passive Replication），这些算法在高可靠性集群、分布式系统容错中应用很广泛。

主动复制的优点就是简单，能做到失效透明，缺点就是只能解决确定性错误，如果是非确定性错误就无能为力，因为灾难都是Fail-Stop错误，因此可以使用主动复制算法来实现数据复制，但是必须保证各业务中心服务进程状态的一致。被动复制也可以看作主从复制，该算法的缺点就是主中心成为潜在的性能瓶颈，并且主中心如果崩溃，需要系统进行重构，重新选出新的主中心，但是这个算法的一个主要优点就是可扩展性好，避免了更新冲突。

（2）数据复制的形式。

根据数据复制的对象，数据复制的形式有3种：卷、文件、数据库。

① 卷：卷是一种逻辑概念，属于磁盘的属性，但很少被应用程序直接访问，通常被文件系统和数据库管理员访问。如果卷被复制，分配在其上面的数据库或文件也会自动复制。卷复制的缺点是没有可以使用的应用级语义，卷复制器必须全部的卷更新如实复制到所有的副本。

② 文件：就是以文件为单位的复制，以文件方式进行复制是复制的常用方式，文件的复制再生了文件及其目录。文件复制的优点在于，在文件级数据语义上可以简化某些复制操作及削弱源存储和目标物理存储之间的布局。例如，删除包含大量文件的目录会引发很多的磁盘输入/输出操作，卷复制会在所有目的地重复每一个写操作，而文件复制只需简单地将删除命令发往目的地上执行即可。

③ 数据库：数据库复制技术的实施范围往往比卷和文件系统更为广泛，一般分为程序复制和数据库更新复制两种。程序复制将引起数据库更新的应用程序的复制发送到目的地，由程序来完成数据库的更新。这种方法可以使网络流量非常小，数百字节的程序可以更新数以千计的数据库记录。数据库更新复制发送的是数据库更新日志，由目的地程序根据更新日志完成数据库的更新。

（3）数据复制的层次。

根据复制数据的层次，数据复制技术可以分为以下4种类型。

① 硬件级的数据复制：主要是在磁盘级别对数据进行复制，包括磁盘镜像、卷复制等，这种类型的复制方法可以独立于应用，并且复制速度也较快，对生产系统的性能影响也较小，但是开销比较大。

② 操作系统级的复制：主要是在操作系统层次，对各种文件的复制，这种类型的复制受到了具体操作系统的限制。

③ 数据库级的复制：是在数据库级别将对数据库的更新操作以及其他事务操作以消息的形式复制到异地数据库，这种复制方式的系统开销也很大，并且与具体数据库相关。

④ 业务数据流级复制：就是业务数据流的复制，就是将业务数据流复制到异地灾难备份系统，经过系统处理后，产生对异地系统的更新操作，从而达到同步。这种方式，也可以独立于具体应用，但是可控性较差。现在利用这种方式来实现灾难备份系统的例子还很少。

2．冗余技术

冗余技术是通过硬件设备冗余来实现备份，通过配备与主系统相同的硬件设备，来保证系统和数据的安全性，目前的硬件冗余技术有双机容错、磁盘双工、磁盘阵列与磁盘镜像等多种形式。

3．磁盘镜像技术

镜像是在两个或多个磁盘或磁盘子系统上产生同一个数据的镜像视图的信息存储过程。它用设备虚拟化的形式使两个以上的磁盘看起来就像一个磁盘，接受完全相同的数据。使用磁盘镜像的优点主要表现在，当一个磁盘失效时，由于其他磁盘依然能够正常工作，因而系统还能保持数据的可访问能力。

6.3.4　数据恢复工具

再周密和谨慎的数据备份工作都不可能为我们的数据文件提供实时、完整的保护，灾难数据恢复工具是 IT 人员的必备工具之一。本节介绍 FinalData 和 EasyRecovery 等灾难恢复工具。

1. FinalData

全球领先的灾难数据恢复工具 FinalData 以其强大、快速的恢复功能和简便易用的操作界面成为 IT 专业人士的恢复工具选择之一。

（1）FinalData 具有强大的数据恢复功能。

当文件被误删除（并从回收站中清除）、FAT 表或者磁盘根区被病毒侵蚀造成文件信息全部丢失、物理故障造成 FAT 表或者磁盘根区不可读，以及磁盘格式化造成的全部文件信息丢失之后，FinalData 都能够通过直接扫描目标磁盘抽取并恢复出文件信息（包括文件名、文件类型、原始位置、创建日期、删除日期、文件长度等），用户可以根据这些信息方便地查找和恢复自己需要的文件。甚至在数据文件已经被部分覆盖以后，专业版 FinalData 也可以将剩余部分文件恢复出来。

（2）FinalData 的操作简便易用。

安装向导可以帮助用户自动完成安装（除了提供产品序列号和安装目录外无须用户其他干预），甚至不经过安装也可以通过安装光盘上的执行程序直接运行 FinalData 来进行数据文件恢复。类似 Windows 资源管理器的用户界面和操作风格使 Windows 用户几乎不需要培训就可以完成简单的数据文件恢复工作。用户既可以（通过通配符匹配）快速查找指定的一个或者多个文件，也可以一次完成整个目录及子目录下的全部文件的恢复（保持目录结构不变）。

（3）网络恢复功能。

高版本的 FinalData 软件可以通过 TCP/IP 网络协议对网络上的其他计算机上丢失的文件进行恢复，从而为整个网络上的数据文件提供保护。在目标机器上复制和运行一个代理程序后，用户可以从本地计算机的 FinalData 界面上打开一个网络驱动器，输入目标机 IP 地址和口令字（由客户机设置）后，余下的操作就像在本地机上进行数据恢复一样简便。代理程序可以在 Windows 和 DOS 等环境下运行，即使目标机器丢失了重要的系统文件导致 Windows 操作系统不能正常启动，用户也可以在 DOS 环境下通过 FinalData 的网络恢复功能完成数据文件的恢复。

（4）齐全的版本支持。

FinalData 全面支持各种类型的数据文件（包括中、日、韩等双字节文件及 Oracle 等数据库文件）的恢复，提供运行在 Windows、Macintosh、Linux 和 UNIX 上的各种版本，以适合不同的用户用户群体。

2. EasyRecovery

硬盘是重要的存储介质，由于盘符交错或其他一些原因造成被误格式化、分区损坏，或者误删除了有用的文件（完全删除），EasyRecovery Professional 是专为硬盘恢复准备的数据恢复工具，它支持的基本操作系统平台是 Win10/Win8/Win7/WinVista/WinXP 等。

要从格式化后的硬盘恢复数据，单击左边的 Data Recovery，选择 FormatRecovery；如果分区损坏或知道文件名可以选择 AdvancedRecovery 或者 DeletedRecovery 恢复。

根据提示选择想要恢复的盘符、文件系统格式。出现小窗口，显示文件块数、时间、找到的目录数、当前找到的文件名，完成后选择 MyDrive，看一下找到的文件（在 LostFile 文件夹下），可以选全部恢复或部分恢复，然后选择恢复的目标盘（注意不能选丢失数据的盘符），还可以压缩到某一文件中。此外，此工具还可以恢复软盘中删除的文件；对于多次格式化的硬盘，即使已经重新复制了文件，只要未将有用数据的簇占满都有可能恢复出数据；如果误格式化的是系统区，必须将硬盘挂接到有系统的机器上恢复。EasyRecovery 可作为用户日常 PC 的基础工具。

本章小结

减少信息系统灾难对社会的危害和给人民财产带来的损失，保证信息系统所支持的关键业务能在灾害发生后及时恢复并继续运作，是灾难恢复与业务连续性管理的主要目标。

本章主要依据有关的标准，介绍了业务连续性管理的基本概念和内容，信息系统灾难恢复的概念、流程，灾难恢复的等级及灾难恢复的核心技术——灾难备份和数据备份技术等内容。对专业技术方面的内容讲述较少，旨在为人们开展灾难恢复与业务连续性管理工作提供实际指导。

习题

1．什么是业务连续性管理？其目标是什么？
2．请解释业务连续性计划、灾难恢复计划，并阐述它们的区别。
3．什么是应急响应？其目的是什么？
4．应急响应预案制定的原则有哪些？
5．简述备份技术有哪些。

第 7 章

信息系统安全审计

现代安全计算机系统，除了要求有身份验证、访问控制等安全措施以外，还要求有审计功能。审计作为安全系统的重要组成部分，在美国的 TCSEC（Trusted Computer System Evaluation Criteria，可信计算机系统评价）标准中要求 C2 级以上（含 C2 级）的数据库必须包含审计功能，在我国的计算机信息系统安全等级保护划分准则中也有相应的要求。

信息系统安全审计在提高系统的可靠性和安全性方面可以发挥重要的作用。本章介绍了信息系统安全审计的基本概念、关键技术和相关标准。计算机取证是信息系统安全审计的直接应用，本章还简要介绍了将信息安全审计用于计算机犯罪追踪取证的计算机取证。

7.1 信息系统安全审计概述

7.1.1 概念

信息系统安全审计是评判一个信息系统是否真正安全的重要手段之一。通过安全审计收集、分析、评估安全信息，掌握安全状态，制定安全策略，确保整个安全体系的完备性、合理性和适用性，才能将系统调整到"最安全"和"最低风险"的状态。安全审计已成为企业内控、信息系统安全风险控制等不可或缺的关键手段，也是威慑、打击内部计算机犯罪的重要手段。

我国的国家标准 GB/T 20945—2007《信息安全技术 信息系统安全审计产品技术要求和测试评价方法》给出了安全审计的定义，安全审计是对信息系统的各种事件及行为实行监测、信息采集、分析并针对特定事件及行为采取相应响应动作。

在国际通用的 CC 准则（即 ISO/IEC 15408-2:1999《信息技术安全性评估准则》）中对信息系统安全审计（Information System Security Audit，ISSA）给出了明确定义：信息系统安全审计主要指对与安全有关的活动的相关信息进行识别、记录、存储和分析；审计记录的结果用于检查网络上发生了哪些与安全有关的活动，谁（哪个用户）对这个活动负责；主要功能包括安全审计自动响应、安全审计数据生成、安全审计分析、安全审计浏览、安全审计事件选择、安全审计事件存储等。

这是国际 CC 准则给出的一个比较抽象的概念，通俗来讲，信息安全审计就是信息网络中的"监控摄像头"，通过运用各种技术手段，洞察网络信息系统中的活动，全面监测信息系统中的各种会话和事件，记录分析各种网络可疑行为、违规操作、敏感信息，帮助定位安全事件源头和追查取证，防范和发现计算机网络犯罪活动，为信息系统安全策略制定、风险内控提供有力的数据支持。

安全审计除了能够监控来自网络内部和外部的用户活动，对与安全有关活动的相关信息进行识别、记录、存储和分析，对突发事件进行报警和响应外，还能通过对系统事件进行记录，为事后处理提供重要依据，为网络犯罪行为及泄密行为提供取证基础。同时，通过对安全事件的不断收集与积累并且加以分析，能有选择性和针对性地对其中的对象进行审计跟踪，即事后分析及追查取证，以保证系统的安全。

由于不存在绝对安全的系统，所以安全审计系统作为和其他安全措施相辅相成、互为补充的安全机制，是非常必要的。CC准则特别规定了信息系统的安全审计功能需求。

7.1.2 主要目标

安全审计的主要目标包括以下几个。

（1）检查是否符合现行的安全策略、标准、指南和程序。

（2）找出不足之处，并检查现有策略、标准、指南和程序的实施效果。

（3）识别和审查是否符合相关的法律、法规和合同的要求。

（4）识别和理解存在的漏洞。

（5）检讨现有的操作、行政和管理方面的安全控制问题，确保实现的安全措施和符合最低安全标准的要求。

（6）提供改进建议和纠正措施。

7.1.3 功能

信息安全审计的有多方面的作用与功能，包括取证、威慑、发现系统漏洞、发现系统运行异常、评价标准的符合程度等。

（1）取证：利用审计工具，监视和记录系统的活动情况，如记录用户登录账户、登录时间、终端以及所访问的文件、存取操作等，并放入系统日志中，必要时可打印输出，提供审计报告，对于已经发生的系统破坏行为提供有效的追纠证据。

（2）威慑：通过审计跟踪，并配合相应的责任追究机制，对外部的入侵者及内部人员的恶意行为具有威慑和警告作用。

（3）发现系统漏洞：安全审计为系统管理员提供有价值的系统使用日志，从而帮助系统管理员及时发现系统入侵行为或潜在的系统漏洞。

（4）发现系统运行异常：通过安全审计，为系统管理员提供系统运行的统计日志，管理员可根据日志数据库记录的日志数据，分析网络或系统的安全性，输出安全性分析报告，因而能够及时发现系统的异常行为，并采取相应的处理措施。

（5）评价标准符合程度：通过对日志数据进行分析测试公司信息系统对一套确定标准的符合程度，来评估其安全性，并采取响应的整改措施。

7.1.4 分类

安全审计按照不同的分类标准，具有不同的分类特性。

按照审计分析的对象，安全审计可分为针对主机的审计和针对网络的审计。前者对系统资源如系统文件、注册表等文件的操作进行事前控制和事后取证，并形成日志文件；后者主要针对网络的信息内容和协议分析。

按照审计的工作方式，安全审计可分为集中式安全审计和分布式安全审计。集中式体系结构采用集中的方法，收集并分析数据源（网络各主机的原始审计记录），所有的数据都要交给中央处理机进行审计处理。分布式安全审计包含两层含义：一是对分布式网络的安全审计；二是采用分布式计算的方法，对数据源进行安全审计。

7.2　安全审计系统的体系结构

安全审计系统（Secure Audit System, SAS）正是为了满足安全审计的功能需要而研制和部署的。下面在给出信息安全审计系统一般组成的基础上，介绍两种基本的信息安全审计的体系结构。

7.2.1　信息安全审计系统的一般组成

一般而言，一个完整的安全审计系统组成如图 7-1 所示，包括事件探测及数据采集引擎、数据管理引擎和审计引擎等重要组成部分，每一部分实现不同的功能。

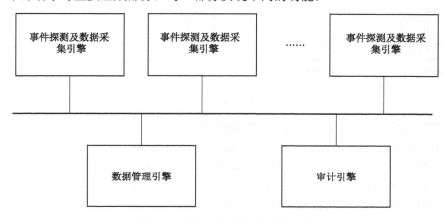

图 7-1　安全审计系统的一般组成

1．事件探测及数据采集引擎

事件探测及数据采集引擎主要全面侦听主机及网络上的信息流，动态监视主机的运行情况以及网络上流过的数据包，对数据包进行检测和实时分析，并将分析结果发送给相应的数据管理中心进行保存。

2．数据管理引擎

数据管理引擎一方面负责对事件探测及数据采集引擎传回的数据以及安全审计的输出数据进行管理，另一方面，数据管理引擎还负责对事件探测及数据采集引擎的设置、用户对安全审计的自定义、系统配置信息的管理。它一般包括 3 个模块：数据库管理、引擎管理、配置管理。

数据库管理模块设置数据库连接信息；引擎管理程序设置事件探测及数据采集引擎的信息；配置管理可以对被审计对象进行客户化自定义，协议和设定异常端口审计。

3．审计引擎

审计引擎包括两个应用程序：审计控制台和用户管理。审计控制台可以实时显示网络审计信息、流量统计信息，并可以查询审计信息历史数据，并且对审计事件进行回放。用户管理程序可以对用户进行权限设定，限制不同级别的用户查看不同的审计内容。同时还可以对每一种权限的使用人员的操作进行审计记录，可以由用户管理员进行查看，具有一定的自身安全审计功能。

7.2.2　集中式安全审计系统的体系结构

集中式体系结构采用集中的方法，收集并分析数据源，所有的数据都要交给中央处理机进行审计处理。中央处理机承担数据管理引擎及安全审计引擎的工作，而部署在各受监视系统上的外围设备只是简单的数据采集设备，承担事件检测及数据采集引擎的作用。

集中式安全审计系统的体系结构如图 7-2 所示，系统通过 n 个数据采集点收集数据，经过过滤和简化处理后的数据再通过网络传输到中央处理机，由于收集的数据全部由中央处理机汇总和处理，所以，系统存在一个通信和计算的瓶颈。

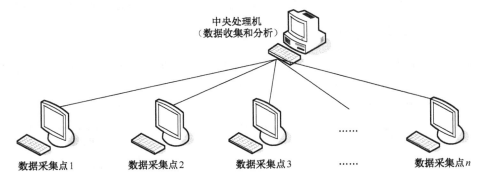

图 7-2　集中式安全审计系统结构

对于小规模的局域网，集中式的审计体系结构已经可以满足要求。而随着分布式网络技术的广泛应用，集中式的审计体系结构越来越显示出其缺陷，主要表现在以下几个方面。

（1）由于事件信息的分析全部由中央处理机承担，势必造成 CPU、I/O 及网络通信的负担，而且中心计算机往往容易发生单点故障（如针对中心分析系统的攻击）。另外，对现有的系统进行用户的增容（如网络的扩展、通信数据量的加大）是很困难的。

（2）由于数据的集中存储，在大规模的分布式网络中，有可能因为单个点的失败造成整个审计数据的不可用。

（3）集中式的体系结构，自适应能力差，不能根据环境变化自动更改配置。通常，配置的改变和增加是通过编辑配置文件来实现的，往往需要重新启动系统以使配置生效。

因此，集中式的体系结构已不能适应高度分布的网络环境。

7.2.3　分布式安全审计系统的体系结构

分布式安全审计系统实际上包含两层含义：一是对分布式网络的安全审计；二是采用分布式计算的方法，对数据源进行安全审计。典型的分布式安全审计系统的结构如图 7-3 所示。

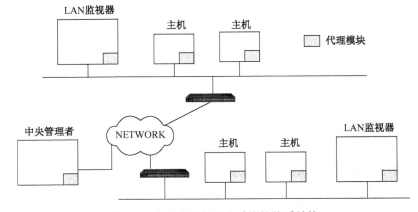

图 7-3　分布式安全审计系统的体系结构

它由三部分组成。

（1）主机代理模块。

主机代理模块是部署在受监视主机上，并作为后台进程运行的审计信息收集模块。主要目的是收集主机上与安全相关的事件信息，并将数据传送给中央管理者。它同时承担了数据采集以及部分的安全审计工作。

（2）局域网监视器代理模块。

局域网监视器代理模块是部署在受监视的局域网上，用以收集并对局域网上的行为进行审计的模块，主要分析局域网网上的通信信息，并根据需要将结果报告给中央管理者。

（3）中央管理者模块。

中央管理者模块接收包括来自局域网监视器和主机代理的数据和报告，控制整个系统的通信信息，对接收到的数据进行分析。

在分布式系统结构中，代理截获审计收集系统生成的审计记录，应用过滤器去掉与安全无关的记录，然后将这些记录转化成一种标准格式以实现互操作。然后，代理中的分析模块分析记录，并与该用户的历史映像相比较，当检测出异常时，向中央管理者报警。局域网监视器代理审计主机与主机之间的连接以及使用的服务和通信量的大小，以查找出显著的事件，如网络负载的突然改变、安全相关服务的使用等。

分布式系统结构可以从单独的安全审计系统扩展成能够关联许多站点和网络行为的审计系统。相对于集中式结构，它有以下优点。

（1）扩展能力强：通过扩展审计单元来实现网络安全范围的扩张。

（2）容错能力强：分布式的独立结构解决了单点失效问题。

（3）兼容性强：既可包含基于主机的审计，又可含有基于网络的审计，超越了传统审计模型的界限。

（4）适应性强：当网络和主机状态改变时，如升级或重构，分布式审计系统可以很容易地做相应修改。

7.3　安全审计的一般流程

安全审计流程如图 7-4 所示。事件采集设备通过硬件或软件代理对客体进行事件采集，并将采集到的事件发送至事件辨别与分析器进行事件辨别与分析，策略定义的危险事件，发送至报警处理部件，进行报警或响应。对所有需产生审计信息的事件，产生审计信息，并发送至结果汇总，进行数据备份或报告生成。需要注意的是，以上各阶段之间并没有明显的时间相关性，它们之间可能存在时间上的交叉。另外从审计系统设计角度，一个设备可同时承担多个任务。

图 7-4　安全审计流程

7.3.1　策略定义

安全审计应在一定的审计策略下进行，审计策略规定哪些信息需要采集、哪些事件是危险事件，以及对这些事件应如何处理等。因而审计前应制定一定的审计策略，并下发到各审计单元。在事件处理结束后，应根据对事件的分析处理结果来检查策略的合理性，必要时应调整审计策略。

7.3.2 事件采集

事件采集阶段包含以下行为。

（1）按照预定的审计策略对客体进行相关审计事件采集。形成的结果交由事件后续的各阶段来处理。

（2）将事件其他各阶段提交的审计策略分发至各审计代理，审计代理依据策略进行客体事件采集。

注：审计代理是安全审计系统中完成审计数据采集、鉴别并向审计跟踪记录中心发送审计消息的功能部件，包括软件代理和硬件代理。

7.3.3 事件分析

事件分析阶段包含以下行为。

（1）按照预定策略，对采集到的事件进行事件辨析，决定：①忽略该事件；②产生审计信息；③产生审计信息并报警；④产生审计信息且进行响应联动。

（2）按照用户定义与预定策略，将事件分析结果生成审计记录，并形成审计报告。

7.3.4 事件响应

事件响应阶段是根据事件分析的结果采用相应的响应行动，包含以下行为。

（1）对事件分析阶段产生的报警信息、响应请求进行报警与响应。

（2）按照预定策略，生成审计记录，写入审计数据库，并将各类审计分析报告发送到指定的对象。

（3）按照预定策略对审计记录进行备份。

7.3.5 结果汇总

结果汇总阶段负责对事件分析及响应的结果进行汇总，主要包含以下行为。

（1）将各类审计报告进行分类汇总。

（2）对审计结果进行适当的统计分析，形成分析报告。

（3）根据用户需求和事件分析处理结果形成审计策略修改意见。

7.4 安全审计的数据源

对于安全审计系统而言，输入数据的选择是首先需要解决的问题，而安全审计的数据源，可以分为3类：基于主机的数据源、基于网络的数据源和其他途径的数据源。

1．基于主机的数据源

基于主机的安全审计的数据源，包括操作系统的审计记录、系统日志、应用程序的日志信息以及基于目标的信息。

（1）操作系统的审计记录。

操作系统的审计记录是由操作系统软件内部的专门审计子系统所产生的，其目的是记录当前系统的活动信息，如用户进程所调用的系统调用类型及执行的命令行等，并将这些信息按照时间顺序组织为一个或多个审计文件。

大多数操作系统的审计子系统，都是按照美国 TCSEC 标准对审计功能的设计要求来实现的，在 TCSEC 中规定了 C2 安全级以上的操作系统必须具备审计功能，并记录相应的安全性日志。对于基于主机的安全审计系统来说，操作系统的审计记录是首选的数据源。一方面，操作系统的审计系统在设计时，本身已经考虑到了审计记录的结构化组织工作以及对审计记录内容的保护机制，因此操作系统审计记录的安全性得到了较好的保护，对于安全审计来说，其安全的可信数据源无疑是首要的选择；另一方面，操作系统审计记录提供了在系统内核级的事件发生情况，反映了系统底层的活动情况并提供了相关的详细信息，能够识别所有用户活动的微细活动模式，为发现潜在的异常行为奠定了良好的基础。

（2）系统日志。

日志分为操作系统日志和应用程序日志两部分。操作系统日志与主机的信息源相关，是使用操作系统日志机制生成的日志文件的总称；应用程序日志是有应用程序自己生成并维护的日志文件的总称。

系统日志的安全性与操作系统的审计记录相比，安全性存在不足，主要原因如下。

① 系统日志是由在操作系统内核外运行的应用程序产生的，容易受到恶意的攻击和修改。

② 日志系统通常存储在不受保护的普通文件目录中，并且经常以普通文本文件方式储存，容易受到恶意的篡改和删除。相反地，作为操作系统审计记录通常以二进制文件形式存储，且具备较强的保护机制。

系统日志的优势在于简单易读，容易处理，仍然成为安全审计的一个重要的数据源。

（3）应用程序日志信息。

操作系统审计记录和系统日志都属于系统级别的数据源信息，通常由操作系统及其标准部件统一维护，是安全审计优先选用的输入数据源。随着计算机网络的分布式计算架构的发展，对传统的安全观念提出了挑战。

一方面，系统设计的日益复杂，使管理者无法单纯从内核底层级别的数据源来分析判断系统活动的情况。底层级别的安全数据虽然可信度高，但是随着规模的迅速膨胀，使得分析的难度也大大增加。另一方面，网络化计算环境的普及，导致入侵攻击行为的目标日益集中于提供网络服务的特定应用程序，如电子邮件服务器、Web 服务器和网络数据库服务器等。

因此，有需要采用反映系统活动的较高层次的抽象信息（如应用程序日志），以及特定的应用程序的日志信息，作为重要的输入数据源。以 Web 服务器为例，WWW 服务是最流行的网络服务，也是电子商务的主要应用平台。Web 服务器的日志信息是最为常见的应用级别数据源，主流的 Web 服务器都支持访问日志机制。

2．基于网络的数据源

随着基于网络入侵检测的日益流行，基于网络的安全审计也成为安全审计发展的流行趋势，而基于网络的安全审计系统所采用的输入数据即网络中传输的数据。

采用网络数据具有以下优势。

（1）通过网络被动监听的方式获取网络数据包，作为安全审计系统的输入数据，不会对目标监控系统的运行性能产生任何影响，而且通常无须改变原有的结构和工作方式。

（2）嗅探模块在工作时，可以采用对网络用户透明的模式，降低了其本身受到攻击的概率。

（3）基于网络数据的输入信息源，可以发现许多基于主机数据源所无法发现的攻击手段，如基于网络协议的漏洞发掘过程，或是发送畸形网络数据包和大量误用数据包的 DOS 攻击等。

（4）网络数据包的标准化程度，相比主机数据源来说要高得多，如目前几乎大部分网络协议都采用了 TCP/IP 协议族。由于标准化程度很高，所以，有利于安全审计系统在不同系统平台环境下的移植。

在以太网和交换网络环境中，可以分别通过将网卡设为混杂模式和利用机或路由器上的监听端口或镜像端口来获取网络数据。

3．其他途径数据源

（1）来自其他安全产品的数据源。

来自其他安全产品的数据源主要是指目标系统内部其他独立运行的安全产品（防火墙、身份认证系统和访问控制系统等）所产生的日志文件。这些数据源同样也是安全审计系统所必须考虑的。

（2）来自网络设备的数据源。

网络设备如网络管理系统，如利用 SNMP（简单网管协议）所提供的信息作为数据源。

（3）带外数据源。

带外数据源指人工方式提供的数据信息，如硬件错误信息、系统配置信息、其他的各种自然危害事件等。

7.5　安全审计的分析方法

1．基于规则库的安全审计方法

基于规则库的安全审计方法就是将已知的攻击行为进行特征提取，把这些特征用脚本语言等方法进行描述后放入规则库中，当进行安全审计时，将收集到的审核数据与这些规则进行某种比较和匹配操作（如关键字、正则表达式、模糊近似度等），从而发现可能的网络攻击行为。这种方法和某些防火墙和防病毒软件的技术思路类似，检测的准确率都相当高，可以通过最简单的匹配方法过滤掉大量的无效审核数据信息，对于使用特定黑客工具进行的网络攻击特别有效。例如，发现目的端口为 139 以及含有 OOB 标志的数据包，一般肯定是 WinNuke 攻击数据包。而且规则库可以从互联网上下载和升级（如 www.cert.org 等站点都可以提供各种最新攻击数据库），使得系统的可扩充性非常好。但是其不足之处在于这些规则一般只针对已知攻击类型或者某类特定的攻击软件，当出现新的攻击软件或者攻击软件进行升级之后，就容易产生漏报。例如，著名的 Back Orifice 后门软件在 20 世纪 90 年代末非常流行，当时人们会发现攻击的端口是 31337，因此 31337 这个古怪的端口便和 Back Orifice 联系在了一起。但不久之后，聪明的 Back Orifice 作者把这个源端口换成了 80 这个常用的 Web 服务器端口，这样就逃避了很多安全系统的检查。

基于规则库的安全审计方法有其自身的局限性。对于某些特征十分明显的网络攻击行为，该技术的效果非常好；但是对于其他一些非常容易产生变种的网络攻击行为，规则库就很难完全满足要求了。

2．基于数理统计的安全审计方法

数理统计方法就是首先给对象创建一个统计量的描述，如一个网络流量的平均值、方差等，统计出正常情况下这些特征量的数值，然后用来对实际网络数据包的情况进行比较，当发现实际值远离正常数值时，就可以认为是潜在的攻击发生。典型的以著名的 Syn flooding 攻击来说，攻击者的目的是不想完成正常的 TCP 三次握手所建立起来的连接，从而让等待建立这一特定服务的连接数量超过系统所限制的数量，这样就可以使被攻击系统无法建立关于该服务的新连接。很显然，要填满一个队列，一般要在一段时间内不停地发送 SYN 连接请求，根据各个系统的不同，一般在每分钟 10~20 个，或者更多。显然，在一分钟内从同一个源地址发送来 20 个以上的 SYN 连接请求是非常不正常的，我们完全可以通过设置每分钟同一源地址的 SYN 连接数量这个统计量来判别攻击行为的发生。但是，数理统计的最大问题在于如何设定统计量的"阀值"，也就是正常数值和非正常数值的分界点，这往往取决于管理员的经验，不可避免产生误报和漏报。

3．基于日志数据挖掘的安全审计方法

基于规则库和数理统计的安全审计方法已经得到了广泛的应用，而且获得了比较大的成功，但是它最大的缺陷在于已知的入侵模式必须被手工编码，不能动态地进行规则更新。因此最近人们开始越来越关注带有学习能力的数据挖掘方法，目前该方法已经在一些安全审计系统中得到了应用，它的主要思想是从系统使用或网络通信的"正常"数据中发现系统的"正常"运行模式，并和常规的一些攻击规则库进行关联分析，并用以检测系统攻击行为。

数据挖掘本身是一项通用的知识发现技术，其目的是要从海量数据中提取出我们所感兴趣的数据信息（知识）。这恰好与当前网络安全审计的现实相吻合。目前，操作系统的日益复杂化和网络数据流量的急剧膨胀，导致了安全审计数据同样以惊人的速度递增。激增的数据背后隐藏着许多重要的信息，人们希望能够对其进行更高抽象层次的分析，以便更好地利用这些数据。将数据挖掘技术应用于对审计数据的分析可以从包含大量冗余信息的数据中提取出尽可能多的隐藏的安全信息，抽象出有利于进行判断和比较的特征模型。根据这些特征向量模型和行为描述模型，可以由计算机利用相应的算法判断出当前网络行为的性质。与传统的网络安全审计系统相比，基于数据挖掘的网络安全审计系统有检测准确率高、速度快、自适应能力强等优点。

4．其他安全审计方法

安全审计是根据收集到的关于已发生事件的各种数据来发现系统漏洞和入侵行为，能为追究造成系统危害的人员责任提供证据，是一种事后监督行为。入侵检测是在事件发生前或攻击事件正在发生过程中，利用观测到的数据，发现攻击行为。两者的目的都是发现系统入侵行为，只是入侵检测要求有更高的实时性，因而安全审计与入侵检测两者在分析方法上有很大的相似之处，入侵检测分析方法多能应用与安全审计，如神经网络、遗传算法等。信息技术的高速发展，攻击者的攻击手段日新月异，安全审计应根据实际应用背景，不断推出新的方法。

（1）神经网络：神经网络的基本思想是用一系列信息单元序列来训练神经单元，在神经网络的输入中包括当前的信息单元序列和过去的信息单元序列集合，神经网络由此可进行判断，并能预测输出。与概率统计方法相比，神经网络方法更好地表达了变量之间的非线性关系，并且能自动学习和更新。

（2）遗传算法：一个遗传算法是一类进化算法的一个实例，这些算法在多维优化问题处理方面的能力已经得到认可，并且遗传算法在对异常检测的准确率和速度上有较大优势。主要不足在于不能在审计跟踪中精确定位攻击，这一点和神经网络面临的问题相似。

随着大数据技术的发展，基于大数据思想的检测分析方法也有大量的研究。基本思路是对系统多源海量多模态数据进行关联分析，发现潜在威胁。

7.6　信息安全审计与标准

历史上影响较大的两个安全评价标准 TCSEC 和 CC 都对审计提出了明确的功能要求。我国的 GB 17859—1999 也有相应的规定。而 GB/T 20945—2007 则给出了信息安全审计类产品具体的技术要求。

7.6.1　TCSES 中的安全审计功能需求

TCSEC 将系统定义为从高到低的 A、B、C、D 四类安全等级，其中 A 类安全等级只包含 A1 一个安全类别，B 类安全等级包括 B1、B2、B3 三个安全类别（其中安全等级要求强度的顺序是

B1<B2 < B3），C 类安全等级可划分为 C1 和 C2 两类（C1 < C2）。从 C2 级以上的各级别都要求具有审计功能，并且 A1 和 B3 级别具有相同的安全审计特征，在 B3 级中提出了关于审计的全部功能要求。因此，TCSEC 共定义了 4 个级别的审计要求:C2、B1、B2、B3。

C2 级要求审计以下事件：用户的身份标识和鉴别、用户地址空间中客体的引入和删除、计算机操作员/系统管理员/安全管理员的行为、其他与安全有关的事件。对于每一个审计事件，审计记录应包含以下信息：事件发生的日期和时间、事件的主体（即用户）、事件的类型、事件成功与否；对于用户鉴别这类事件，还要记录请求的来源（如终端号）；对于在用户地址空间中引入或删除客体，则要记录客体的名称；系统管理员对于系统内的用户和系统安全数据库的修改也要在审计记录中得到体现。C2 级要求审计管理员应能够根据每个用户的身份进行审计。

B1 级相对于 C2 级增加了以下需要审计的事件：对于可以输出到硬复制设备上的人工可读标志的修改（包括敏感标记的覆写和标记功能的关闭）、对任何具有单一安全标记的通信通道或 I/O 设备的标记指定、对具有多个安全标记的通信通道或 I/O 设备的安全标记范围的修改。因为增加了强制访问控制机制，B1 级要求在审计数据中也要记录客体的安全标记，同时审计管理员也可以根据客体的安全标记制定审计原则。

B2 级的安全功能要求较之 B1 级增加了可信路径和隐蔽通道分析等，因此，除了 B1 级的审计要求外，对于可能被用于存储型隐蔽通道的活动，在 B2 级也要求被审计。

B3 级在 B2 级的功能基础上，增加了对可能将要违背系统安全政策这类事件的审计，如对于时间型隐蔽通道的利用。审计子系统能够监视这类事件的发生或积聚，并在这种积聚达到某个阈值时立即向安全管理员发出通告，如果随后这类危险事件仍然持续下去，系统应在做出最小牺牲的条件下主动终止这些事件。这种及时通告意味着 B3 级的审计子系统不像其他较低的安全级别那样只要求安全管理员在危险事件发生之后检查审计记录，而是能够更快地识别出这些违背系统安全政策的活动，并产生报告和进行主动响应。响应的方式包括锁闭发生此类事件的用户终端或者终止可疑的用户进程。一般地，"最小的牺牲"是与具体应用有关的，任何终止这类危险事件的行为都是可以接受的。

7.6.2　CC 中的安全审计功能需求

CC 是美国、加拿大、英国、法国、德国、荷兰等国家联合提出的信息安全评价标准，在 1999 年通过国际标准化组织认可，成为信息安全评价国际标准。CC 标准基于安全功能与安全保证措施相独立的观念，在组织上分为基本概念、安全功能需求和安全保证需求三大部分。CC 中，安全需求都以类、族、组件的层次结构形式进行定义，其中，安全功能需求共有 11 个类，安全保证需求共有 7 个类，而安全审计就是一个单独的安全功能需求类，其类名为 FAU。安全审计类有 6 个族（图 7-5），分别对审计记录的选择、生成、存储、保护、分析以及相应的入侵响应等功能做出了不同程度的要求。

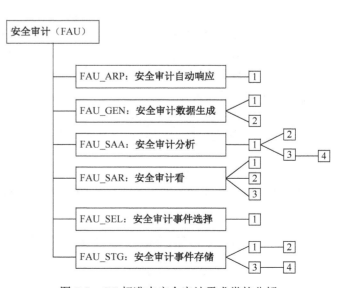

图 7-5　CC 标准中安全审计需求类的分解

7.6.3　GB 17859—1999 对安全审计的要求

我国的信息安全国家标准 GB 17859—1999 定义了 5 个安全等级，其中较高的 4 个级别都对审计提出了明确的要求。从第二级"系统审计保护级"开始有了对审计的要求，它规定计算机信息系统可信计算基（TCB）可以记录以下事件：使用身份鉴别机制；将客体引入用户地址空间（如打开文件、程序初始化）；删除客体；由操作员、系统管理员或（和）系统安全管理员实施的动作，以及其他与系统安全相关的事件。对于每一个事件，其审计记录包括事件的日期和时间、用户、事件类型、事件结果；对于身份鉴别事件，审计记录包含请求的来源（如终端标识）；对于把客体引入用户地址空间的事件及客体删除事件，审计记录应包含客体名；对不能由 TCB 独立分辨的审计事件，审计机制提供审计记录接口，可由授权主体调用。这些审计记录区别于 TCB 独立分辨的审计记录。

第三级"安全标记保护级"在第二级的基础上，要求对于客体的增加和删除这类事件要在审计记录中增加对客体安全标记的记录。另外，TCB 也要审计对可读输出记号（如输出文件的安全标记）的更改这类事件。

第四级"结构化保护级"的审计功能要求与第三级相比，增加了对可能利用存储型隐蔽通道的事件进行审计的要求。

第五级"访问验证保护级"在第四级的基础上，要求 TCB 能够监控可审计安全事件的发生与积累，当（这类事件的发生或积累）超过预定阈值时，TCB 能够立即向安全管理员发出警报。并且，如果这些事件继续发生，系统应以最小的代价终止它们。

7.6.4　信息系统安全审计产品技术要求

我国的 GB/T 20945—2007 对信息安全审计产品提出了以下几个方面的技术要求。

1．安全审计产品分类

技术规范将安全审计产品分为专用型和综合型两类。专用型是指对主机、服务器、网络、数据库管理系统、其他应用系统等客体采集对象其中一类进行审计，并对审计事件进行分析和响应的安全审计产品。综合型是指对主机、服务器、网络、数据库管理系统、其他应用系统中至少两类客体采集对象进行审计，并对审计事件进行统一分析与响应的安全审计产品。

2．安全功能要求

技术规范分为审计踪迹、审计数据保护、安全管理、标识和鉴别、产品升级、监管要求 6 个方面给出了详细的安全功能要求，其中每个功能还有更细致、可测试的安全子功能描述。

3．自身安全要求

技术规范对安全审计产品自身安全也做出了明确的要求，分别包括自身审计数据生成、自身安全审计记录独立存放、审计代理安全、产品卸载安全、系统时间同步、管理信息传输安全、系统部署安全、审计数据安全等。

4．性能要求

信息系统安全审计产品的性能要求如下。

（1）稳定性：软件代理在宿主操作系统上应工作稳定，不应造成宿主机崩溃情况。硬件代理产品在与产品设计相适应的网络带宽下应运行稳定。

（2）资源占用：软件代理的运行对宿主机资源（如 CPU、内存空间和存储空间），不应长时间固定或无限制占用，不应影响对宿主机合法的用户登录和资源访问。

（3）网络影响：产品的运行不应对原网络正常通信产生长时间固定影响。

（4）吞吐量：产品应有足够的吞吐量，保证对被审计信息系统接受和发送的海量数据的控制。

在大流量的情况下，产品应通过自身调节做到动态负载均衡。

5．保证要求

此外，技术规范还对产品及开发者提出了若干产品保证方面的要求，如配置管理保证、交付与运行保证、指导性文档、测试保证、脆弱性分析保证和生命周期支持等。

7.7 计算机取证

7.7.1 计算机取证的发展历程

取证是信息系统安全审计的功能之一，但是计算机取证具有很长的发展历程，并且有广泛的应用。据英国《卫报》报道，虽然英国法庭从 1968 年就开始在审判中使用与计算机有关的证据，但直到 2003 年，英国公众才对信息技术在诉讼程序中的重要性有较多了解。这主要是因为当年两桩备受关注的事件：英国资深法官赫顿开始调查凯利事件及英国一学校管理员谋杀两名 10 岁女童的罪行调查。这两起调查都涉及大量电子邮件、手机通话记录等证据，媒体在广泛对事件报道的同时也给公众普及了"计算机法医"这一概念。

美国是开展电子证据检验和研究工作最早的国家之一。1989 年 FBI 实验室开始了电子证据检验研究，并成立了专门从事电子证据检验的部门（CART）。每名检验人员除了具有专业基础外，还必须经过 FBI 组织的 7 周以上的专门培训，包括刑事技术检验基础、电子技术检验技术和有关法律知识，每年还要对检验人员进行一定的新技术培训。美国的这种做法后来被许多其他国家的执法机构效仿。根据需要，美国在《1999 年统一证据规则》、《统一电子交易法》、《统一计算机信息交易法》和《联邦证据规则》中都增加了电子证据部分内容。欧洲的英国、法国、德国和爱尔兰等国都在本国的刑事诉讼法中增加了电子证据部分内容。亚洲的一些国家，如新加坡、印度、菲律宾等国家也相继在有关法律中增加了有关电子物证的条款。其中，新加坡警察部队刑事调查局也设有计算机鉴定组，1997 年该组处理案件 43 起，2001 年达到了 118 起。以上所述各国各地区大力开展电子证据检验鉴定工作的实践证明，含有大量直接证明犯罪活动信息的电子证据，能够在犯罪侦查和法庭审判中显示巨大的作用，有效地开展电子证据检验工作能够提高犯罪侦查效率和能力。因此，在我国大力开展电子证据鉴定检验工作已非常迫切。

为了适应当前形势，推动电子证据鉴定工作的开展，我国有关机构在充实计算机技术力量和设备的基础上，适应新时期公安工作的实际需要，从 1999 年开始对电子证据检验技术进行研究，2001 年开始开展电子证据检验鉴定工作，目前已成功受理此类案件近 30 起。除了对计算机犯罪证据进行检验外，还对其他电子证据，包括证卡、各种存储介质、电话等电子设备进行检验。

计算机证据出现在法庭上在我国只是近 10 年左右的事情，在信息技术较发达的美国却已有 30 年左右的历史了。最初的电子证据是从计算机中获得的正式输出，法庭不认为它与普通的传统物证有什么不同。但随着计算机技术的发展，以及随着与计算机相关的法庭案例的复杂性的增加，电子证据与传统证据之间的类似性逐渐减弱，从 1976 年的"Federal Rules of Evidence"起，在美国出现了如下一些法律解决由电子证据带来的问题。

（1）The Economic Espionage Act of 1996：处理商业机密窃取问题。

（2）The Electronic Communication Privacy Act of 1986：处理电子通信的监听问题。

（3）The Computer Security Act of 1987：处理政府计算机系统的安全问题。

在我国，有关计算机取证的研究与实践都尚在起步阶段，只有一些法律法规涉及了一些有关计算机证据的说明，如《关于审理科技纠纷案件的若干问题的规定》、《计算机软件保护条例》等。

法庭案例中出现的计算机证据也都比较简单，如电子邮件、程序源代码等不需要使用特殊的工具就能够得到的信息。但随着技术的不断发展，计算机犯罪手段的不断提高，必须制定相关的法律，开发相关的自主软件以保护人们的合法权益不受侵害。

对计算机取证的技术研究、专门的工具软件的开发以及相关商业服务的出现始自于 20 世纪 90 年代中后期。从近两年的计算机安全技术论坛上看，计算机取证分析已成为当前大家普遍关注的热点问题。可以预见，计算机取证将是未来几年计算机安全领域的研究热点。

7.7.2　计算机取证的概念

计算机犯罪具有犯罪主体的专业化、犯罪行为的智能化、犯罪客体的复杂化、犯罪对象的多样化、危害后果的隐蔽性等特点，使得计算机犯罪明显有别于传统的一般性刑事犯罪。存在于计算机及相关外围设备（包括网络介质）中的电子证据，已经成为新的诉讼证据之一，这对司法和计算机科学领域都提出了新的课题。作为计算机领域和法学领域的一门交叉科学——计算机取证学成为人们研究与关注的焦点。

有关计算机取证基本概念的讨论有很多，其中有代表性的有如下几个。作为计算机取证方面的资深人士之一的 Judd Robbins 先生对此给出了如下的定义：计算机取证不过是将计算机调查和分析技术应用于对潜在的、有法律效力的证据的确定与获取。计算机紧急事件响应和取证咨询公司 New Technologies 进一步扩展了该定义，即计算机取证包括了对以磁介质编码信息方式存储的计算机证据的保护、确认、提取和归档。SANS 公司认为：计算机取证是使用软件和工具，按照一些预先定义的程序，全面地检查计算机系统以提取和保护有关计算机犯罪的证据。Sensei 信息技术咨询公司则将计算机取证简单概括为对电子证据的收集、保存、分析和陈述。Enterasys 公司的 CTO、办公网络安全设计师 Dick Bussiere 认为：计算机取证是指把计算机看作犯罪现场，运用先进的辨析技术，对计算机犯罪行为进行法医式的解剖，搜索确认犯罪及其犯罪证据，并据此提起诉讼的过程和技术。

综合以上概念，我们认为，计算机取证是对计算机入侵、破坏、欺诈、攻击等犯罪行为，利用计算机软硬件技术，按照符合法律规范的方式，进行识别、保存、分析和提交数字证据的过程。取证的目的是找出入侵者，并解释入侵过程。

计算机取证遵循如下原则。

（1）尽早搜集证据，并保证其没有受到任何破坏。

（2）必须保证"证据连续性"，即在证据被正式提交给法庭时，必须能够说明在证据从最初的获取状态到在法庭上出现状态之间的任何变化，当然最好是没有任何变化。

（3）整个检查、取证过程必须是受到监督的，也就是说，由原告委派的专家所做的所有调查取证工作都应该受到由其他方委派的专家的监督。

7.7.3　计算机取证流程

计算机取证过程和技术比较复杂，在打击计算机犯罪时，执法部门还没有形成统一标准的程序来进行计算机取证工作。计算机取证的一般步骤应由以下几个部分组成，如图 7-6 所示。

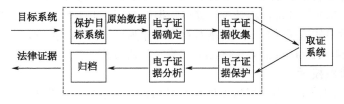

图 7-6　计算机取证流程

1．保护目标计算机系统

在计算机取证过程中，首先需要冻结计算机系统，避免发生任何的更改系统设置、硬件破坏、数据破坏或病毒感染等情况。

2．电子证据的确定

从存储在大容量介质的海量数据中，区分哪些是有用数据，哪些是垃圾数据，以便确定那些由犯罪者留下的活动记录作为主要的电子证据，并确定这些记录存在哪里、是怎样存储的。

3．电子证据的收集

取证人员在计算机犯罪现场收集电子证据的工作包括收集系统的硬件配置信息和网络拓扑结构，备份或打印系统原始数据，以及收集关键的证据数据到取证设备，并将有关的日期、时间和操作步骤详细记录等。

4．电子证据的保护

采用有效措施保护电子证据的完整性和真实性，包括用适当的存储介质（如 ROM 或 CDROM）进行原始备份，并将备份的介质打上封条放在安全的地方；对存放在取证服务器上的电子证据采用加密、物理隔离、建立安全监控系统实时监控取证系统的运行状态等安全措施进行保护，非相关人员不准操作存放电子证据的计算机；不轻易删除或修改与证据无关的文件，以免引起有价值的证据文件的永久丢失。

5．电子证据的分析

对电子证据的分析并得出结果报告是电子证据能否在法庭上展示，作为起诉计算机犯罪嫌疑人的犯罪证据的重要过程。分析包括用一系列的关键字搜索获取最重要的信息；对文件属性、文件的数字摘要和日志进行分析；分析 Windows 交换文件、文件碎片和未分配空间中的数据；对电子证据做一些智能相关性的分析，即发掘同一事件的不同证据间的联系；完成电子证据的分析后给出专家证明，这与侦查普通犯罪时法医的角色类似。

6．归档

对设计计算机犯罪的日期和时间、硬盘的分区情况、操作系统和版本、运行取证工具时数据和操作系统的完整性、计算机病毒评估情况、文件种类、软件许可证及取证专家对电子证据的分析结果和评估报告等进行归档处理，形成能提供给法庭的呈堂证据。

另外，在处理电子证据的过程中，为保证数据的可信度，必须确保"证据链"的完整性即证据保全，对各个步骤的情况进行归档，包括收集证据的地点、日期、时间和人员、方法及理由等，以使证据经得起法庭的质询。调查人员在收集、保护和分析电子证据时，每一个步骤都必须填写证据保全表格。

7.7.4　计算机取证相关技术

计算机取证过程充满了复杂性和多样性，这使得相关技术也显得复杂和多样。依据计算机取证的过程，涉及的相关技术大体如下。

1．电子证据监测技术

随着计算机犯罪案件的日益增多，计算机取证面临着越来越多的困难，其中最为严重的就是证据问题，对于计算机犯罪的取证，就是对计算机数据的取证。电子数据的监测技术就是要监测各类系统设备及存储介质中的电子数据，分析是否存在可作为证据的电子数据，涉及的技术大体有事件/犯罪监测、异常监测（Anomalous Detection）、审计日志分析等。

2．物理证据获取技术

依据电子证据监测技术，当计算机取证系统监测到有入侵时，应当立即获取物理证据，它是全部取证工作的基础，在获取物理证据时最重要的工作是保证所保存的原始证据不受任何破坏。在调查中应保证不要改变原始记录；不要在作为证据的计算机上执行无关的程序；不要给犯罪者销毁证据的机会；详细记录所有的取证活动；妥善保存得到的物证。物理证据的获取是比较困难的工作，这是由于证据存在的范围很广，而且很不稳定：电子数据证据可能存在于系统日志、数据文件、寄存器、交换区、隐藏文件、空闲的磁盘空间、打印机缓存、网络数据区、记数器、用户进程存储区、堆栈、文件缓冲区和文件系统本身等不同位置。常用的数据获取技术包括：对计算机系统和文件的安全获取技术，避免对原始介质进行任何破坏和干扰；对数据和软件的安全搜集技术；对磁盘或其他存储介质的安全无损伤备份技术；对已删除文件的恢复、重建技术；对磁盘空间、未分配空间和自由空间中包含的信息的发掘技术；对交换文件、缓存文件、临时文件中包含的信息的复原技术；计算机在某一特定时刻活动内存中的数据的搜集技术；网络流动数据的获取技术，如 Windows 平台上的 Sniffer 工具：NetXray 和 Sniffer Pro 软件，Linux 平台下的 TCP Dump 根据使用者的定义对网络上的数据包进行截获的包分析工具等。

3. 电子证据收集技术

电子证据收集技术是指遵照授权的方法，使用授权的软硬件设备，将已收集的数据进行保全，并对数据进行一些预处理，然后完整安全地将数据从目标机器转移到取证设备上。保全技术则是指对电子证据及整套的取证机制进行保护。这需要安全的传输技术、无损压缩技术、数据剪裁和恢复技术等。

4. 电子证据保全技术

在取证过程中，应对电子证据及整套的取证机制进行保护。只有这样，才能保证电子证据的真实性、完整性和安全性。使用的技术主要有物理隔离、加密技术、数字签名技术、访问控制技术等。

5. 电子证据处理及鉴定技术

电子证据处理与鉴定是指对已收集的电子数据证据进行过滤、模式匹配、隐藏数据挖掘等的预处理工作，并在预处理的基础上，对处理过的数据进行数据统计、数据挖掘等分析工作，试图对攻击者的攻击时间、攻击目标、攻击者身份、攻击意图、攻击手段以及造成的后果给出明确并且符合法律规范的说明。在已经获取的数据流或信息流中寻找、匹配关键词或关键短语是目前的主要数据分析技术，具体包括：文件属性分析技术；文件数字摘要分析技术；日志分析技术；根据已经获得的文件或数据的用词、语法和写作（编程）风格，推断出其可能的作者的分析技术；发掘同一事件的不同证据间的联系的分析技术；数据解密技术；密码破译技术；对电子介质中的被保护信息的强行访问技术等。其中数据挖掘技术是目前电子证据分析的热点技术。在计算机取证调查中需要对大量的证据信息进行分析，找出数据间的潜在关系，发现未知的潜在证据。这不但要求所使用的取证方法须具备对大数据集的处理能力，还应具有挖掘分散数据之间潜在规律的能力。而数据挖掘恰恰是这样一种特定应用的数据分析过程，可以从包含大量冗余信息的数据中提取出尽可能多的隐藏知识，从而为做出正确判断提供基础。因为具有高度自动化的特点，数据挖掘技术已经被频繁应用于与计算机取证领域相近的入侵检测领域的研究中，用于对海量的安全审计数据进行智能化处理，目的是抽象出利于进行判断和比较的特征模型。数据挖掘所具备的这些特点，为计算机取证人员从海量的数据中提炼出证据提供了有力的技术支持。关联规则是数据挖掘中最成功的技术之一。此技术来源于一种计算工具，用于在超市中计算顾客同时购买的商品集，从那时起，关联规则逐步发展成为可解决大量其他关联问题的有效方法。关联规则的主要用途之一是用于构造描述行为数据的规则集。这些行为数据构成的规则集既可以描述人们在现实生活中的特定行为，也可描述系统运行的特定行为。在计算机取证调查中，这些特定行为数据常存在于系统的 RAM、注册表、磁盘和日志文件中。由这些特定行为数据产生的规则集可以描述系统运行的行为轮廓。在数据挖掘中概念分层通常描述了特定环境中的背景知识，对犯罪案件的背景描述也有重要借鉴作用。

6．电子证据提交技术

依据法律程序，以法庭可接受的证据形式提交电子证据及相应的文档说明。把对目标计算机系统的全面分析和追踪结果进行汇总，然后给出分析结论，这一结论的内容应包括系统的整体情况、发现的文件结构、数据、作者的信息，对信息的任何隐藏、删除、保护、加密企图，以及在调查中发现的其他的相关信息。标明提取时间、地点、机器、提取人及见证人。然后以证据的形式按照合法的程序提交给司法机关。

7.7.5　计算机取证工具

1．计算机取证工具分类

计算机取证是一门综合性的技术，涉及磁盘分析、加解密、图形和音频文件的分析、日志信息挖掘、数据库技术、媒体介质的物理分析等，如果没有合适的取证工具，依赖人工实现就会大大降低取证的速度和取证结果的可靠性。随着大容量磁盘和动态证据信息的出现，手工取证也是不可行的。所以计算机取证工作需要一些相应的工具软件和外围设备来支持。在计算机取证过程中最重要的是要学会运用一些软件工具。这些工具既包括操作系统中已经存在的一些命令行工具，又包括专门开发的工具软件和取证工具包。调查取证成功与否在很大程度上取决于调查人员是否熟练掌握了足够的、合适的、高效的取证工具。

按照计算机取证流程，取证工具可分为证据获取工具、证据保全工具、证据分析工具、证据归档工具，如图 7-7 所示。

2．证据获取工具

电子证据主要来自两个方面，一个是主机系统方面的，另一个是网络方面的。证据获取工具用来从这些证据源中得到准确的数据。计算机取证的重要原则是，在不对原有证物进行任何改动或损坏的前提下获取证据，否则证据将不被法庭接受。为了能有效地分析证据，首先必须安全、全面地获取证据，以保证证据信息的完整性和安全性。为支持在不同环境的取证，证据获取工具又包含多种，如图 7-8 所示。

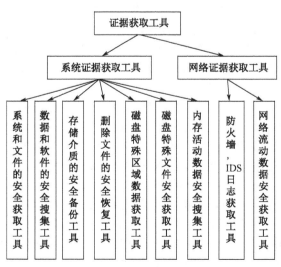

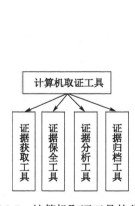

图 7-7　计算机取证工具的分类　　　　　　　　图 7-8　证据获取工具

随着技术的发展，智能移动设备（智能手机、平板电脑等）不论是作为 IT 系统的一部分，还是作为物证和电子数据存储源的地位越来越突出，利用专业手段和工具提取电子数据的手机取证工作更是日渐重要。目前，国内外公司推出了一系列手机数据取证的工具，如国内效率源公司的智能手机数据恢复取证平台。

3．证据保全工具

取证工作的一个基本原则是要证明所获得的证据和原有的数据是完全相同的。在普通的案件取证中，证明所收集到的证物没有被修改过是一件非常困难的事情，也是很重要的事情，电子证据更是如此。需要证明的是取证人员在取证调查过程中没有造成任何对原始证物的改变；或者如果存在对证物的改变，也是由于计算机的本质特征造成的，并且这种改变对证物在取证上没有任何的影响。在取证过程中可采用保护证物的方法，如证物监督链，它可以使法院确信取证过程中原始证物没有发生任何改变，并且由证物推测出的结论也是可信的。在电子证据取证过程中，为了保全证据通常使用数据签名和数字时间戳技术。

数字签名用于验证传送对象的完整性及传送者的身份，但是数字签名没有提供对数字签名时间的见证，因此还需要数字时间戳服务。这种服务通过对数字对象进行登记，来提供注册后特定事物存在于特定的日期和时间的证据。时间戳服务对收集和保存数字证据非常有用，它提供了无可争辩的公正性来证明数字证据在特定的日期和时间里是存在的，并且在从该时刻到出庭这段时间里没有被修改过。除了要对被调查机器的硬盘的映像文件和关机前被保存下来的所有信息做时间标记以外，还有很多对象同样需要做时间标记。例如，在收集证据过程中得到的证据，其中包括日志文件、嗅探器的输出结果和入侵检测系统的输出结果；在可疑机器上得到的调查结果，其中包括所有文件的清单和它们的被访问时间；调查人员每天记录的副本等。常用的电子证据保全工具如表 7-1 所示。

表 7-1　电子证据保全工具

工　　具	性　　质
MD5sum	用 MD5 算法对给定的数据计算 MD5 校验
CRCMD5	可以对给定的数据计算 CRC 和 MD5 校验
DiskSig	验证映像文件复制精确性的 CRC 哈希工具
DiskSig pro	验证映像文件复制精确性的 CRC 或 MD5 哈希工具
Seized	保证用户无法对正在被调查的计算机或系统进行操作

4．证据分析工具

证据分析是计算机取证的核心和关键，其内容包括分析计算机的类型、采用的操作系统类型、是否有隐藏的分区、有无可疑外设、有无远程控制和木马程序及当前计算机系统的网络环境等。通过将收集的程序、数据和备份与当前运行的程序数据进行对比，从中发现篡改痕迹。

分析工作的第一步通常是分析可疑硬盘的分区表，因为分区表内容不仅是提交给法院的一个重要条目，它还将决定在分析时需要使用什么工具。New Technology 公司的 Ptable 工具可以用来分析硬盘驱动器的分区情况。

在检查分区表之后要浏览文件系统的目录树，这样可以对所分析的系统产生一个大致的了解。New Technology 公司的 FileList 工具是一个磁盘目录工具，可以将系统里的文件按照上次使用的时间顺序进行排列，让分析人员可以建立用户在该系统上的行为时间表。

取证人员可以使用 16 进制编辑器 UltraEdit32 和 WinHex 等工具或一种取证程序来检查磁盘的主引导记录和引导扇区。如果使用的进制编辑器或其他取证程序具备搜索功能时，可用它搜索与案件有关的词汇、术语。搜索关键词是分析工作很重要的一步。New Technology 公司的 Filter_we 可以对磁盘数据根据所给的关键词进行模糊搜索。

在完成关键词搜索的工作后，应该找回那些已经被删除的文件。通过手动检查每一个扇区来查找已被删除的文件的方法已不再适用，可采用前面介绍的反删除工具进行恢复。

NTI 公司的软件系统 Net Threat Analyzer 使用人工智能中的模式识别技术，分析 Slack 磁盘空间、未分配磁盘空间、自由空间中所包含的信息，研究 Swap 文件、缓存文件、临时文件及网络流动数据，从而发现系统中曾发生过的 E-mail 交流，Internet 浏览及文件上传下载等活动，提取出与生物、化学、核武器等恐怖袭击、炸弹制造及性犯罪等相关的内容。NTI 公司的 IPFilter 可以动态获取 Swap 文件进行分析。Ethereal 能在 UINX 和 Windows 系统中运行，能捕捉通过网络的流量并进行分析，能重构诸如上网和访问网络文件等行为。

计算机取证人员经常需要使用文件浏览器来打开各种格式的文件。Quick View Plus 是一款优秀的文件浏览器，它可以识别计算机里的超过 200 种文件类型，如 PC、UNIX 以及一些 Macintosh 格式的文件几乎可以立即进行浏览，它也可用于浏览各种电子邮件文件格式，如.msg。

很多案例都需要对大量的图片进行查阅，以此来查找与指控相关的东西。取证人员可使用工具 ThusmbsPlus，它只需要选择一个驱动器或目录，就会自动显示被选驱动器或目录中的所有图片文件并自动进行分析判断有没有信息隐藏。

在取证调查过程中正确并快速地识别反常文件是非常必要的，如那些有着与它们真实数据类型不相符扩展名的文件。Guidance Software 公司的 EnCase 取证工具包称这一功能为文件特征识别及分析，它提供自动更新功能，并可以将试图隐藏的数据文件以列表的形式列出来。EnCase 工具包括关键字查找、值分析、文件数字摘要分析等。Hash 在整个过程中，利用的报告函数能方便地将证据及 EnCase 调查结果进行归档。

5. 证据归档工具

在计算机取证的最后阶段，也是最终目的，应该是整理取证分析的结果供法庭作为诉讼证据。主要对涉及计算机犯罪的时间、地点、直接证据信息、系统环境信息、取证过程，以及取证专家对电子证据的分析结果和评估报告等进行归档处理。尤其值得注意的是，在处理电子证据的过程中，为保证证据的可信度，必须对各个步骤的情况进行归档以使证据经得起法庭的质询。

计算机证据要同其他证据相互印证、相互联系起来综合分析。证据归档工具比较典型的是 NTI 公司的软件 NTI-DOC，它可用于自动记录电子数据产生的时间、日期及文件属性。还有 Guidance Software 公司的 EnCase 工具，它可以对调查结果采用 HTML 或文本方式显示，并可打印出来。

本章小结

安全审计就是对系统安全的审核、稽查与计算，即在记录一切（或部分）与系统安全有关活动的基础上，对其进行分析处理、评价审查，发现系统中的安全隐患，或追查造成安全事故的原因，并做出进一步的处理。具有包括取证、威慑、发现系统漏洞、发现系统运行异常在内的多方面的功能。本章对信息安全审计的概念、功能、分类、一般流程、分析方法、数据源，以及安全审计系统的体系结构分别进行了阐述，并对有关标准，如 TESEC、CC 以及我国国标 GB 17859—1999 中对安全审计的要求进行了讨论。

另外，本章也对安全分析方法进行了讨论，安全审计方法主要有：基于规则库的安全审计方法、基于数理统计的安全审计方法以及基于日志数据挖掘的安全审计方法等。同时我们指出，安全审计与入侵检测有类似之处，因而用于入侵检测的分析方法多可用于安全审计。

最后本章对安全审计的数据源以及与安全审计相关的计算机取证技术进行了分析与探讨。

习题

1．什么是信息安全审计？它主要有哪些方面的功能？
2．CC 在安全审计方面有哪些要求？我国国标 GB17859—1999 又有什么要求？
3．试比较集中式安全审计与分布式安全审计两种结构。
4．常用的安全审计分析方法有哪些？
5．安全审计有哪些可用的数据源？
6．什么是计算机取证？有哪些相关技术？
7．简述计算机取证的步骤。

第 8 章

网络及系统安全保障机制

8.1　概述

安全保障机制是信息安全的基本要素之一，在信息安全管理中需要采用有效的安全机制。围绕信息系统的不同安全威胁和安全需求，需要采用对应的安全技术。本章从身份管理认证技术、网络通信安全、网络入侵检测技术、软件安全、虚拟化安全等几个方面对主要的网络及系统安全保障机制进行阐述。通过本章的学习，网络安全管理者可以对网络安全保障机制中的主要技术有全面了解。

8.2　身份认证技术

要保证信息和信息系统的安全性，利用密码技术是一个有效的解决办法。密码学是信息安全的基础，为解决网络与信息安全问题提供了诸如加解密算法、数字签名技术、认证技术等大量的实用技术，以实现对敏感信息的加解密，保证信息传输的完整性和抗抵赖性，以及网络实体的身份认证和信息源的认证等。

本节着重介绍不同应用环境下的身份认证技术，主要包括口令认证、密码认证和生物认证等身份认证关键技术。身份认证是信息安全保障中的关键技术之一，是网络安全的前提，也是业务系统资源安全访问控制的前提。

8.2.1　概念

随着网络的发展，如何辨识网络另一端的身份（即能够正确认证用户的身份）成为一个很迫切的问题。身份认证的要求非常普遍，如使用 6 位密码在自动柜员机（ATM）上取钱；给出用户名和口令，通过计算机网络登录远程计算机；保密通信双方确保对方的身份后交换密钥等。

身份认证（Identification and Authentication）也称"身份验证"或"身份鉴别"，是指在计算机及计算机网络系统中确认操作者身份的过程，从而确定该用户是否具有对某种资源的访问和使用权限，进而使计算机和网络系统的访问策略能够可靠、有效地执行，防止攻击者假冒合法用户获得资源的访问权限，保证系统和数据的安全，以及授权访问者的合法利益。

身份认证还可以定义为，为了满足某些授予许可权限权威机构、组织和个人的授权要求，而提供所要求的证明自己身份的过程。身份认证的依据有以下 4 类。

（1）你知道什么（What you know）？例如，密码认证，用户在登录很多计算机系统或者网络应用时，都是通过输入之前设定好的密码进行认证，然后访问资源的。如果用户把自己的密码告诉了其他人，则其他人由于知道了密码，也将可以通过认证，并获取资源的访问权限。

（2）你拥有什么（What you have）？这种方法稍好一些，因为你需要一些物理原件，如一张楼宇通行卡，只有扫描器上划过卡的人才能进入大楼，这里的认证是建立在这张卡上的，当然别人也可以拿着这张卡进入大楼，因此，如果希望能够创建一个更加精密的认证系统，可以要求不仅有通行证还要有密码认证。

（3）你是谁（Who you are）？这种过程通常需要一些物理因素，如基因或其他一些不能复制的个人特征，这种方法也被认为是生物测定学。这种方法包括指纹、面部扫描器、视网膜扫描器和语音分析等。

（4）你在哪里（Where you are）？这种策略可以根据你的位置来决定你的身份，如 UNIX 的 Rlogin 和 RSH 程序在认证过程中，需要验证源 IP 地址。虽然，通过反向 DNS 查询 IP 不是一个很严谨的认证实施，但它至少在允许访问前增加判断传输的源位置。

以密码技术为基础的认证技术提供了辨认真假机制，在计算机系统、网络环境中得到了广泛的应用，为网络与信息的安全发挥着日益重要的作用。基于密码学的身份认证机制，通常又称身份识别系统。一个身份识别系统一般由三方组成：一方是出示证件的人，称为示证者，又称申请者或请求者，它提出某种要求；第二方为验证者，它验证示证者出示的证件的正确性与合法性，并决定是否满足其要求；第三方是攻击者，它可以窃听和伪装示证者，骗取验证者的信任。在必要时，认证系统也会有第四方，即可信赖者参与调解纠纷。

身份认证对于提供安全服务有如下作用。

（1）作为访问控制服务的一种必要支持，访问控制服务的执行依赖于确知的身份。

（2）作为提供数据源认证的一种可能方法（当它与数据完整性机制结合起来使用时）。

（3）作为对责任原则的一种直接支持，如在审计追踪过程中做记录时，提供与某一活动相联系的确知身份。

身份认证可以是单向的也可以是双向的。单向鉴别是指通信双方中只有一方对另一方进行鉴别；双向鉴别是指通信双方相互进行鉴别。

8.2.2　口令机制

口令认证是最基本的认证机制之一，可以分为静态口令和动态口令两种。

静态口令的实际就是一个口令字，口令字是一个受保护的字符串，通常用于个人身份的认证，口令字属于上面 4 种方式中的"你知道什么"。静态口令字是日常使用最为普遍的一种认证方式，但是安全性也是最脆弱的一种认证方式，口令字很容易被别人偷窥或者通过猜测你的名字、生日、配偶的名字等猜测出来，复杂的口令字用户很难记住，因此常常会将口令写到便签纸上，这样就很容易给别人可乘之机。

动态口令也叫一次性口令字，它比静态口令更安全。用户在一次应用中使用一个动态口令，在操作完成以后将废除这个口令字，因此黑客即使在认证中获得了动态口令，也无法使用该动态口令执行下一次认证。根据同步方式的不同，动态口令主要是通过与服务器通信的硬件令牌产生，如一些网上银行使用的动态令牌。一般分为两种：同步和异步。同步的动态口令是硬件令牌与服务器端的进行同步的设置，这种同步可以是基于时间的同步，也可以是基于事件的同步，根据同步的类型硬件令牌生成一次性口令字，同时服务器端也可以认证这个口令的有效性；异步的动态口令是硬件令牌通过与服务器完成质询/应答的过程进行认证口令的。

在实际业务系统的认证中，动态口令常常和静态口令一起使用，从而构成了一种双因素认证机制。

8.2.3 对称密码认证

Kerberos 是一种典型的对称密码认证协议，由美国麻省理工学院为 Athena 工程而设计的，为分布式计算环境提供一种对用户双方进行验证的认证方法，用来实现网络环境下鉴别与密钥分配协议。

它的安全机制在于首先对发出请求的用户进行身份验证，确认其是否是合法的用户。如果是合法的用户，再审核该用户是否有权对他所请求的服务或主机进行访问。从加密算法上来讲，其验证是建立在对称加密 DES 算法基础上的。

Kerberos 为每种服务提供可信任的第三方认证服务。在该环境中，机器属于不同的组织，用户对机器拥有完全的控制权。因此用户对于所希望的服务必须提供身份证明。同时，服务器也必须证明自己的身份，防止假冒。Kerberos 系统和看电影的过程有些相似，不同的是只有事先在 Kerberos 系统中登录的客户才可以申请服务，并且 Kerberos 要求申请到入场券的客户就是到 TGS（入场券分配服务器）去要求得到最终服务的客户。

8.2.4 证书认证

数字安全证书提供了一种在网上验证身份的方式。使用数字证书，通过运用对称和非对称密码体制等密码技术建立起一套严密的身份认证系统，从而保证：①信息除发送方和接收方外不被其他人窃取；②信息在传输过程中不被篡改；③发送方能够通过数字证书来确认接收方的身份；④发送方对于自己的信息不能抵赖。

基于安全证书的身份认证体制以数字证书为核心，数字证书采用公钥体制进行加密和解密，其他技术还包括对称密码体制、数字签名、数字信封等。

1．数字证书

数字证书就是标志网络用户身份信息的一系列数据，用来在网络通信中识别通信各方的身份，即要在 Internet 上解决"我是谁"的问题，就如同现实中我们每一个人都要拥有一张证明个人身份的身份证或驾驶执照一样，以表明我们的身份或某种资格。

数字证书是由权威公正的第三方机构即 CA 中心签发的，以数字证书为核心的认证技术可以对网络上传输的信息进行加密和解密、数字签名和签名验证，确保网上传递信息的机密性、完整性，以及交易实体身份的真实性、签名信息的不可否认性，从而保障网络应用的安全性。

数字证书采用公钥密码体制，即利用一对互相匹配的密钥进行加密、解密。每个用户拥有一把仅为本人所掌握的私有密钥（私钥），用它进行解密和签名；同时拥有一把公共密钥（公钥）并可以对外公开，用于加密和验证签名。当发送一份保密文件时，发送方使用接收方的公钥对数据加密，而接收方则使用自己的私钥解密，这样，信息就可以安全无误地到达目的地了，即使被第三方截获，由于没有相应的私钥，也无法进行解密。通过数字的手段保证加密过程是一个不可逆过程，即只有用私有密钥才能解密。在公开密钥密码体制中，常用的一种是 RSA 体制。

数字证书可用于发送安全电子邮件、访问安全站点、网上证券、网上招标采购、网上签约、网上办公、网上缴费、网上税务等网上安全电子事务处理和安全电子交易活动。

2．证书遵循的标准——X.509

证书的格式遵循 X.509 标准。X.509 是由国际电信联盟（ITU-T）制定的数字证书标准。为了提供公用网络用户目录信息服务，ITU 于 1988 年制定了 X.500 系列标准。其中 X.500 和 X.509 是安全认证系统的核心，X.500 定义了一种区别命名规则，以命名树来确保用户名称的唯一性；X.509 则为 X.500 用户名称提供了通信实体鉴别机制，并规定了实体鉴别过程中广泛适用的证书语法和数据接口，X.509 称之为证书。

X.509 给出的鉴别框架是一种基于公开密钥体制的鉴别业务密钥管理。一个用户有两把密钥：一把是用户的专用密钥，另一把是其他用户都可利用的公共密钥。用户可用常规密钥（如 DES）为信息加密，然后用接收者的公共密钥对 DES 进行加密并将之附于信息之上，这样接收者可用对应的专用密钥打开 DES 密锁，并对信息解密。该鉴别框架允许用户将其公开密钥存放在它的目录款项中。一个用户如果想与另一个用户交换秘密信息，就可以直接从对方的目录款项中获得相应的公开密钥，用于各种安全服务。目前，X.509 标准已在编排公共密钥格式方面被广泛接受，已用于许多网络安全应用程序，其中包括 IP 安全（IPsec）、安全套接层（SSL）、安全电子交易（SET）、安全多媒体 Internet 邮件扩展（S/MIME）等。

3. 数字签名

用户也可以采用自己的私钥对信息加以处理，由于密钥仅为本人所有，这样就产生了别人无法生成的文件，也就形成了数字签名。采用数字签名，能够确认以下两点。

（1）保证信息是由签名者自己签名发送的，签名者不能否认或难以否认。

（2）保证信息自签发后到收到为止未曾做过任何修改，签发的文件是真实文件。

数字签名机制提供了一种鉴别方法，以解决伪造、抵赖、冒充和篡改等问题。数字签名一般采用非对称加密技术（如 RSA）。通过对整个明文进行某种变换，得到一个值作为核实签名。接收者使用发送者的公开密钥对签名进行解密运算，如能正确解密，则签名有效证明对方的身份是真实的。数字签名普遍用于银行、电子贸易等。

在实际应用中，一般是对传送的数据包中的一个 IP 包进行一次签名验证，以提高网络的运行效率。当然签名也可以采用多种方式，如将签名附在明文之后。数字签名普遍用于银行、电子贸易等中。

数字签名与传统手写签字的区别如下。

（1）数字签名随文本的变化而变化；手写签字反映某个人个性特征，是不变的。

（2）一个数字签名的复制是与原来的签名相同的。而签名的纸质文件的复制通常与原来的签名文件作用不同。这个特点意味着必须防止签名的数字信息被再一次使用。例如，签名中包含一些时间信息等，可以防止签名的再次使用。

8.2.5　生物认证技术

生物认证技术，又称生物识别技术，是通过计算机与光学、声学、生物传感器和生物统计学原理等高科技手段密切结合，利用人体固有的生理特性或行为特征来进行个人身份的鉴定。其运用"你是谁"方法，技术本质上是模式识别问题。

其中，生物特征是指唯一的可以测量或可自动识别和验证的生理特征或行为方式。使用传感器或者扫描仪来读取生物的特征信息，将读取的信息和用户在数据库中的特征信息比对，如果一致则通过认证。主要的生理特征包括声纹、指纹、掌型、视网膜、虹膜、人体气味、脸型、手的血管和 DNA 等；主要的行为特征包括手写签名、语音、行走步态等。目前部分学者将视网膜识别、虹膜识别和指纹识别等归为高级生物识别技术；将掌型识别、脸型识别、语音识别和签名识别等归为次级生物识别技术；将血管纹理识别、人体气味识别、DNA 识别等归为"深奥的"生物识别技术。

目前，日常生活中接触最多的是指纹识别技术，应用的领域有指纹解锁系统、考勤系统、微型支付等。目前，部分省市的高考中已经使用了指纹识别系统；我们日常使用的部分手机和笔记本电脑已具有指纹识别功能，在使用这些设备前，无须输入密码，只要将手指在扫描器上轻轻一按就能进入设备的操作界面，非常方便，而且很难被复制。

生物特征识别的安全隐患在于一旦生物特征信息在数据库存储或网络传输中被盗取，攻击者就可以执行某种身份欺骗攻击，并且攻击对象会涉及所有使用生物特征信息的设备。

生物认证系统的基本工作原理如图 8-1 所示。

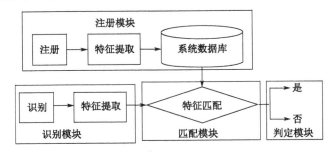

图 8-1　生物认证系统的基本工作原理

在注册登记阶段，对个人的生物测定特征进行扫描、处理并把它当作模板的一种数字形式保存。模板可存储在中央数据库和智能卡中。

在识别阶段，生物测定特征被再次扫描和处理，然后与模板相比较。在识别模式中，被确认的个人没有单独的身份。系统在整个模板库中寻找一个匹配，显然这要花费很长的时间。确认模式通常要快得多，因为个人有特定的身份（如通过使用智能卡），这样系统可以立即找到正确的模板并将它与新扫描的数据进行比较。

由于生物识别技术比传统的身份鉴定方法更具安全、保密和方便性，并且生物特征识别技术具不易遗忘、防伪性能好、不易伪造或被盗、随身"携带"和随时随地可用等优点，因此得到了广泛而深入的研究和应用。

最近几年，在技术开发商的努力和资金流向的共同作用下，生物识别技术进入高速发展的阶段。各国政府基于安全的考虑和市场的迫切要求，一直是这项技术的关注者和推动者。在当今世界充满变幻的国际环境下，特别需要一个安全的体制来保障公民的人身安全和社会安定，而生物识别技术自然成为整个安全保障体制的关键技术之一。

8.3　网络边界及通信安全技术

随着 Internet 在全世界的迅速发展和普及，特别是云计算技术的推广，越来越多的软硬件资源和服务都是通过网络访问使用的。网络应用中出现了信息泄密、数据篡改、服务拒绝、非法使用等网络安全问题，网络访问控制技术是解决网络安全问题的重要技术和方法，常用的是物理隔离技术和防火墙技术。

8.3.1　物理隔离技术

1. 物理隔离技术的概念

物理隔离技术是指内部网不直接通过有线或无线等任何手段连接到公共网，从而使内部网络和外部公共网络在物理上处于隔离状态的一种物理安全技术。物理隔离技术实质就是一种将内外网络从物理上断开，但保持逻辑连接的信息安全技术。这里，物理断开表示任何时候内外网络都不存在连通的物理连接，逻辑连接表示能进行适度的数据交换。从概念上看，物理隔离是保证网络物理安全的一个有效手段，即保护路由器、工作站、各种网络服务器等硬件实体和通信链路免受自然灾害、人为破坏和搭线窃听攻击。

可以从以下几个方面理解物理隔离。

（1）它可以阻断网络的直接连接，即没有两个网络同时连在隔离设备上。

（2）隔离设备的传输机制具有不可编程的特性，因此不具有感染的特性。

（3）任何数据都是通过两级移动代理的方式来完成的，两级移动代理之间是物理隔离的。

（4）隔离设备具有审查的功能。

（5）隔离设备传输的原始数据，不具有攻击或对网络安全有害的特性。

（6）物理隔离系统具有强大的管理和控制功能。

2．物理隔离的分类

物理隔离从广义上讲分为网络隔离和数据隔离。

（1）网络隔离。网络隔离就是把被保护的网络从开放、无边界、自由的环境中独立出来，这样，公众网上的黑客和计算机病毒就无从下手，更谈不上入侵了。

（2）数据隔离。指采取一切可能的手段避免恶意软件侵入被保护的数据资源。

不管网络隔离采用的是真正的物理隔离还是逻辑隔离，如果在使用中出现一台计算机能够连接两个或多个网络，那么所有的网络隔离就没有多大意义，因为，同一台计算机连接两个网络，而没有把存储设备隔离，使同一个操作系统能连接不同的网络，计算机病毒很容易从这个网络流向另一个网络，使得另一个网络遭到病毒的攻击，甚至无法工作，造成不必要的损失。这些现象在很多公司、政府部门都时有发生，即使他们做了网络隔离，网络安全的威胁也同样存在。所以，数据的隔离是非常重要的。特别是在当前云计算中，多租户架构和数据外包模式广泛使用，物理的网络隔离越来越少，因此数据隔离愈发重要。目前已经有一些比较成熟的架构用来实现云计算等系统中的数据隔离，如 Shared Schema Multi-Tenancy（共享表架构）、Shared Database（共享数据库架构）、Separated Schema（分离表架构）以及 Separated Database（分离数据库架构）。

3．物理隔离在安全上的要求

（1）在物理传导上使内外网络隔断，确保外部网不能通过网络连接而侵入内部网，同时防止内部网信息通过网络连接泄露到外部网。

（2）在物理辐射上隔断内部网与外部网，确保内部网信息不会通过电磁辐射或祸合方式泄漏到外部网。例如，物理隔离的网络中如果开启了WiFi，并且无线信号没有被很好隔离，那么物理网络隔离保护就可能失效。

（3）在物理存储上隔断两个网络环境，对于断电后会遗失信息的部件，如内存、处理器等暂存部件，要在网络转换时做清除处理，防止残留信息泄露；对于断电非遗失性设备如磁带机、硬盘等存储设备，内部网与外部网信息要分开存储。

8.3.2　防火墙技术

1．概念

防火墙最初的用途不是网络安全，而是控制实际的火灾。防火墙是建筑墙的一种方法，以便当真正的火灾爆发时，火灾易于被控制在建筑物的一部分内，而不会蔓延到其他部分。如今，很多建筑物中使用的消防卷帘门，类似于传统防火墙的作用。

在网络安全领域，防火墙这个术语意味着不同的概念，但是其本原的含义是相通的：防火墙是用来保护网络免受恶意的侵害，并在定义的网络边界点停止他们的非法行为的。防火墙有时也称Internet 防火墙。

防火墙是控制介于网络不同安全区域间流量的一台设备或者一套系统，它能增强机构内部网络的安全性。防火墙系统决定了哪些内部服务可以被外界访问，哪些外部服务可以被内部人员访问。要使一个防火墙有效发挥作用，所有来自和去往 Internet 的信息都必须经过防火墙，接受防火墙的检查。防火墙必须只允许授权的数据通过，并且防火墙本身也必须能够免于渗透。但不幸的是，防火墙系统一旦被攻击者突破或迂回，就不能提供任何保护了。

2. 分类

根据防火墙的组成、实现技术和应用环境等方面的不同，我们可以对防火墙进行分类理解。

（1）根据防火墙组成组件的不同，可以将防火墙分为软件防火墙和硬件防火墙。

软件防火墙以纯软件的方式表现，安装在边界计算机或服务器上就可以实现防火墙的各种功能。

硬件防火墙以专用硬件设备形式出现，一般情况下硬件防火墙都是以软件和硬件相结合的方式实现的。根据设计需求选用合适性能的硬件，然后按照设计安装上选定的操作系统和软件防火墙系统，有时软件防火墙系统会和操作系统集成在一起；完全通过硬件实现的防火墙系统是防火墙技术发展的一个方向，国外已有不错的产品。

软件防火墙的特点是成本低，性能也较低，一般适用于规模较小或对外带宽较窄的网络系统；硬件防火墙的特点则正好相反，完全通过硬件实现的硬件防火墙则能提供更高的性能指标。硬件防火墙是防火墙产品的主流。

（2）根据防火墙技术的实现平台，防火墙可分为基于 Windows 平台的 Windows 防火墙和基于 Linux 平台的 Linux 防火墙等。

软硬结合的硬件防火墙一般在内置的 Linux 平台上实现，而软件防火墙一般需要支持的平台比较多。根据平台操作系统自身的复杂性和代码开放程度，防火墙研发的难度相差较大，Linux 防火墙应用很广，其实现却相对容易，Windows 防火墙则正好相反。

（3）根据防火墙被保护的对象的不同，防火墙可以分为主机防火墙和网络防火墙。

传统防火墙都是网络防火墙、主机防火墙，也称个人防火墙或 PC 防火墙。

（4）根据防火墙自身网络性能和被保护网络系统的网络性能，防火墙又区分为百兆防火墙和千兆防火墙。

百兆防火墙能够提供百兆比特带宽的网络接口，适用于出口带宽百兆以内的网络系统。千兆防火墙至少提供一个千兆比特带宽的网络接口，适用于出口带宽高于百兆网络系统的安全防护。对于国家主干网络之间或大型内联网保护，万兆防火墙也是必要的。不同硬件厂商提供的面向千兆防火墙的硬件平台，各有优缺点，或者性能稳定或者兼容性较好，而且都不能很好地支持高速加密服务。千兆防火墙是目前防火墙技术发展的焦点，应该说目前千兆防火墙应用技术并不是很成熟。

（5）根据防火墙功能或技术特点，防火墙又包括主机防火墙、病毒防火墙和智能防火墙等。

（6）防火墙体系结构和实现主要技术是防火墙最常用的分类依据。根据防火墙自身的体系结构，我们可以将防火墙分为以下种类：包过滤型防火墙、双宿网关；基于包过滤的防火墙、应用层代理、电路级网关、地址翻译防火墙和状态检查防火墙等。

8.3.3 网络通信安全技术

如同人与人之间相互交流需要遵循一定的规矩一样，计算机之间的相互通信也需要共同遵守一定的规则，这些规则就称为网络协议。随着 Internet 的发展，TCP/IP 协议族已经成为网络通信事实上的标准，每一个重要的操作系统都支持用 TCP/IP 进行网络通信。网络通信安全技术主要基于 TCP/IP 协议不同层次的安全解决方案，用于增强 TCP/IP 网络通信的安全性。主要包括以下几种。

（1）链路层的安全机制主要是各种隧道协议，如 PPTP、L2F、L2TP 等。

（2）网络层的安全机制最主要的就是 IPsec 的两个协议 AH（鉴别首部）和 ESP（封装安全有效载荷）。

（3）传输层的安全机制主要有 SSL（安全套接层）。

（4）应用层的安全机制较多，主要有用于增强 HTTP 协议的 HTTPS 协议、用于邮件安全的

S/MIME 协议和用于电子商务的安全电子交易 SET 协议。

这些协议提供以下几个方面的基本安全服务。

（1）身份认证：确认通信双方或多方的身份的合法性和有效性。

（2）通信数据的保密性保护：确保不同协议层次传输的数据在通信链路中不会泄密。

（3）通信数据的完整性保护：确保不同协议层次传输的数据在通信链路中不被更改，同时也保证发送者不能对所发送的信息进行抵赖。

以上服务从根本上弥补 TCP/IP 协议在安全性上的不足。

8.3.4 传输层安全技术

传输层安全协议的目的是保护传输层的安全，并在传输层上提供实现保密、认证和完整性的方法。传输层安全技术包括 SSL、SSH 等。

SSL（Secure Socket Layer，安全套接层）是由 Netscape 设计的一种开放协议；它指定了一种在应用程序协议（如 HTTP、Telnet、NNTP、FTP）和 TCP/IP 之间提供数据安全性分层的机制。SSL 主要采用公开密钥密码体制和 X.509 数字证书技术，能提供数据加密、服务器认证、消息完整性及可选的客户机认证功能，保证 SSL 连接上的数据完整性和保密性。目前，SSL 已经成为了互联网上安全通信应用的工业标准。SSL 可以用于任何面向连接的安全通信，但通常用于安全 Web 应用的 HTTP 协议。当前流行的客户端软件，以及绝大多数的服务器应用和证书授权机构都支持 SSL。

SSL 协议的优势在于它是与应用层协议独立无关的。高层的应用层协议（如 HTTP、FTP、TELNET）能透明地建立于 SSL 协议之上。SSL 协议在应用层协议通信之前就已经完成安全等级、加密算法、通信密钥的协商，以及执行对连接端身份的认证工作。在此之后，在 SSL 连接上的应用层协议所传送的数据都会被加密，从而保证通信的私密性。

从实现的角度看，SSL 协议属于 Socket 层，处于应用层和传输层之间，由 SSL 握手协议（SSL Hand-Shake Protocol）和 SSL 记录协议（SSL Record Protocol）组成的，其结构如图 8-2 所示。

可以看出，SSL 的实现分为两层，一是握手层，二是记录层。

（1）SSL 握手协议描述建立安全连接的过程，在客户和服务器传送应用层数据之前，完成诸如加密算法和会话密钥的确定、通信双方的身份验证等功能。

（2）SSL 记录协议则定义了数据传送的格式，上层数据（包括 SSL 握手协议）建立安全连接时所需传送的数据都通过 SSL 记录协议再往下层传送。

这样，应用层通过 SSL 协议把数据传给传输层时，已是被加密后的数据，此时 TCP/IP 协议只需负责将其可靠地传送到目的地，弥补了 TCP/IP 协议安全性较差

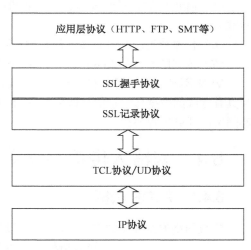

图 8-2 SSL 协议结构示意图

的弱点。SSL 的提供的完整性和保密性服务主要通过 3 个元素来完成。

（1）握手协议。负责协商被用于客户机和服务器之间会话的加密参数。当一个 SSL 客户机和服务器第一次开始通信时，它们在一个协议版本上达成一致，选择加密算法，选择相互认证，并使用公钥技术来生成共享密钥。

（2）记录协议。用于交换应用层数据。应用程序消息被分割成可管理的数据块，还可以压缩，并应用一个 MAC（消息认证代码）；然后结果被加密并传输。接受方接受数据并对它解密，校验

MAC，解压缩并重新组合它，并把结果提交给应用程序协议。

（3）警告协议。这个协议用于指示在什么时候发生了错误或两个主机之间的会话在什么时候终止。

8.3.5 虚拟专网技术

网络层或网络层以下实现的安全机制对应用有更好的透明性。因此，通常意义下，网络层或网络层以下实现的安全通信协议被称为虚拟专网技术（Virtual Private Network，VPN）。常用的 VPN 协议包括 IPsec、PPTP 等。随着网络安全通信技术的发展，传输层的安全通信协议 SSL 也用作为 VPN。VPN 利用这些各种安全协议，在公众网络中建立安全隧道，提供专用网络的功能和作用。

VPN 技术采用了认证、存取控制、机密性、数据完整性等措施，以保证信息在传输中不被偷看、篡改、复制。由于使用 Internet 进行传输相对于租用专线来说，费用极为低廉，所以 VPN 的出现使企业通过 Internet 既安全又经济地传输私有的机密信息成为可能。

图 8-3 是一个典型 VPN 系统具体组成。

（1）VPN 服务器：接受来自 VPN 客户机的连接请求。

（2）VPN 客户机：可以是终端计算机，也可以是路由器。

（3）隧道：数据传输通道，在其中传输的数据必须经过封装。

（4）VPN 连接：在 VPN 连接中，数据必须经过加密。

（5）隧道协议：封装数据、管理隧道的通信标准。

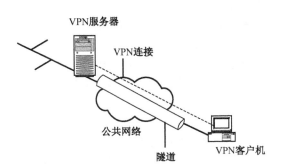

图 8-3　VPN 的构成

（6）传输数据：经过封装、加密后在隧道上传输的数据。

（7）公共网络：如 Internet，也可以是其他共享型网络。

VPN 不是某个公司专有的封闭线路或者是租用某个网络服务商提供的封闭线路，但同时 VPN 又具有专线的数据传输功能，即使用 VPN 能够在公共网络上像使用专线一样安全地连接到公司内部网络，开展远程办公。

8.4　网络入侵检测技术

8.4.1　P2DR 模型

传统网络安全技术的实现方法是采用尽可能多的禁止策略来进行被动式的防御，如防火墙中的接入控制表。由于网络安全本身的复杂性，实践表明这种安全策略本身是不充分的。在计算机安全的发展中，系统安全模型在逐步的实践中发生变化，由一开始的静态的系统安全模型逐渐过渡到动态的安全模型，如 P2DR 模型。P2DR 模型是美国国际互联网安全系统公司（ISS）提出的动态网络安全体系的代表模型，也是动态安全模型的雏形。

P2DR 表示 Policy、Protection、Detection 和 Response，即安全策略、防护、检测和响应，其模型如图 8-4 所示。

图 8-4　P2DR 模型

P2DR 模型是在整体的安全策略（Policy）的控制和指导下，在综合运用防护工具（Protection，如防火墙、操作系统身份认证、加密等手段）的同时，利用检测工具（Detection，如漏洞评估、入侵检测等系统）了解和评估系统的安全状态，通过适当的响应（Response）将系统调整到"最安全"和"风险最低"的状态。防护、检测和响应组成了一个完整的、动态的安全循环。

P2DR 模型也存在一个明显的弱点，就是忽略了内在的变化因素，如人员的流动、人员的素质和策略贯彻的不稳定性。实际上，安全问题牵涉面广，除了涉及防护、检测和响应外，系统本身安全的"免疫力"的增强（如采用软件确保技术加强软件系统本身安全）、系统和整个网络的优化，以及人员这个在系统中最重要角色的素质的提升，也都是该安全模型没有考虑到的问题，在信息安全管理体系建设中需要综合考虑这些问题。

8.4.2　入侵检测系统

入侵检测技术是一种主动保护自己的网络和系统免遭非法攻击的网络安全技术。它从计算机系统或者网络中收集、分析信息，检测任何企图破坏计算机资源的完整性（Integrity）、机密性（Confidentiality）和可用性（Availability）的行为，即查看是否有违反安全策略的行为和遭到攻击的迹象，并做出相应的反应。

美国国际计算机安全协会（ICSA）对入侵检测（Intrusion Detection）的定义是：通过从计算机网络或计算机系统中的若干关键点收集信息并对其进行分析，从中发现网络或系统中是否有违反安全策略的行为和遭到袭击的迹象的一种安全技术。违反安全策略的行为有以下两种。

（1）入侵——非法用户的违规行为。

（2）误用——用户的违规行为。

实施入侵检测技术的系统我们称之为入侵检测系统（Intrusion Detection System，IDS），一般情况下，我们并不严格地区分入侵检测和入侵检测系统两个概念，而都称为 IDS 或入侵检测技术。

1．作用

入侵检测系统的应用，能使在入侵攻击对系统发生危害前，检测到入侵攻击，并利用报警与防护系统驱逐入侵攻击；在入侵攻击过程中，能减少入侵攻击所造成的损失；在被入侵攻击后，收集入侵攻击的相关信息，作为防范系统的知识，添加在知识库内，以增强系统的防范能力。其功能大致分为以下几种。

（1）监控、分析用户和系统的活动。

这是入侵检测系统能够完成入侵检测任务的前提条件。入侵检测系统通过获取进出某台主机的数据或整个网络的数据，或者通过查看主机日志等信息来实现对用户和系统活动的监控。获取网络数据的方法一般是"抓包"，即将数据流中的所有包都抓下来进行分析。这就对入侵检测系统的效率提出了高的要求。如果入侵检测系统不能实时地截获并分析数据，就会出现漏包的现象，系统的漏报就会很多；或者会造成网络阻塞的现象，从而影响到入侵检测系统所在主机或网络的数据流速，使得入侵检测系统成了整个系统的瓶颈。因此，入侵检测系统不仅要能够监控、分析用户和系统的活动，还要使这些操作足够快。

（2）发现入侵企图或异常现象。

这是入侵检测系统的核心功能。这主要包括两个方面：一是入侵检测系统对进出网络或主机的数据流进行监控，看是否存在对系统的入侵行为；另一个是评估系统关键资源和数据文件的完整性，看系统是否已经遭受了入侵。前者的作用是在入侵行为发生时及时被发现，从而避免系统遭受攻击，而后者一般是系统在遭到入侵时没能及时发现和阻止，攻击的行为已经发生，但可以通过攻击行为留下的痕迹了解攻击行为的一些情况，从而避免再次遭受攻击。对系统资源完整性的检查也有利于我们对攻击者进行追踪，对攻击行为进行取证。

对于网络数据流的监控，可以使用异常检测的方法，也可以使用误用检测的方法，目前有很多新技术被提出来，但多数都还在理论研究阶段，现在的入侵检测产品使用的还主要是模式匹配的技术。另外，随着大数据技术的发展，结合大数据分析思想的入侵检测技术研究成为一个新的方向，并重点面向未知威胁攻击的检测。

（3）记录、报警和响应。

入侵检测系统作为一种主动防御策略，在检测到攻击后，应该采取相应的措施来阻止攻击或响应攻击。首先应该记录攻击的基本情况，其次应该能够及时发出报警；必要时，系统还应该采取必要的响应行为，如拒绝接收所有来自某台计算机的数据、追踪入侵行为等。实现与防火墙等安全部件的响应互动，也是入侵检测系统需要研究和完善的功能之一。

作为一个好的入侵检测系统，除了具备以上的基本功能外，还可以包括其他一些功能，如审计系统的配置和弱点、评估关键系统和数据文件的完整性等。另外，入侵检测系统应该为管理员和用户提供友好易用的界面，方便管理员设置用户权限、管理数据库、手工设置和修改规则、处理报警和浏览、打印数据等。

2. 分类

随着入侵检测技术的发展，到目前为止出现了很多入侵检测系统，不同的入侵检测系统具有不同的特征。根据不同的分类标准，入侵检测系统可分为不同的类别。对于入侵检测系统，要考虑的因素（分类依据）主要有信息源、入侵、事件生成、事件处理、检测方法等。下面就不同的分类依据及分类结果分别加以介绍。

（1）根据原始数据的来源分类。

入侵检测系统要对其所监控的网络或主机的当前状态做出判断，需要以原始数据中包含的信息为基础，做出判断。按照原始数据的来源，可以将入侵检测系统分为基于主机的入侵检测系统、基于网络的入侵检测系统和基于应用的入侵检测系统。

（2）根据检测原理分类。

根据系统所采用的检测技术，入侵检测系统分为异常检测和误用检测两类。

传统的观点根据入侵行为的属性将其分为异常和误用两种，然后分别对其建立异常检测模型和误用检测模型。异常入侵检测是指能够根据异常行为和使用计算机资源的情况检测出来的入侵。异常入侵检测试图用定量的方式描述可以接受的行为特征，以区分非正常的、潜在的入侵行为。误用入侵检测是指利用已知系统和应用软件的弱点攻击模式来检测入侵。

（3）根据体系结构分类。

按照体系结构，入侵检测系统可分为集中式、等级式和协作式3种。

集中式结构的入侵检测系统可能有多个分布于不同主机上的审计程序，但只有一个中央入侵检测服务器。审计程序把当地收集到的数据踪迹发送给中央服务器进行分析处理。但这种结构的入侵检测系统在可伸缩性、可配置性方面存在致命缺陷。随着网络规模的增加，主机审计程序和服务器之间传送的数据量就会骤增，导致网络性能大大降低。并且，一旦中央服务器出现故障，整个系统就会陷入瘫痪。根据各个主机不同需求配置服务器也非常复杂。

在等级式（部分分布式）入侵检测系统中，定义了若干个分等级的监控区域，每个入侵检测系统负责一个区域，每一级入侵检测系统只负责所监控区的分析，然后将当地的分析结果传送给上一级入侵检测系统。这种结构也存在一些问题：首先，当网络拓扑结构改变时，区域分析结果的汇总机制也需要做相应的调整；其次，这种结构的入侵检测系统最后还是会把各地收集到的结果传送到最高级的检测服务器进行全局分析，所以系统的安全性并没有实质性的改进。

协作式（分布式）将中央检测服务器的任务分配给多个基于主机的入侵检测系统，这些入侵检测系统不分等级，各司其职，负责监控当地主机的某些活动。所以，其可伸缩性、安全性都得到了显著的提高，但维护成本高了很多，并且增加了所监控主机的工作负荷，如通信机制、审计开销、踪迹分析等。

（4）根据工作方式分类。

根据工作方式，入侵检测系统可分为离线检测系统和在线检测系统。

离线检测系统：这是一种非实时工作的系统，在事件发生后分析审计事件，从中检查入侵事件。这类系统的成本低，可以分析大量事件，调查长期的情况。但由于是在事后进行的，不能对系统提供及时的保护，而且很多入侵在完成后都将审计事件去掉，使其无法审计。

在线检测系统：对网络数据包或主机的审计事件进行实时分析，可以快速反应，保护系统的安全；但在系统规模较大时，难以保证实时性。

这些不同的分类方法使我们可以从不同的角度了解认识入侵检测系统，或者是认识入侵检测系统所具有的不同功能。但就实际的入侵检测系统而言，基于实用性的考虑，常常要综合采用多种技术，具有多种功能，因此很难将一个实际的入侵检测系统归于某一类。它们通常是这些类别的混合体，某个类别只是反映了这些系统的一个侧面。

3．特点与不足

入侵检测系统一直以来充当了安全防护系统的重要角色，入侵检测技术是通过从网络上得到数据包进行分析，从而检测和识别出系统中的未授权或异常现象的。入侵检测系统注重的是网络监控、审核跟踪，告知网络是否安全，发现异常行为时，自身不作为，而是通过与防火墙等安全设备联动的方式进行防护。入侵检测系统目前是一种受到企业欢迎的解决方案，但其目前存在以下几个显著缺陷：一是网络缺陷（用交换机代替可共享监听的 HUB 使入侵检测系统的网络监听带来麻烦，并且在复杂的网络下精心的发包也可以绕过入侵检测系统的监听）；二是误报量大（只要一开机，报警不停）；三是自身防攻击能力差等缺陷，所以，单独的入侵检测系统还不足以完成网络安全防护的重任。

8.4.3　入侵防御系统

虽然入侵检测系统可以监视网络传输并发出警报，但并不能拦截攻击。而入侵防御系统（Intrusion Prevention System，IPS）则能够对所有数据包仔细检查，立即确定是否许可或禁止访问。入侵防御系统是一种主动的、智能的入侵检测、防范、阻止系统，其设计旨在预先对入侵活动和攻击性网络流量进行拦截，避免其造成任何损失，而不是简单地在恶意流量传送时或传送后才发出警报。它部署在网络的进出口处，当它检测到攻击企图后，它会自动地将攻击包丢掉或采取措施将攻击源阻断。入侵防御系统根据部署方式可分为 3 类：基于主机的入侵防护（Host IPS，HIPS）、基于网络的入侵防护（Network IPS，NIPS）、应用入侵防护（Application Intrusion Prevention，AIP）。

（1）HIPS 通过在主机/服务器上安装软件代理程序，防止网络攻击入侵操作系统及应用程序。

（2）NIPS 通过检测流经的网络流量，提供对网络系统的安全保护，由于它采用在线连接方式，所以一旦辨识出入侵行为，NIPS 就可以去除整个网络会话，而不仅仅是复位会话。

（3）AIP 是 NIPS 的一个特例，它把基于主机的入侵防护扩展成为位于应用服务器之前的网络设备，AIP 被设计成一种高性能的设备，配置在应用数据的网络链路上。

入侵防御技术的四大特征如下。

（1）只有以嵌入模式运行的入侵防御系统设备才能够实现实时的安全防护，实时阻拦所有可疑的数据包。

（2）入侵防御系统必须具有深入分析能力，以确定哪些恶意流量已经被拦截，根据攻击类型、策略等来确定哪些流量应该被拦截。

（3）高质量的入侵特征库是入侵防御系统高效运行的必要条件。

（4）入侵防御系统必须具有高效处理数据包的能力。

入侵防御系统技术能够对网络进行多层、深层、主动的防护以有效保证企业网络安全，入侵防御系统的出现可谓是企业网络安全的革命性创新。简单地理解，入侵防御系统等于防火墙加上入侵检测系统，但并不代表入侵防御系统可以替代防火墙或入侵检测系统。防火墙在基于 TCP/IP 协议的过滤方面表现非常出色，入侵检测系统提供的全面审计资料对于攻击还原、入侵取证、异常事件识别、网络故障排除等都有很重要的作用。

一般企业可以使用"防火墙+入侵防御系统"的防御模型，如图 8-5 所示。

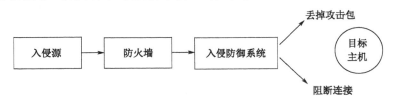

图 8-5　入侵防御系统防御模型

入侵防御系统与入侵检测系统在检测方面的原理相同，它首先由信息采集模块实施信息收集，内容包括系统、网络、数据及用户活动的状态和行为，入侵检测利用的信息一般来自系统和网络日志文件、目录和文件中的不期望的改变、程序执行中的不期望行为，以及物理形式的入侵信息 4 个方面；然后利用模式匹配、协议分析、统计分析和完整性分析等技术手段，由信号分析模块对收集到的有关系统、网络、数据及用户活动的状态和行为等信息进行分析；最后由反应模块对采集、分析后的结果做出相应的反应。

真正的入侵防御系统与传统的入侵检测系统有两点关键区别：自动阻截和在线运行，两者缺一不可。防护工具软/硬件方案必须设置相关策略，以对攻击自动做出响应，而不仅仅是在恶意通信进入时向网络管理员发出告警。要实现自动响应，系统就必须在线运行。当黑客试图与目标服务器建立会话时，所有数据都会经过入侵防御系统传感器，传感器位于活动数据路径中。传感器检测数据流中的恶意代码，核对策略，在未转发到服务器之前将信息包或数据流阻截。由于是在线操作，因而能保证处理方法适当而且可预知。

8.5　计算环境安全技术

8.5.1　软件安全

为了确保信息系统的安全，全世界每年都需要在计算机软件、硬件和服务方面花费数以亿计的成本去保护信息系统、数据免受诸如病毒、木马和黑客的攻击。传统所采用的主要手段是基于网络层的防火墙、入侵检测、漏洞扫描等方面去保护系统免受攻击和破坏。但根据美国相关公司的早期调研和统计，90%以上的信息安全事故都与软件安全相关。因此，软件的安全问题研究与安全确保成为一个重要的方向。

软件安全（Software Security）没有统一的解释，其主要思想是为确保计算机软件的安全而采取的一系列技术和管理措施。例如，为了确保软件不被破解而采取的防复制加密技术、防跟踪破解技术，为了提高软件质量而采取的软件质量测试技术、静态代码安全扫描技术、基于统计的软件质量分析技术等，传统的补丁技术也算是软件安全技术的一种。

这里我们着重介绍软件开发过程中的软件安全确保技术。加强软件自身设计和实现，确保软件安全是一个非常重要的任务。在软件的编码阶段，主要软件安全问题来源于软件自身的代码缺陷、用户恶意输入及不期望的连接。在整个软件系统中主要体现在如下几个方面带来安全隐患：输入验证与表示、API 误用、安全特征、时间与状态、错误处理、代码质量、封装和环境等安全漏洞，如图 8-6 所示。这些软件安全威胁主要是由于开发人员缺乏安全编码的意识和自身对软件安全知识了解不足、所适用的对开发语言和开发技术的缺陷了解不足、没有以黑客思维去看待软件而导致的，表现为攻击者可以利用开发技术自身的漏洞、恶意输入及异常连接等问题，对应用软件系统进行攻击，发现并利用软件中存在的安全漏洞，如输入验证与表示相关的攻击包括缓冲区溢出和 SQL 注入，最终会导致系统的信息泄露、木马植入、权限提升等安全风险。

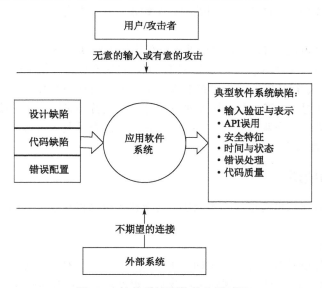

图 8-6　软件系统面临的主要威胁

因此，对于软件设计实现中只关注实现技术是不够的，不同编程语言、框架及协议代表了不同的安全问题。软件编程中一些常见问题的注意事项主要包括输入处理、Web 应用程序、外部连接、开发技术、安全特征、语言特征 6 个方面。

8.5.2　补丁技术

各种软件的漏洞已经成为大规模网络与信息安全事件和重大信息泄露事件的主要原因之一。针对计算机漏洞带来的危害，安装相应的补丁是最有效也是最经济的防范措施。对于 Internet 上数目众多的主机节点和日益复杂的各种应用，很难确保补丁被及时的安装，而且补丁实施基本是需求方到发布方去下载补丁程序并安装的过程，而不是发布方主动为需求方提供补丁程序并进行针对性的部署，因此补丁实施更依赖于非专业的需求方。对于主机数目众多、应用种类繁杂的大型网络，不能及时跟踪补丁的更新，不能实施有效的部署，将极大地威胁到网络与信息安全，造成不可挽回的损失。

软件补丁，是针对一些大型软件系统，在使用过程中暴露的问题而发布的修补漏洞的小程序。就像衣服破了要打补丁一样，软件也需要，软件是人写的，人编写的程序不可能十全十美。一般在软件的开发过程中，开始的时候总会有很多因素没有考虑到，但是随着时间的推移，软件所存在的漏洞会慢慢地被发现。这时候，为了提高系统的安全，软件开发商会编制并发布一个小程序（即所谓的补丁），专门用于修复这些漏洞。

研究表明，操作系统和应用软件的漏洞，经常成为安全攻击的入口。解决漏洞问题最直接最有效的办法就是打补丁，但打补丁是比较被动的方式，对于企业来说，收集、测试、备份、分发等相关的打补丁流程仍然是一个颇为烦琐的过程，甚至补丁本身就有可能成为新的漏洞。解决补丁管理的混乱，首先需要建立一个覆盖整个网络的自动化补丁知识库。其次是部署一个分发系统，提高补丁分发效率。不仅是补丁管理程序，整个漏洞管理系统还需要与企业的防入侵系统、防病毒系统等其他安全系统集成，构筑一条完整的风险管理防线。目前一般的企业办公网内部客户端的补丁更新采用分散、多途径实现方式。一种方式是厂商发布补丁后，管理员将补丁放到内部网的一台文档共享机上，用户通过 IP 直接访问方式自行完成补丁的安装；另一种方式是管理员将补丁放到系统平台指定应用数据库中，通过自动复制机制转发到各级代理服务器，用户直接访问数据库进行补丁安装。

虚拟补丁，是一种可以使 IT 人员摆脱补丁管理困境的解决方案。虚拟补丁技术旨在通过控制受影响的应用程序的输入或输出，来改变或消除漏洞。它的好处：一是可以在不影响应用程序和其相关库，以及为其提供运行环境的操作系统的情况下，为应用程序安装补丁；二是如果一个应用程序的早期版本已不再获得供应商支持，则此时虚拟补丁是支持该早期版本的唯一方法。虚拟补丁区实际上在一定程度上降低了企业的服务应用程序的风险，提升了企业对系统的整体拥有时间，有效地降低了企业的 IT 运维成本。

8.5.3　防病毒技术

根据反病毒产品对计算机病毒的作用来讲，防毒技术可以直观地分为病毒预防技术、病毒检测技术及病毒清除技术。

1．病毒预防技术

计算机病毒的预防技术就是通过一定的技术手段防止计算机病毒对系统的传染和破坏。实际上这是一种动态判定技术，即一种行为规则判定技术。也就是说，计算机病毒的预防采用对病毒的规则进行分类处理，而后在程序运作中凡有类似的规则出现则认定是计算机病毒。具体来说，计算机病毒的预防是阻止计算机病毒进入系统内存或阻止计算机病毒对磁盘的操作，尤其是写操作。

病毒预防技术包括磁盘引导区保护、加密可执行程序、读写控制技术、系统监控技术等。例如，大家所熟悉的防病毒卡，其主要功能是对磁盘提供写保护，监视在计算机和驱动器之间产生的信号，以及可能造成危害的写命令，并且判断磁盘当前所处的状态：哪一个磁盘将要进行写操作、是否正在进行写操作、磁盘是否处于写保护等，来确定病毒是否将要发作。计算机病毒的预防应用包括对已知病毒的预防和对未知病毒的预防两个部分。目前，对已知病毒的预防可以采用特征判定技术或静态判定技术，而对未知病毒的预防则是一种行为规则的判定技术，即动态判定技术。

2．病毒检测技术

计算机病毒的检测技术是指通过一定的技术手段判定出特定计算机病毒的一种技术。它有两种：一种是根据计算机病毒的关键字、特征程序段内容、病毒特征及传染方式、文件长度的变化，在特征分类的基础上建立的病毒检测技术；另一种是不针对具体病毒程序的自身校验技术，即对某个文件或数据段进行检验和计算并保存其结果，以后定期或不定期地以保存的结果对该文件或数据段进行检验，若出现差异，即表示该文件或数据段完整性已遭到破坏，感染上了病毒，从而检测到病毒的存在。

3．病毒清除技术

计算机病毒的清除技术是计算机病毒检测技术发展的必然结果，是计算机病毒传染程序的一种逆过程。目前，清除病毒大多是在某种病毒出现后，通过对其进行分析研究而研制出来的具有相应解毒功能的软件。这类软件技术发展往往是被动的，带有滞后性。而且由于计算机软件所要求的精确性，解毒软件有其局限性，对有些变种病毒的清除无能为力。

8.6　虚拟化安全防护技术

随着云计算的发展，虚拟化技术的应用也越来越普遍，并且功能越来越强大。传统的虚拟化技术主要是指服务器虚拟化，目前网络虚拟化等技术也越来越成熟。虚拟化技术带来了计算和服务模式的变革，但是也带来了一些新的安全威胁，如针对虚拟机操作系统内核级的攻击可以突破系统边界，造成比传统系统环境更大的危害。本节我们重点介绍服务器虚拟化的安全防护技术。

虚拟化环境和物理环境最大的不同在于，物理环境下操作系统独享物理机的硬件资源。而在虚拟化环境下，增加了虚拟机监视器这个技术层，客户操作系统使用的是经过虚拟机监视器抽象的逻辑资源，同一物理机上能同时存在多个虚拟机，这些虚拟机共享底层的物理资源，另外，虚拟化环境下能够对虚拟机进行迁移、快照和备份。虚拟化环境的特性带来了一些安全上的优点，如虚拟机监视器具有较高安全性、虚拟机备份方便灾难恢复等。然而，这些特性也带来了传统环境下不存在的安全问题，如虚拟化环境具有较强的动态性，安全边界模糊，管理和维护更加复杂，带来了一定的安全隐患，某台虚拟机出现安全漏洞，可能对同一物理机上的其他虚拟机造成威胁等。一些传统环境下的安全威胁如病毒、木马、恶意软件等在虚拟环境下仍然存在，针对它们的传统安全防护方法却难以适应虚拟化环境。

8.6.1　虚拟化安全威胁

1．虚拟化模块自身的安全威胁

虚拟化模块自身的安全威胁主要是由虚拟机监视器脆弱性引入的安全威胁，虚拟机管理器（Virtual Machine Monitor，VMM）通常利用管理平台或者是 Domain 0 来帮助管理员管理虚拟机。例如，Xen 用 XenCenter 管理它的虚拟机。这些管理平台虽然减少了管理员的工作量，但同时也带来了如跨站脚本攻击、SQL 入侵等危险。并且由于 VMM 的软件形态属性，必然存在被攻破的风险。

2．虚拟化模式引入的安全威胁

首先，使用云计算、公有云或私有云之后，新的虚拟机能自动进行设置、重新配置，甚至自动移动。云计算实现了资源共享和按需分配，但它改变了云的安全环境，也带来了虚拟化管理上的安全威胁。

其次，云计算管理平台是整个云计算平台运维和运营中心，管理所有的物理和虚拟资源。因此管理平台的稳定性和安全性非常关键。云计算平台管理员具有创建、运行、迁移和删除运行在云平台上的虚拟机的超级权限，如果管理权限被滥用，后果不堪设想。

此外，用户数据和应用集中部署在数据中心，用户远程接入到云计算平台的过程可能存在安全威胁。云计算接入过程中的安全威胁面临身份假冒威胁、传输泄密威胁、未经授权访问。可能会从 VMM 克隆、存储、运行、虚拟桌面管理上出现问题。

3．多业务环境引入的安全威胁

在虚拟机环境下，和传统物理网络相比，虚拟机环境通常涉及多业务，而由于虚拟机这种多业务环境的复杂性，而导致了网络物理融合、数据以及企业接入平台各方面的安全威胁。

例如，在多业务网络环境中，各业务系统之间的物理网络边界变得模糊，可能只存在逻辑上的网络边界。如果配置不当，可能导致业务数据泄密。另外，在云计算环境中，数据的所有权和控制权被分离，各业务系统的用户数据集中存在云存储中，诸如存储在存储区的静态数据、缓存在内存中的动态数据、流经于网络中的传输数据，而云环境对于这些数据以及隐私的保护措施远远不够，因而这些数据同样面临着泄露的问题。还有，企业接入云计算平台的情况下，由于一个企业内部的业务不止一个，因此各业务系统对云计算平台的访问管理成为一个难题，可能带来新的安全威胁。

不同的业务系统拥有独立的身份管理和访问控制措施，相应的安全策略也存在不一致（如密码强度），无法保持企业安全策略的一致性，以满足合规性。

8.6.2　虚拟化安全增强的难题

目前来看，虚拟机安全增强面临的问题主要集中在以下几个方面。

（1）传统的企业网络划分不同的安全域，并且在不同的安全域之间部署防火墙等网络安全设备。然而在云环境下，不同的业务网络是构建在虚拟网络技术之上的，无法采用物理防护设备。

（2）大多数虚拟化安全技术多采用传统的主机防护方式来增强虚拟机的安全。采用这种技术需要在每个虚拟机中部署主机防护系统，如主机防火墙、主机杀毒软件、主机监控系统等。在云计算的模式下，这种侵入式的安全系统部署，不仅会降低虚拟机服务的可信性，影响云计算模式的可行性，而且大量重复部署主机防护产品，也会造成系统性能开销过大、可维护性差等问题。

（3）采用虚拟化层安全增强的方式是研究的热点，目前主流的方式有代理的方式和无代理方式，有代理的部署方式也属于侵入式部署，同样具有上述的性能开销过大、维护性低的问题；然而无代理方式是从虚拟机外部直接获取虚拟机内部信息，这种方式不是基于事件驱动的方式，因此存在实时性不高的问题，虚拟机的安全问题不容易得到及时的反馈。

8.6.3　虚拟机自省技术

虚拟化环境的安全防护同样要依赖于访问控制、入侵检测等安全机制，但在具体实施方式上要能够应对虚拟化环境的新特性。

访问控制、入侵检测等安全机制可以划分为两个阶段，即信息获取和分析决策阶段。对于虚拟化环境的安全方案和传统环境下的主要区别在于防护资源对象的差异导致了信息获取的差异，分析决策阶段则没有明显的差异。

在虚拟化环境下，虚拟机监视器具有较高的权限、较小的可信基以及良好的隔离性，如果能将安全工具部署在虚拟机监视器中来对虚拟机进行监控，将会很大程度地提高安全工具本身的安全性，虚拟机自省使这个设想成为了可能，随着虚拟化技术的发展，借助虚拟机自省技术进行安全研究工作成为了趋势。从虚拟机外部对虚拟机内部运行状态进行监控的方法叫作虚拟机自省（Virtual Machine Introspection，VMI）。例如，虚拟机自省允许从 Xen 的 VMM 模块以及特权域上获取虚拟化环境中虚拟机的运行状态和系统信息，包括 CPU 状态、内存、磁盘、网络信息等。目前虚拟机自省的实现方式可以分为两大类，区别在于是否需要在虚拟机中安装代理或者对虚拟机监视器进行修改。

第一大类有 3 种不同的实现方式。

第一种是直接在虚拟机中安装监控代理。代理以普通程序的形式存在，负责捕获虚拟机的状态信息，传递给虚拟机外的监控程序。这种实现方式的优点是捕获的虚拟机信息语义精确且具有很高的效率，缺点是容易受到恶意软件的攻击和控制。其结构如图 8-7 所示。

第二种方式和第一种只有轻微区别，监控代理以内核驱动的方式安装在虚拟机内核中，虽然安全性有所提高，但是因为依旧是基于主机的，仍然容易受到攻击。其结构如图 8-8 所示。

第三种方式通过陷阱、断点或者回滚这些和钩子函数相似的机制来实现虚拟机自省，属于无代理方式。它利用虚拟化环境的特点，通过修改虚拟化监视器并在其上添加钩子获得虚拟机的运行状态，实施监控。由于虚拟机监视器比虚拟机具有更高的权限，客户虚拟机中的恶意软件无法控制虚拟机监视器，安全性比之前两种方式都有所提高。其结构如图 8-9 所示。

第二大类虚拟机自省的实现方式无须在被监控虚拟机中安装任何代理，如图 8-10 所示，直接在虚拟机监视器上利用虚拟机自省工具获得被监控虚拟机的内部运行信息进行监控，虽然获得的信息没有安装代理的方式详细，而且需要进行语义重构，但是因安全性更高、消耗资源更少而成为一种趋势。

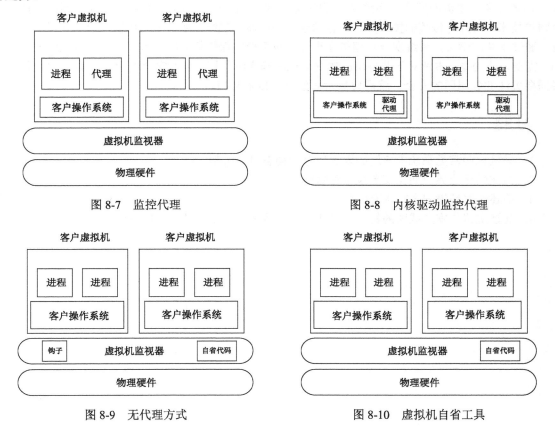

图 8-7　监控代理　　　　　　　　　图 8-8　内核驱动监控代理

图 8-9　无代理方式　　　　　　　　图 8-10　虚拟机自省工具

采用无代理方式，从虚拟机外部直接获取虚拟机内部信息都需要面对语义鸿沟（Sematic Gap）问题。语义鸿沟是指从低级数据源中解读出高级语义信息的问题，这个问题成为众多虚拟化产品开发和部署的障碍。进行虚拟机自省时，从虚拟机管理器读取到的底层信息和它们在虚拟机中表达的语义是不一样的，需要对这些信息进行语义重构，从低级语义重构出操作系统级的语义。

8.6.4　虚拟化安全防护措施

通过上面介绍的虚拟机自省技术获取虚拟化环境相关信息后，需要采取相应的分析决策手段对虚拟化环境进行安全保护。虚拟化安全防护系统的主要技术模块及功能如下。

（1）防恶意软件：提供侦测/阻止恶意软件的策略和功能，对恶意软件进行拦截，禁止恶意软件在虚拟化环境中的安装和传播。

（2）防火墙：在内部网和外部网之间搭建保护屏障，支持所有 IP-based 协议，提供细粒度的过滤，支持针对单独的网络接口进行防护。

（3）入侵侦测和防御（IDS/IPS）：侦测/阻止基于操作系统漏洞的已知/零日攻击。

（4）应用程序控制：监视/控制本机的应用程序。

（5）Web 应用程序防护：侦测/阻止基于应用程序漏洞的已知/零日攻击。

（6）虚拟补丁：为虚拟机主机提供安全加固的能力。

本章小结

本章介绍了主流的网络及系统安全保障技术，既包括传统技术，也包括当前比较新的虚拟化安全防护技术，另外对传统的技术介绍中也结合了当前新的趋势，如基于大数据思想的入侵检测技术等。通过本章的学习，系统安全管理员在设计对应系统的保护机制时，有了一个相对比较全面的认识。需要说明的是，本章对于业务层面的安全机制基本没有描述，如安全电子交易协议 SET 等；如果需要关注业务层面的安全，就需要参考其他对应技术文档。

习题

1. 举例说明常见系统中使用的静态口令和动态口令机制。
2. 简述网络边界及通信安全技术有哪些。
3. 简述计算环境安全技术有哪些。
4. 简述虚拟化安全威胁的特点有哪些，分析传统防护技术是否可以胜任。

参 考 文 献

[1] Todorov D．Mechanics of User Identification and Authentication Fundamentals of Identity Management[J]．Office Informatization，2013．

[2] 徐国爱．信息安全管理[M]．北京：邮电大学出版社，2008．